# Künstliche Intelligenz, Verkörperung und Autonomie

Michael Funk

# Künstliche Intelligenz, Verkörperung und Autonomie

## Theoretische Probleme – Grundlagen der Technikethik Band 4

Springer Vieweg

Michael Funk
Cooperative Systems, University of Vienna
Wien, Österreich

ISBN 978-3-658-41105-3 ISBN 978-3-658-41106-0 (eBook)
https://doi.org/10.1007/978-3-658-41106-0

Die Deutsche Nationalbibliothek verzeichnet diese Publikation in der Deutschen Nationalbibliografie; detaillierte bibliografische Daten sind im Internet über http://dnb.d-nb.de abrufbar.



Planung/Lektorat: David Imgrund
Springer Vieweg ist ein Imprint der eingetragenen Gesellschaft Springer Fachmedien Wiesbaden GmbH und ist ein Teil von Springer Nature.
Die Anschrift der Gesellschaft ist: Abraham-Lincoln-Str. 46, 65189 Wiesbaden, Germany

# Vorwort

Technikethik ist heute nicht nur, aber ständig irgendwie mit digitalen Entwicklungen befasst. Dieses Irgendwie kann subtil Modelle oder bildgebende Verfahren betreffen, die kaum mehr ohne computergestützte Datenanalysen auskommen. Als technische Hilfsmittel finden sie Anwendung im Maschinenbau, in der Medizin, Bio- oder Nanotechnologie. KI als Oberbegriff für diverse Verfahren der IT ist zu einer Querschnittstechnologie geworden. Sie prägt Sprachbots, algorithmisch maßgeschneiderte Werbung oder Mustererkennung in der Modellierung pandemischer Verläufe. Ganz explizit tritt das Irgendwie ins Rampenlicht, wenn nach moralischen Maschinen, emotionalen Robotern oder künstlichem Bewusstsein gefragt wird. Wiederum subtiler, aber keineswegs belanglos offenbaren sich die Beziehungen zwischen technologischen Fortschritten und den primären operationalen Werkzeugen der Technikethik: unseren Worten und ihren Bedeutungen. So sprechen wir heute selbstverständlich von „autonomen Systemen“ und bemühen dabei einen ursprünglich ethischen Begriff aus dem zwischenmenschlichen Leben zur Beschreibung von Technik. Die Rede von „verkörperter KI“ hat sich als Bezeichnung für Roboter etabliert. Aber welcher Körper ist damit gemeint? Haben Computerprogramme Roboterkörper, vergleichbar mit einem menschlichen „Leib“?

Die Frage nach künstlichen moralischen Agenten ist verbunden mit Annahmen zum Maschinenbewusstsein, die wiederum auf tiefer liegenden kulturellen Prägungen – um nicht zu sagen Paradigmen, Welt- und Menschenbildern – aufbauen. So tritt etwa der Funktionalismus als ein spezifischer Ansatz in der theoretischen Philosophie auf, mit großem Einfluss sowohl auf die Entwicklung von Computertechnologien als auch auf die Debatten über mentale Zustände in neuronalen Netzwerken. Selbst wenn das Nachdenken über wirklich moralische, empfindsame, politisch autonome oder selbstbewusste KI im Anbetracht der nüchternen technischen Realitäten müßig sein sollte, die damit verbundenen Annahmen wirken doch forschungsleitend. Dem Anschein nach sprechende oder intuitiv-körperlich wissende Roboter laden zur Täuschung ein. Schlussendlich besteht Klärungsbedarf hinsichtlich der sich wandelnden Konzepte – von Verkörperung/*embodiment* bis zur Autonomie – mit denen wir tagtäglich zwischenmenschlich kommunizieren. Welche Annahmen leiten unser Design der Kulturtechnik

KI? Und welche Ordnungen lassen sich in verschiedenen Bedeutungen unserer Begriffe bringen? Wo liegen Grenzen der KI und warum?

Das Gebot fachübergreifender Aufklärung ist fast schon zu einem Gemeinplatz der aktuellen Debatte geworden. Dabei fordert es in einer sich weiterhin hochgradig spezialisierenden Welt zu immer feineren Synthesen auf. Wer die Geschichte der Philosophien und Wissenschaften kennt, weiß, dass manche disziplinäre Trennung heutiger Tage für ehemalige Universalgelehrte von Aristoteles über Leibniz und Kant bis hin zu den Humboldt-Brüdern als ein regelrechter Skandal erschienen wäre. Das sollte Ansporn genug sein, auf echte Synergien hinzuarbeiten. Technikethik kann schon allein aufgrund der Komplexität ihrer Probleme nicht einfach so die akademisch etablierte Spaltung in praktische und theoretische Philosophie übernehmen. Transdisziplinarität fängt im 21. Jahrhundert schon innerhalb der Philosophie an. Die Auseinandersetzung mit KI und Robotik zwingt regelrecht zu verbindenden Analysen zwischen eigentlicher, dezidierter Moralphilosophie, angewandter Ethik und Problemstellungen, wie sie in den Subeinheiten der Erkenntnislehre oder Philosophie des Geistes bearbeitet werden. Darum soll es gehen.

Nachdem in *Band 1* der Buchreihe *Grundlagen der Technikethik* bereits ethische Grundbegriffe geklärt wurden und in *Band 2* die Verfahrenskunde ethischer Praxis zur Sprache kam, wendete sich *Band 3* der gesellschaftlichen Seite künstlicher Intelligenz zu. Im vierten Buch wird nun der Bogen geschlossen, durch eine Ergänzung der ethischen Seite um eben jene theoretischen Problemstellungen. Im Mittelpunkt stehen zum einen die klassischen Themenfelder der KI-Philosophie: Sprache und das Körper-Geist-Verhältnis. Sie werden systematisch anhand der Grundlagen aus Erkenntnislehre, Sprachphilosophie und Philosophie des Geistes vorgestellt sowie auf neue Entwicklungen künstlicher neuronaler Netzwerke angewendet. Der Ansatz der Verkörperung – „embodied AI“ – offenbart sich als Paradigma, das wesentlich auf Grundlagen der theoretischen Philosophie aufbaut. Zum anderen werden diverse Heuristiken entwickelt – nicht nur zur Einordnung „verkörperter KI“. Weitere umfassen klassifikatorische Ordnungen zu Wissensformen, Sprachtechniken, monistischen und dualistischen Natur-Kultur-Verhältnissen sowie technischer Autonomie. Neben einem gereiften Verständnis der Verkörperung in Robotik und KI bildet besonders die Unterscheidungsfindung zwischen autonomen Menschen, autonomer Technik und nicht autonomer Technik eine aktuelle Herausforderung. Orientierung in diesen Belangen ist eine Voraussetzung für methodisch orientierte, rationale Technikethik. Einen Beitrag hierzu soll das vorliegende Buch anbieten, als (vorläufiger) Abschluss der Reihe *Grundlagen der Technikethik*.

Damit ergänzt *Band 4* systematisch die ersten drei Teile. Alle vier Bücher können unabhängig voneinander gelesen werden, da sie zwar direkt ineinandergreifen, jedoch jeweils in sich geschlossene Themenblöcke behandeln. Mit der hier präsentierten genuin technikphilosophischen Perspektive wird ein integrativer Blick angeboten, der zum fachübergreifenden Dialog einlädt. Damit wird eine transdisziplinäre Brücke aus der Philosophie heraus angeboten, die einem breiten Interesse, gerade auch aus der Informatik, den Ingenieur- und den Technikwissenschaften begegnet. Denn immer wieder ist mir bei Vorträgen, Seminaren oder Gesprächen der Wunsch begegnet, doch einmal möglichst systematisch, aber verständlich zu erklären, was Technikethik ist und was sie zu einem problemorientierten Dialog über Schlüsseltechnologien der KI und Robotik beiträgt. Mit vorliegendem Buch möchte ich dem nachkommen.

Ich danke den Teilnehmer*innen meiner Seminare und Vorlesungen in Wien, Klagenfurt und Dresden für unermüdliche Skepsis, freche Neugier und Mut zum Widerspruch. Gleiches gilt für die zahlreichen Besucher*innen unseres Kaffeehaus-Salons in Wien Hernals[1]. Durch die Gespräche mit Studierenden innerhalb der universitären Mauern – in Philosophie wie in Informatik – sowie in der abendlichen freien Wildbahn bei Rotwein und Käseplatte durfte und darf ich viel lernen. Besonders gedankt sei Christopher Frauenberger und Peter Reichl, den Mitorganisatoren des Salons, für öffentliche und fachübergreifende Dialoge zwischen Philosophie, Informatik und Mathematik – einschließlich Operngesang und Weihnachtsvorlesungen. In diesem Sinne gilt mein Dank für transdisziplinäre Zusammenarbeit auch Bernhard Dieber, Albrecht Fritzsche und Markus Peschl; den Kolleg*innen der Forschungsgruppe Cooperative Systems, Fakultät für Informatik, sowie der Forschungsplattform #YouthMediaLife an der Universität Wien; weiterhin Mark Coeckelbergh, Johanna Seibt, Walther Zimmerli und Carl Mitcham für den regen Austausch zur Technikphilosophie und Ethik; Yvonne Hofstetter für Einblicke in die Verbindungen aus Recht und Ethik; sowie meinen Lehrern Bernhard Irrgang, Thomas Rentsch und Hans-Ulrich Wöhler für das umfassende Wissen an dem ich während meines Studiums Anteil haben durfte. Last not least gilt mein Dank dem Verlag Springer Vieweg und hier konkret David Imgrund für die feine Betreuung, das Lektorat, inhaltliche Hinweise, Geduld und Momente des Schmunzelns.

Es bleibt nicht aus – zumindest stellvertretend für die allzu schnell übergangenen Alltäglichkeiten, ohne welche ein solches Buch niemals entstanden wäre –, auch meinem Stammcafé im 9. und Hauswirt im 2. Wiener Bezirk zu danken. Ohne die Hektoliter existenzieller Heißgetränke, die blitzgescheite Küche, sowie das Arbeitsasyl für mein Notebook und mich wäre ich nicht weit gekommen. Folgerichtig danke ich auch den beiden Seekühen im Randers Regnskov (Dänemark) sowie allen Manatis in freier Wildbahn für Seelenruhe und den Fokus auf die wirklich wichtigen Dinge des Lebens. In vollem Ernst ließe sich die Aufzählung genauso fortführen – ich bin auch nur ein Mensch. Zu viele bleiben in dieser kurzen Aufzählung unerwähnt, allen voran Familie und Freunde. Ohne sie geht im Leben sowieso nichts.

November des Jahres 2022 im immer noch aufgeschlossenen Wien auf ein friedliches neues Jahr hoffend,

Michael Funk

[1] https://funkmichael.com/homo-digitalis-wiener-kreis-zur-digitalen-anthropologie/

# Hinweise zur Benutzung

Die Buchreihe *Grundlagen der Technikethik* ist zunächst auf vier Bände angelegt, die systematisch aufeinander aufbauen und inhaltlich miteinander verzahnt sind. Sie bilden zusammen einen umfassenden Bogen zur Technikethik mit besonderem Blick auf Robotik, Drohnen, Computer und künstliche Intelligenz. Jedes Buch behandelt ein in sich geschlossenes Thema und kann auch unabhängig von den anderen benutzt werden. Wer sich besonders für *Band 4* interessiert, muss nicht unbedingt *Band 1* gelesen haben. Die jeweilige Fokussierung sorgt für die inhaltliche Eigenständigkeit jedes Buches. Hinweise zur Benutzung und ein jeweils angepasster Anhang erleichtern das Verständnis zusätzlich. Nutzen Sie die darin enthaltene Methodensynopsis sowie das Glossar auch als Zusammenfassung und Überblick! Aus didaktischer Sicht, zum Beispiel beim Einsatz in der universitären Lehre oder zum Selbststudium, ist jedoch ein linearer Durchgang durch die Bücher und Kapitel empfehlenswert. So werden sowohl die Methodensynopsis als auch das Glossar von Buch zu Buch schrittweise weiterentwickelt, sodass sich in *Band 4* eine systematisch gefüllte Zusammenschau ergibt.

Das vorliegende Buch bildet wohl den abstraktesten der vier Teile. Hier schließt sich der umfassende Bogen der Reihe in theoretischen Fragen nach Maschinensprache, -verkörperung, -bewusstsein und -autonomie. Damit wird nicht aus der Technikethik herausgeführt, sondern weiter in sie hinein. Denn Sprache, Körperlichkeit, Bewusstsein und Autonomie sind Grundphänomene menschlicher Lebensformen sowie ethische Fachtermini, die zunehmend durch Social Robots, Cobots, künstliche neuronale Netze oder Machine Learning vereinnahmt werden. Was steckt dahinter? Das ist Gegenstand einer umfassenden *kritischen Reflexion.*

Band 1 gibt eine methodische Einführung in *Grundlagen der Ethik* am Beispiel von Robotern und KI. Die drei grundlegenden Bedeutungen der Ethik werden anhand ihrer wesentlichen Konzepte vorgestellt und auf Roboter wie KI exemplarisch angewendet. Da Roboter- und KI-Ethik selbst eine Subdisziplin der Technikethik darstellt, wird zusätzlich auf deren Besonderheiten eingegangen. Besonderes Interesse erweckt die neue Perspektive, wonach Moral und Ethik nicht mehr nur menschlich sind, sondern auch in Maschinen vorkommen könnten. *Band 2* widmet sich der *ethischen Praxis,* also den Methoden der angewandten Ethik und speziellen Konzepten der Technikbewertung.

Hierzu zählen kasuistische Verfahren der Einzelfallentscheidung und die Verantwortungsanalyse anhand spezieller Relata, elf Perspektiven technischer Praxis sowie sieben verschiedener Technikbegriffe. Unter besonderer Berücksichtigung von Robotik und KI dienen vier Beispiele zur Illustration und Übung. Ein fünftes thematisiert Gentechnologie. *Band 1* und *Band 2* betrachten also Technikethik von der Ethik her.

*Band 3* dreht die Perspektive der vorherigen beiden Teile zur Ethik herum und wendet sich nun primär den *technischen Herausforderungen* zu. Hierzu wird in Begriffe und Konzepte der Robotik, Drohnen und KI eingeführt sowie gesellschaftliche Problemfelder im Umgang mit diesen Technologien analysiert. Technikethik hat mehr Gegenstände als nur Roboter und Computerprogramme. Jedoch lohnt sich ein Einstieg mit Blick auf gerade diese Bereiche, da es sich hier um Querschnittstechnologien der Digitalisierung handelt. Sie sind aus vielen weiteren technischen Anwendungen unserer Zeit, von Autos über Industrieanlagen und Forschungslabore bis hin zu smarten Staubsaugern, Häusern und Städten kaum mehr wegzudenken. Es wird eingeladen, über die Beziehungen zwischen Informatik und Gesellschaft kritisch nachzudenken.

- Grundlagen der Ethik in Band 1: *Roboter- und KI-Ethik. Eine methodische Einführung*
- Ethische Praxis in Band 2: *Angewandte Ethik und Technikbewertung. Ein methodischer Grundriss*
- Technologische Herausforderungen in Band 3: *Computer und Gesellschaft. Roboter und KI als soziale Herausforderung*
- Kritische Reflexionen in Band 4: *Künstliche Intelligenz, Verkörperung und Autonomie. Theoretische Fragen*

**Zur Gestaltung der Querverweise zwischen den einzelnen Bänden:**
Kursive Angaben beziehen sich auf einen anderen als den jeweils vorliegenden Band der Buchreihe. Wenn zum Beispiel im ersten Buch steht *„Band 2, 2.2"*, dann ist das „zweite Buch" aus der Reihe gemeint und darin der „Abschn. 2.2". Nicht kursiv sind die Kapitelverweise innerhalb eines vorliegenden Buches. Steht also im ersten Buch „Kapitel 6", dann ist damit der entsprechende Abschnitt im ersten Buch gemeint. Alle Abbildungen und Tabellen sind stets mit dem Band und der Nummer des dortigen Kapitels, in dem sie präsentiert werden, angegeben, z. B.: „Abb. Band 1, 2.1" oder „Tab. Band 3, 3".

**Zum Sprachgebrauch:**
In vorliegendem Buch wird aus stilistischen Gründen die Bezeichnung in einem Geschlecht angewendet, wenn nicht konkrete Personen gemeint sind. Mal ist von „Ingenieurinnen" die Rede, mal wieder von „Ingenieuren" etc. Das ist Absicht und soll stellvertretend für die Vielfältigkeit menschlicher Geschlechter und Lebensstile Abwechslung bringen. Stets sind dabei alle möglichen Geschlechter oder Lebensstile mit angesprochen, so wie es etwa mit Formeln wie „Ingenieur*innen" oder „Ingenieurl(in)en" alternativ praktiziert wird. Ist von „Menschen" oder „der Mensch" die Rede, sind

selbstverständlich ausnahmslos alle Kulturen, Religionen und Ethnien damit gemeint. Insbesondere wenn es um sachlich absolut begründete Unterschiede und Abgrenzungen zwischen Menschen und Maschinen – nennen wir diese nun „soziale autonome Roboter", „Maschinenlernen" oder „künstliche Intelligenz" – geht, dann ist es besonders wichtig, die vielfältigen Lebensentwürfe und historisch-kulturellen Identitäten hinter dem Wort „Mensch" im Blick zu haben.

# Inhaltsverzeichnis

# Sprache und Wissen

**1**

**Zusammenfassung**

Sprache ist ein zentrales Thema der Robotik und der KI. In der theoretischen Informatik werden zum Beispiel Automatentheorien mittels formaler Sprachen auf mathematischen und logischen Grundlagen behandelt. Vorliegendes Kapitel bietet einen komplementären Blick aus der theoretischen Philosophie heraus. Dabei wird zuerst auf die Beziehungen zwischen Sprache, Wissen und Technik geschaut. Sie dienen als Grundlage für weitere Analysen zu verkörperter und autonomer KI, dem Körper-Geist-Verhältnis oder dem Maschinenbewusstsein. Zwei allgemeine Wissensformen lassen sich unterscheiden: explizites bzw. propositionales Wissen und implizites Wissen. Während sich erstes klar aussprechen und formalisieren lässt, umfasst implizites Wissen Fähigkeiten der Imagination, Intuition, sensomotorischer Bewegungen, Wahrnehmungen oder sozialer Emotionen, die sich nicht so einfach in Worten abbilden lassen. Implizites Wissen prägt wesentliche Bereiche alltäglichen Handelns und nicht zuletzt Problemlösungsprozesse in der Informatik – etwa beim imaginativen Entwickeln von Algorithmen, bevor diese in Programmiersprachen formalisiert werden. Auch wenn KI Resultate impliziten Wissens simulieren kann und Menschen mangels technischer Transparenz die Funktionsweise manches Künstlichen Neuronalen Netzwerkes nicht nachvollziehen, handelt es sich dabei doch um mathematisch-formale Informationsverarbeitung. Bei genauerer Betrachtung offenbart sich, dass Computer im Gegensatz zu Menschen kein implizites Wissen haben.

Haben Maschinen Bewusstsein? Können sie moralisch leben, so wie wir Menschen? Was müssten sie hierfür wissen, und wie müssten sie sprechen können? Denken wir an „ethische" KI, dann gibt es nicht nur enormen Klärungsbedarf hinsichtlich Verantwortung, Transparenz, Fairness oder Vertrauenswürdigkeit. Im gleichen Atemzug tauchen unmittelbar Fragen nach kognitiven Fähigkeiten jenseits oberflächlicher

 
M. Funk, *Künstliche Intelligenz, Verkörperung und Autonomie*,
https://doi.org/10.1007/978-3-658-41106-0_1

Projektionen auf. Könnte ein Künstliches Neuronales Netzwerk (KNN) nicht doch in den unübersichtlichen Tiefen der Bits und Bytes anerkennbare Gefühle und achtenswerte Subjektivität entwickeln? Geht es in der ersten Ebene der **Roboter- und KI-Ethik** um den Umgang von Menschen mit Maschinen, so rücken Algorithmen in der zweiten Ebene selbst als moralische Akteurinnen in den Fokus. Wenn wir diesen einen moralischen Status zu schreiben, sie als empfindsam und schutzwürdig anerkennen sollten, dürften dann überhaupt noch Computer als „Maschinen" angesprochen werden? Braucht es entsprechende Rechte, um ihre Würde zu schützen? Darüber lässt sich vortrefflich streiten. Aus wissenschaftlicher Sicht sind dabei vor allem die Kriterien der Zuschreibung bedeutsam. In vorliegendem Buch soll Science Fiction hinten angestellt bleiben. Es geht um technikethische Antworten, und diese lassen sich kurz zusammenfassen: Nein, weder KI noch Roboter oder andere Computertechnologien haben irgendein Bewusstsein oder wären moralisch besonders schutzwürdig. Es handelt sich um technische Mittel, die von Menschen zur Zweckerfüllung hergestellt werden.

Wenn das alles so einfach ist, warum dann gleich ein ganzes Buch darüber? Weil es wie bei jedem wissenschaftlichen Für und Wider um die Begründungen und Argumente geht. Dabei sollte mit Missverständnissen und irreführenden Metaphern aufgeräumt werden, um sich sachlichen Problemstellungen zuwenden zu können. Im Fall „verkörperter" oder „autonomer" KI ist ein praxisrelevanter Klärungsbedarf entstanden, der über eine bloße Begründung des angesprochenen Nein hinaus führt. Antworten auf theoretische Fragen sind relevant für Orientierungen, wenn es etwa um die Gestaltung von Informationssystemen in Wirtschaftsunternehmen geht, um den Umgang mit „selbstlernenden" Algorithmen in sozialen Medien, Robotik oder kritischen Infrastrukturen. Dabei sind auch Fragen betroffen, die bis hin zum Status von Lebewesen oder ganzen Ökosystemen reichen können: Ab wann könnte mein KNN anfangen zu leben? Wie bekomme ich heraus, ob mein vernetzter Drohnenschwarm ein echtes „Ökosystem" bildet – im nicht bloß metaphorischen Sinn? Juristisch gesehen erhalten Ökosysteme durchaus den Status von Rechtspersonen. Das gilt zum Beispiel neuerdings für das spanische *Mar Menor,* eine Salzwasserlagune an der Mittelmeerküste. Sie hat eigene Rechte erhalten, die von Bürgerinnen eingeklagt werden können – etwa, wenn es durch Überdüngung zu massenhaftem Fischsterben kommt.[1] In der Umweltethik sind nichtmenschliche Lebewesen und Ökosysteme als wertvoll anerkannt. Bei der Zuschreibung moralischer Werte dreht sich nicht alles immer nur um menschliche Akteure. Insofern lohnt sich ein genauerer Blick, warum das für von Menschen hergestellte Maschinen nicht gilt.

Wird das irgendwann – evtl. durch Technologien, die heute noch gar nicht absehbar sind – anders aussehen? In die Zukunft lässt sich nicht blicken. Kann also behauptet werden, dass es *niemals* Maschinen mit Bewusstsein, echtem Geist oder moralischer Persönlichkeit geben wird? Sollte ein solches *Nein* für immer gelten, dann müsste

[1] https://www.tagesschau.de/ausland/europa/spanien-mar-menor-rechtsperson-101.html

methodisch erst einmal geklärt werden, ob sich ein prinzipieller Unmöglichkeitsbeweis überhaupt führen lässt. Wahrscheinlich dürfte das schwierig werden. Aus wissenschaftlicher Sicht folgt daraus jedoch kein Fatalismus, sondern rationales, methodenkritisches Voranschreiten, um die Entwicklungswahrscheinlichkeiten bestmöglich abschätzen zu können. Einen Beitrag hierzu leistet vorliegendes Buch in Form systematisch erarbeiteter technikethischer Antworten. Dabei geht es nicht nur um die Begründung von Argumenten auf der Höhe der Zeit, sondern auch um praktische Orientierungen zur Technikbewertung. Hierzu finden sich Heuristiken zu Forschungsparadigmen („embodied AI", Kap. 3) oder Klassifikationen technischer Mittel (autonome Technik, Kap. 5) mit einem ganz eigenen systematischen Mehrwert. Gestaltungsperspektiven „ethischer" KI sollen aus menschlichen Handlungsoptionen heraus, zum Beispiel im Anbetracht des Klimawandels oder sozialer Inklusion, rational verhandelbar sein – und nicht durch Spekulationen über Maschinenbewusstsein verdeckt werden.

> „Die Welt der Software und schnellen Rechner wurde erst durch logisch-mathematisches Denken möglich, dass [sic] tief in philosophischen Traditionen verwurzelt ist. Wer dieses Gedankengeflecht nicht durchschaut, ist blind für die Leistungsmöglichkeiten von Big Data und Machine Learning, aber auch Grenzen der Anwendung in unserer Alltags- und Berufswelt. Am Ende geht es um eine Stärkung unserer Urteilskraft, d. h. die Fähigkeit, Zusammenhänge zu erkennen, das „Besondere", wie es bei Kant heißt, mit dem „Allgemeinen" zu verbinden, in diesem Fall die Datenflut mit Reflexion, Theorie und Gesetzen, damit eine immer komplexer werdende und von Automatisierung beherrschte Welt uns nicht aus dem Ruder läuft." (Mainzer 2018, S. 35)

Grundlage ist ein gereiftes Verständnis von Künstlicher Intelligenz.

**Definition: Künstliche Intelligenz**
Was bedeutet „künstliche Intelligenz"? Fassen wir kurz zusammen: KI ist ein Sammelbegriff für verschiedene computerbasierte technologische Mittel, die zur Lösung bestimmter Probleme hergestellt und angewendet werden. Der adäquaten, nicht metaphorischen Übersetzung von „artificial intelligence" folgend, geht es um technische Informationsverarbeitung, wie sie im IT-Paradigma (Nachrichtentechnik/Informationstechnologien) ausgedrückt wird.

„artificial":
1. „künstlich"
2. *„technisch"*

„intelligence":
a. „Intelligenz"
b. *„Informationsverarbeitung"*

Technische Informationsverarbeitung (2.b.) ist weder ein Synonym für zwischenmenschliche Kommunikation – wenngleich sie unser Kommunizieren beeinflusst –, noch für intelligentes Verhalten. Im Sinne der Bionik kann es in gewissem Umfang um die Imitation bzw. Simulation intelligenten Verhaltens mittels technischer Systeme gehen (1.a.; *Band 3, 4.1; Band 3, 4.3*). Mit künstlicher Intelligenz ist zum Beispiel nicht das Züchten von Nutztieren gemeint, obwohl diese durch künstliches, menschliches Zutun auch in ihrem „intelligenten“ Verhalten verändert wurden (etwa gezüchtete Begleithunderassen) – KI-Systeme können aber als Mittel zum Zweck optimierter Züchtung (Analyse genetischer Daten zwecks gezielter Verpaarung) angewendet werden. Wie in *Band 3, 4.2* erarbeitet, lassen sich fünf Paradigmen unterscheiden:

A. Nachrichtentechnik/Informationstechnologie
B. Biotechnologie/synthetische Biologie
C. Computersimulation/-modelle
D. Züchtung (Tiere, Pflanzen)
E. Kultur (Menschen)

Wir befinden uns hier in Paradigma A und Paradigma C. Innerhalb des Paradigmas A lässt sich wiederum grob der funktionalistisch-kognitivistische Ansatz top-down programmierter Systeme (KI-A1) vom konnektionistisch-subsymbolischen bottom-up-Ansatz unterscheiden (KI-A2). Letzterer umfasst die aktuell viel beachteten Fortschritte im Bereich Künstlicher Neuronaler Netzwerke (KNNs), des Machine Learning (ML) oder der Selbstlernenden Algorithmen (SLA) *(Band 3, 4.4)*. Ich werde im Fortgang des Buches immer wieder darauf zu sprechen kommen und gebe darum diese Nomenklatur gleich zu Beginn noch einmal an (siehe auch das *Glossar* im Buchanhang).

Vorliegendes Buch ist thematisch in sich geschlossen, jedoch auch der vierte Teil einer Reihe: *Grundlagen der Technikethik*. Dabei ist eine Besonderheit in den ersten drei Büchern immer wieder zum Tragen gekommen, die nun im vierten Band eigens aufgerollt wird: Technikethik ist eine wissenschaftliche, disziplinäre Spezialisierung der praktischen Philosophie – im Anbetracht ihrer Methoden und Problemstellungen, lässt sie sich jedoch auch der **theoretischen Philosophie** zuordnen. Signifikant auf der methodischen Seite ist zum Beispiel die Unterscheidung normativ-wertender und deskriptiv-beschreibender Wortverwendung, die auf sprachphilosophischen Grundlagen der Metaethik beruht. Ein anderes Beispiel ist die Frage nach Wissen. In der Erkenntnislehre bzw. Epistemologie werden die Formen, Perspektiven, Begriffe, Bedingungen und Grenzen des Erkennens behandelt. Dabei geht es nicht nur um den Sonderfall genuin wissenschaftlichen Wissens, sondern auch um ganz alltägliche Erkenntnisformen. Die zugehörigen Problemstellungen lassen sich in zwei Fragen zusammenfassen: Was ist Sprache? Was ist Wissen? Und darüber hinaus: Was lässt sich wie aussprechen und/oder wissen, und was eben nicht? Den Auftakt zur Beschäftigung mit praktischer Philosophie hat in *Band 1* das Thema der *Roboter- und KI-Ethik* gegeben. Ging es dort vor allem um die ethischen Grundlagen, so wird die Klammer in vorliegendem vierten Band mit Blick auf komplementäre theoretische Fragen geschlossen. Dazwischen hat *Band 2* eine

Vertiefung zu Arbeitsformen der *Angewandten Ethik und Technikbewertung* geliefert. In *Band 3* ging es stärker um die technische Seite, also *Roboter und KI als soziale Herausforderung* einschließlich grundlegender Begriffsklärungen sowie konkreter ethischer Probleme im Umgang. Um sich Fragen nach Verkörperung, Autonomie oder Bewusstsein anzunähern, soll es zuerst um grundlegende Verhältnisse von Sprache, Wissen und Technik gehen.

Hierzu gibt es eine Anzahl klassischer Texte aus der Frühphase der KI-Forschung der zweiten Hälfte des 20. Jahrhunderts. Diese postulieren, dass die wissenschaftliche Beschreibung menschlicher Kognition nicht ohne Computersimulation kognitiver Leistungen möglich ist. Die Prinzipien des Denkens sollen sich mit fortschreitender Verbesserung von Computerprogrammen offenbaren – bis hin zum konnektionistischen Paradigma (Lyre 2020). Dahinter steht eine schon ältere Kulturgeschichte der Maschinenmodelle menschlichen Denkens. Moderne Entwicklungen vor allem **des 17. Jahrhunderts** strahlen durch technische Entwicklungen des 20. Jahrhunderts hindurch bis in die gegenwärtige Auseinandersetzung mit KI (Borck 2019; De Angelis 2022; Mainzer 2020a; Müller und Liggieri 2019, S. 8–10). Vor diesem Hintergrund durchziehen zwei klassisch-philosophische Themen die eigentliche KI-Diskussion seit ihren Anfängen der 1950er-Jahre: **Sprache** (Kap. 1, 2) und das **Körper-Geist-Verhältnis** (Kap. 3, 4). Zu diesem Schluss kommen Walther Zimmer und Stefan Wolf Anfang der 1990er-Jahre, als sich die vorhergehenden Jahrzehnte mit etwas Abstand überblicken ließen (Zimmerli und Wolf 1994; zur Sprachphilosophie im Besonderen siehe Höltgen 2019). Aus aktueller Sicht trifft diese allgemeine Diagnose nach wie vor zu, auch wenn sich in den Details viel getan hat – siehe zum Beispiel die umfassenden Analysen im aktuellen Werk *Philosophisches Handbuch Künstliche Intelligenz* (Mainzer (Hg.) 2022). Wenden wir uns also diesen und weiteren Brennpunkten aus der Philosophie des Geistes zu, um den ethischen Werkzeugkasten mit theoretischen Grundlagen anzureichern.

Sprache ist ein klassisches Thema der Philosophie, das bis in die Antike zurückweist – auch wenn der sogenannte *linguistic turn* erst für die Zeit um 1900 reklamiert wird *(Band 1, 3.3)*. Die Auseinandersetzung mit dem Verstehen von Sprache geht einher mit den Fragen, was Sprache ist und welche verschiedenen Arten der Sprache bzw. des Sprechens sich unterscheiden lassen. In welchen Relationen steht Sprache zur Ordnung, dem Sein und der Erkenntnis unserer Welt? Aus epistemologischer Perspektive interessiert das Verhältnis zwischen Sprechen und Wissen, die sprachliche Konstruktion, Abbildung oder Repräsentation von Wirklichkeit sowie das Verhältnis zwischen Sprache, Denken und Handeln. Damit sind in gewisser Weise schon wesentliche Grundmotive heutiger Informatik benannt: mittels ausgeklügelter maschinenverarbeitbarer Sprachen die Welt logisch abzubilden. Es soll in vorliegendem Buch auch genau darum gehen, also die Verhältnisse zwischen Sprechen, Denken und Handeln in Relation zu Informationstechnologien zu analysieren. Beginnen wir mit dem Verhältnis zwischen Sprache und Technik. 1877 wurde dieses explizit von Ernst Kapp in seinen *Grundlinien einer Philosophie der Technik* thematisiert – im Kontext von Industrie und Handwerk in Deutschland sowie den USA (Kapp 2015/1877, S. 247–272). Seit einigen Jahren wird es im

Angesicht sprechender Maschinen – die mit den Fabriken des 19. Jahrhunderts wenig gemein haben – wieder zunehmend diskutiert (Coeckelbergh 2017).

In Abschn. 1.1 sehen wir uns zunächst die Formen des impliziten und expliziten Wissens an. Sprache im Sinne der Sprech- oder Schreibtechnik kann als Kompetenz der Lauterzeugung oder Textproduktion verstanden werden. Sprachtechnik ist ein intimes Körperwissen des gelingenden und geübten Sprechens – (Handwerks)Technik 1 *(Band 2, 3.2; Abb. Band 2, 3.2)*. Sprachtechnik kann aber auch algorithmische Verfahren von Sprachbots (Technik 3/5; *Band 3, 6.2*) oder sprechende Roboter als materielle Artefakte (Technik 2) meinen. Darüber hinaus dient Sprache als generelles Unterscheidungsmerkmal impliziten und expliziten Wissens. Neben dem Sprachverstehen erhält diese Unterscheidung eine aktuelle Brisanz, weil Künstliche Neuronale Netzwerke, Machine Learning und Selbstlernende Algorithmen (KI-A2) zunehmend die Resultate und eventuell auch die Prozesse menschlichen nichtsprachlichen Wissens modellieren *(Band 3, 4.4)*. Haben Maschinen implizites Wissen (Abschn. 1.2)? Dass Computer sprachlich verfasste Informationen verarbeiten und auf Grundlage von Programmier- wie Maschinen*sprachen* funktionieren, ist klar. Auch mit Gesten und Mimik – also körpersprachlich – treten uns zunehmend soziale Roboter entgegen. Offensichtlich gibt es Fortschritte beim Erfassen und Analysieren von Bedeutungsmustern im Rahmen der Signalübertragung von Menschen und Maschinen. Wird Searles Einwand, Computer würden nur Syntax jonglieren, anstatt Semantik zu verarbeiten *(Band 3, 5)*, praktisch widerlegt? Wir wollen im anschließenden Kap. 2 noch einmal etwas tiefer in die Grundlagen der Sprachanalyse eintauchen unter der Frage: Können Maschinen sprechen?

## 1.1 Stille und laute Klänge – zwischen Körpertechnik und Mathematik

Eine der Schlüsselfragen theoretischer Philosophie lautet: „Was kann ich wissen?". Sie gehört zur Erkenntnislehre und fordert eine Erklärung der Grundlagen des Erkennens und Wissens *(Band 1, 2.2)*. In *Band 2, 3.2, Abb. Band 2, 3.2* haben wir sieben verschiedene Technikbegriffe kennengelernt. Dabei sind zwei konkrete Erkenntnisformen aufgefallen. In ihrer ersten Bedeutung meint Technik ein **praktisches Wissen.** Dieses schließt Fertigkeiten und Kompetenzen ein. Die Technik eines Klavierspielers ist ja zuerst eine Körpertechnik der Handhaltung und Fingerdynamik, zum Beispiel des Daumenuntersatzes. Wir sprechen nach Michael Polanyi von **implizitem Wissen,** auch ***tacit knowledge* bzw. stilles Wissen** genannt (Polanyi 1962; Wimmer 2016) – das Geräuschlose, woraus die Lautstärke des Spiels zuallererst erwächst. Für das Sprechen mit Stimme und Gesten gilt das in gleicher Weise. Der Leib ist dem Menschen ein Instrument der Kommunikation. Paradigmatisch drückt sich diese Einsicht in der Formel aus: „I shall reconsider human knowledge starting from the fact that *we can know more than we can tell.*" (Polanyi 2009/1966, S. 4; kursiv im Original; deutsch in Polanyi 1985, S. 14) Dieser Slogan wird aktuell wieder im Zusammenhang mit KNNs aus der

Schublade geholt – auf nicht ganz unmissverständliche Weise (Abschn. 1.2). Jedenfalls spielen auch im Ingenieurwesen Imagination, Kreativität und Intuition eine herausragende Rolle – bei aller normierter Berechenbarkeit (Ferguson 1993; Vincenti 1990; Funk und Fritzsche 2021, S. 730–732). Die Grenzen zur Kunst, dem Kunsthandwerk und der visuell-räumlichen Vorstellungskraft – zum Beispiel in der Bildhauerei – sind fließend. Es waren nicht ohne Grund Renaissance-Künstleringenieure wie Leonardo da Vinci, welche die Entstehung der Technikwissenschaften in Europa mitgeprägt haben. Ingenieurtechnischen Berechnungen gingen neue Wege des perspektivischen Sehens und Zeichnens voran (Ihde 2012).

Implizites Wissen ist nicht auf die Verwendung externer Werkzeuge beschränkt. Insofern der menschliche Leib selbst als Werkzeug gebraucht wird, instrumentalisieren wir diesen in Sport und Tanz auf Grundlage eines intimen und hart erarbeiteten Körperwissens *(Band 2, 2.3)*. Auch im Zwischenmenschlichen spielen das stille Kennen und Können im Umgang mit Mimik und Gestik, also die Sensomotorik, weiterhin Bauchgefühl und Emotionalität eine herausragende Rolle. Durch Instinkte und Intuition verdichten sich Gespür und Erfahrung zu emotionalem Erkennen. Dessen Einfluss auf unser Leben ist enorm, auch wenn wir diese Art des Wissens nicht hinreichend quantifizieren können. Dass sich Emotionen, besonders Liebe, nur sehr schwer aussprechen lassen, gerinnt zur Triebfeder der Poetinnen: mit Worten auf etwas zu deuten, was sich mit Worten nicht mehr sagen lässt. Berühmt wurde auch Aurelius Augustinus (354–430) mit seiner Antwort auf die Frage, was Zeit sei:

> „Wenn niemand mich danach fragt, weiß ich es; wenn ich es jemandem auf seine Frage hin erklären will, weiß ich es nicht.“ (*Conf. XI, XIV.17.*, Flasch 2004, S. 251)

Wir wollen es an dieser Stelle beim Oberbegriff des impliziten Wissens belassen. Auch dieser ließe sich weiter zerlegen in die genannten Bestandteile der Sensomotorik, Sinne, Emotionen etc. Was nun den philosophischen Zugriff auf das Thema ausmacht, ist die Frage nach der Geltung impliziten Wissens. Warum kann es *wahr* sein und wie verhält es sich zu anderen Wissensformen? Wie prägt es humane Lebensformen einschließlich der in *Band 2, 2.3* skizzierten existenziellen Grundsituationen? Davon zu unterscheiden ist die Geneseforschung, also physiologische, pädagogische oder psychologische Studien zur *faktischen Entwicklung* impliziten Wissens.

#### Hintergrund: Genese und Geltung I – Wissen und Kausalität

Fragen zur Ethik, Verantwortung und Sicherheit von KI-Systemen, besonders KNN, SLA und ML (KI-A2), lassen sich nicht von erkenntnistheoretischer Grundlagenforschung trennen (Mainzer 2020b). Hierzu gehört die philosophische Auseinandersetzung mit der möglichen Rechtfertigung wissenschaftlichen Tatsachenwissens. Die damit verbundene erkenntnistheoretische Unterscheidung von Genese und Geltung ist dann auch grundlegend für ethische Reflexion (Gabriel 2020, S. 82–87). Wir wollen einen Blick auf diese grundlegende methodische Unterscheidung werfen, die auch für Technikethik besonders wichtig ist: **Genese und Geltung** sind Grundbegriffe der Erkenntnislehre und Wissenschaftstheorie, deren Diskussion sich in diversen begrifflichen Varianten wie ein roter Faden durch die Philosophiegeschichte zieht. Bei Wilhelm von

Ockham (ca. 1288–1347) finden wir zum Beispiel die Unterscheidung von **Real- und Rationalwissenschaften** im Mittelalter (*Prol. Exp. Phys. 32–36,* Ockham 2008/1321 ff., S. 209; Kraml und Leibold 2003, S. 56–57), bei Gottfried Wilhelm Leibniz (1646–1716) die methodische Differenz zwischen **Tatsachen- und Vernunftwahrheiten** in der Neuzeit (*Mon. §§ 31–36,* Leibniz 2008/1714, S. 27–31; Gabriel 2020, S. 46–48, 59–63) und schließlich bei Hans Reichenbach (1891–1953) die Trennung von **Entdeckungs- und Begründungszusammenhang** im 20. Jahrhundert (Reichenbach 1938, S. 6–8, 381–382). Eine besondere Rolle spielt Immanuel Kants (1724–1804) Programm der Vernunftkritik sowie die darin enthaltene juristische Unterteilung in **quid iuris und quid facti** (*KrV § 13, B117-B124,* Kant 1974/1781 ff., S. 125–131; zum daran anschließenden zentralen Argumentationsgang in der *transzendentalen Deduktion* siehe: *KrV §§ 14–27, B124-B169,* Ebd., S. 131–159; sowie Höffe 2011, S. 132–157; Tetens 2006, S. 98–123; Wagner 2008, S. 22–42).

Im übertragenen Sinne unterzieht sich bei Kant die Vernunft einer gerichtlichen Kritik. Sie legt vor sich selbst Rechenschaft über ihre Stärken und Schwächen ab. Dabei wird das Wechselspiel beider Stämme der Erkenntnis – Sinne und Rationalität – analysiert sowie gleichzeitig die Möglichkeit naturwissenschaftlicher Erkenntnis aus der Vernunftpraxis selbst begründet (Höffe 2011, S. 14–41; Tetens 2006, S. 17–47). Das kann als revolutionär angesehen werden in zweierlei Hinsicht: 1. waren die modernen Naturwissenschaften um 1800 vergleichsweise wenig etabliert. Kant sprach also keine Selbstverständlichkeit aus. 2. wirkt aus heutiger Sicht die enge Verzahnung aus Philosophie und Naturwissenschaften regelrecht revolutionär – denn sie scheint so gar nicht in unsere hochdifferenzierte Forschungslandschaft zu passen. Bei der zugrunde liegenden erkenntniskritischen Ableitung wird häufig von einer „Kopernikanischen Wende" in der Philosophie gesprochen (Höffe 2011, S. 49–50; Tetens 2006, S. 29–34). Jedoch: Wie Kopernikus nur aussprach, was man spätestens seit den alten Griechen schon über die Erdbewegung wusste, so greift auch Kant auf eine „Revolution" zurück, die sich spätestens seit der Spätantike nachweisen lässt: Mit der Einsicht, dass wir Menschen die Erkenntnis der Welt auf unsere Art und Weise gestalten, also ein objektiv-direktes Vordringen zu den Dingen (Kant sagt „Ding an sich") ausgeschlossen bleibt. Kant beweist die Möglichkeit von Kausalgesetzen/-schlüssen, die der Erfahrung bereits zugrunde liegen („synthetische Urteile a priori" genannt). Sie sind jedoch auf Erscheinungen der Natur bezogen, also auf deren Wahrnehmungen, nicht jedoch auf „die Natur" selbst (Gabriel 2020, S. 70–73; Höffe 2011, S. 42–52, 197–201; Tetens 2006, S. 66–71).

Genuin neu(zeitlich) ist die Ausarbeitung und Anwendung empirisch-experimenteller Forschungsmethoden. Wenn wir empirisch forschen, dann stellt sich die Frage, wie wir die Schlüsse von Beobachtungen auf theoretische Aussagen begründen. Insofern findet die *Unterscheidung zwischen Genese und Geltung* in der Moderne ihre Zuspitzung. Man kann sich die historische Gemengelage so vorstellen: Es war ein Durchbruch, naturwissenschaftliches Wissen erkenntnistheoretisch zu begründen. Jedoch war und ist das nicht ohne die gleichzeitige Begrenzung dieser Wissensform zu haben: Ja, Naturwissenschaften sind möglich und tragen zur *Genese unseres Tatsachenwissens* bei – was in der unsäkularen frühen Neuzeit eine nicht ungefährliche Einsicht darstellte, wie Giordano Bruno, Galileo und andere erfahren mussten. Aber, aus der Begründung naturwissenschaftlichen – empirischen – Wissens werden auch dessen Limitierungen klar – vornehmlich im Bereich menschlichen Handelns (Ethik) sowie bei der Frage nach der *Geltung, also Rechtfertigung* ihrer Aussagen. Aufgrund dieser Doppelfunktion aus Begründung und skeptischer Einordnung tritt das Programm der Vernunftkritik weder als Feindin noch Konkurrentin der Naturwissenschaften auf. Philosophie erweist sich als eng mit diesen verbunden (Höffe 2011, S. 20–24, 53–75; Tetens 2006, S. 314–317). Zur Liaison zählt auch die methodische Geltungsreflexion in Gestalt der Begründung unseres Tatsachenwissens (Genese). Anders gesagt: Wird die Geltungsreflexion aus den Naturwissenschaften heraus vollzogen, dann werden sie selbst zur Philosophie.

Aus der Selbstkritik erkennender Vernunft wird einsichtig, dass naturwissenschaftliches Wissen nicht aus sich selbst entsteht. Es baut notwendig auf individueller wie sozialer Vernunftpraxis auf, über die sich bloß empirisch nicht urteilen lässt. Vernunft wird im Forschen und Formulieren wissenschaftlicher Sätze immer schon in Anspruch genommen. Über sie lässt sich also nicht urteilen, ohne sie bereits zu gebrauchen. Wie kam Kant zu diesem Schluss? Im 18. Jahrhundert setzt sich der schottische Philosoph David Hume (1711–1776) mit den Grenzen der empirischen Naturerkenntnis und Induktionsschlüsse auseinander. Wie schon bei Descartes motiviert die Skepsis zum Prüfen unserer Wissensansprüche (Gabriel 2020, S. 56–58, 67; Höffe 2011, S. 33–35). Dabei treibt Hume den Empirismus auf die Spitze und muss feststellen, dass sich Kausalgesetze nicht aus *bloßer* Beobachtung erkennen lassen. Denn ich kann zwar durch Beobachtung die Regelmäßigkeit einer Ursache-Wirkungs-Beziehung *(causa efficiens)* gegenwärtig beschreiben und auf Daten der Vergangenheit zurückgreifen. Rein aus der Beobachtung kann ich also sagen, dass ein Apfel, verursacht durch Schwerkraft, bis jetzt immer nach unten gefallen ist (entsprechend meines Bezugssystems). Offensichtlich steckt dahinter eine Regelmäßigkeit, die sich auch in Zukunft beobachten lässt. Jedoch erkennt Hume, dass der Schluss auf zukünftige Ereignisse nicht aus Beobachtung allein entstehen kann. Denn in die Zukunft kann niemand sehen. Außerdem sind Induktions*schlüsse* generell keine Schlüsse bzw. verstandesmäßigen Übergänge – wenn sie doch die *reine* Beobachtung meinen sollen. Folglich muss der Schritt von der Beobachtung zum Kausalgesetz mit Erkenntnisleistungen zusammenhängen, welche über sinnliche Wahrnehmung und Tatsachenwissen (Genese) hinaus reichen. Hume führt den Empirismus ins Extrem und somit an sein (handlungs)logisches Ende (Gabriel 2020, S. 63–65; *EHU,* Hume 2002/1748).

Daran wird Kant anknüpfen und untersuchen, wie Schlüsse auf Gesetzmäßigkeiten in der Natur durch die Praxis *theoretischer Vernunft* im Zusammenspiel mit Beobachtungen erfolgen. In seiner Terminologie dienen hierzu die Begriffe „a posteriori" zur Bezeichnung des Erfahrungswissens sowie „a priori" für Wissen unabhängig von Erfahrung (Gabriel 2020, S. 48–53, 70–73; Höffe 2011, S. 53–55, 186–194). Das bringt uns direkt zur Unterscheidung von *Genese* (Wie sind wir zu unserem Wissen von Naturkausalität gekommen?) und *Geltung* (Wie ist unser Wissen um Naturkausalität begründet?). Im Bild der Gerichtsverhandlung: Was wird als empirische Tatsache/Sachverhalt behauptet *(quid facti)?* Wie ist diese Behauptung gerechtfertigt/bewiesen und hinsichtlich einer vorliegenden Schuld oder Unschuld zu bewerten *(quid iuris)?* Wer irgendein Wissen über Kausalverhältnisse in der Natur in Anspruch nimmt, setzt *gemeinschaftliche Vernunftpraxis* bereits voraus und belegt sie im Vollzug. Diese Einsicht hat wesentlichen Einfluss auf die Behauptung menschlicher Freiheit gegenüber Einwänden des Determinismus (Abschn. 5.1). Und sie stellt die Begründung robomorpher Fehlschlüsse dar *(Band 1, 4.6):* Eine bloß naturwissenschaftliche Erklärung des Menschen ist theoretisch unmöglich – weil sie Vernunft und Freiheit der erklärenden Naturforscherinnen bereits selbst in Anspruch nimmt – und führt praktisch zur Enthumanisierung des Humanen – wir tun so, als ob wir weder Vernunft noch Freiheit hätten. Analog gilt für anthropomorphe Fehlschlüsse: Prädikate humaner Vernunftpraxis sind für jede Natur- und Technikwissenschaft als Möglichkeitsbedingung evident („Autonomie" der frei forschenden Wissenschaftlerin), verlieren jedoch ihre Gültigkeit bei der Beschreibung des Forschungsgegenstandes („Autonomie" des sich „frei" bewegenden Roboters), wenn sie nicht explizit als bedeutungsdifferente Metaphern sichtbar gehalten werden.

**Kausalschlüsse sind keine Naturereignisse, sondern Vernunfthandlungen** im Verbund mit empirischen Daten. Sie werden in Behauptungen, also *sprachlicher Praxis,* dialogisch verhandelt – bewiesen oder widerlegt. Die Rechtfertigungen von Beweis und Widerlegung werden zum neuerlichen Gegenstand der Geltungsfrage usw. Kant hat den Einfluss des Sprechens durchaus gesehen, jedoch nicht so nachdrücklich bearbeitet, dass in der Forschung heute von einem *linguistic turn* bei ihm ausgegangen würde (Höffe 2011, S. 17, 68–70). Dieses Etikett kommt stattdessen dem Werk Ludwig Wittgensteins (1889–1951) bei, der die soziale und technische Praxis des Sprechens als Bedingung der Möglichkeit menschlichen Wissens verhandelt (Wittgenstein 2006; Funk 2018). Insofern steht auch Wittgenstein in der Tradition Kants und ergänzt die Trennung zwischen Genese und Geltung um eine sprachkritische Komponente (Gabriel 2020, S. 178–184; *Band 1, 3.3*). Mit unmittelbarer Wirkung auf die heutige Technikethik geht die Einsicht einher, dass naturwissenschaftliche Untersuchungen der Genese impliziten Wissens nicht gleichzeitig dessen Geltung begründen. Das Beschreiben moralischen Verhaltens bei Menschen oder moraläquivalenter Simulationen bei Maschinen begründet also weder a) den generellen Schluss auf eine entsprechende moralische Gesetzmäßigkeit, noch b) das ethische Gesetz, welches die entsprechende moralische Gesetzmäßigkeit als „gut" oder „schlecht" ausweist. Es bleibt dabei: Menschliche Freiheit beim Forschen wie auch im moralischen Handeln lässt sich empirisch weder belegen noch widerlegen, weil sie bereits vorher in Anspruch genommen wird. Daraus folgt die methodische Scheidung zwischen empirisch-deskriptiver und normativ-wertender Wortverwendung. Die erkenntnistheoretische Trennung von Genese und Geltung leitet mit ihren (Anschluss-)Problemen – wie dem Leib-Seele-Verhältnis (Kap. 3) oder dem Streit zwischen Willensfreiheit und Determinismus (Abschn. 5.1) – direkt zur Ethik über (Gabriel 2020, S. 11, 23; Höffe 2011, S. 20–24, 28–31, 2012; Tetens 2006, S. 314–317). An die hier vorgestellten Grundlagenforschungen anschließend wird sich zeigen, dass:

1. die normative Rede von „autonomen" Robotern oder KI-Systemen grob sachlich falsch ist (Geltung; Abschn. 5.1: „Hintergrund: Genese und Geltung II – Freiheit und Autonomie")
2. der empirisch-deskriptive Wortgebrauch jedoch bei der Beschreibung technischer Sachverhalte sinnvoll sein kann (Genese; Abschn. 5.2)

Das Gegenstück zu implizitem Wissen wird in der Fachsprache als **propositionales Wissen** bezeichnet und kennzeichnet die Arbeiten der neueren analytischen Philosophie (Leerhoff et al. 2009, S. 79–80, 89–90). Als Kriterium der Unterscheidung dient die Sagbarkeit und Möglichkeit zur eindeutigen formalen Explikation – aufschreiben, vorrechnen –, weshalb auch das Synonym des *expliziten Wissens* auftaucht. In der **epistemischen Logik** wird die Formalisierung propositionalen Wissens angestrebt (Strobach 2005, S. 122–127). Dem entspricht grob die Wissensform von Technik in ihrer fünften Bedeutung *(Band 2, 3.2; Abb. Band 2, 3.2)*: **verwissenschaftlichte Technologie**. Diese schließt wiederum Berechnungen zur Statik eines Bauteils ein, wie auch theoretisches Lehrbuchwissen, statistische Modelle oder Kenngrößen für ingenieurtechnische Standards. Implizites Wissen findet sich bottom-up realisiert. Eine „Standardisierung" – wenn wir es so nennen wollen – erfolgt über das soziale Teilen wiederholt gelingender Handlungen. Durch Prozesse der Imitation, des Trial and Error, werden bewährte leibliche Praxen weitergegeben. Top-down erfolgt hingegen die Normalisierung expliziten Wissens. Verfahren, Baugruppen oder (technische) Normen können durch Messwerte, Mathematik oder Computermodelle effizient standardisiert und modularisiert werden – ein Grundelement der Ingenieurtechnik, wenn sie über den Kunstcharakter handwerklichen Wissens hinausgeht. Wichtig ist der Einfluss mathematischen Kennens und Könnens auf die Entstehung der modernen Natur- und Technikwissenschaften. Darin wurzelt unser aktuelles Verständnis von Technik als Technologie, welches wiederum auf Robotik und KI prägenden Einfluss ausübt (siehe

Definition von IT-Algorithmen als Verfahrenstechnologie 3/5 in *Band 3, 6.2*). Auch hier eröffnen sich weitere Binnenformen für den Oberbegriff des expliziten Wissens. Deren detaillierte Behandlung muss aus Platzgründen in vorliegendem Kapitel ebenfalls entfallen. Exemplarisch sei hierzu verwiesen auf Kornwachs (2012).

In *Band 1, 5.1* wurde die Sollbruchstelle zwischen implizitem und explizitem Wissen bereits angesprochen. Hier ging es um implizit gelebte Sitten und moralische Bräuche im Gegensatz zu explizit formulierten Verhaltensregeln, die wir als Moralkodex oder Ethos bezeichnen. Damit wir Ethik als streng verstandene Wissenschaft von Moral überhaupt erst einmal betreiben können, müssen moralische Werte deskriptiv handhabbar, also explizit beschreibbar und somit rationalisierbar gemacht werden. Danach können propositionale Rechtfertigungen und Vorschriften wiederum auf moralisches Handeln Einfluss ausüben. Gibt es Bereiche in unserem moralischen Verhalten, die wir nur sehr schwer aussprechen können, ist postwendend die Rationalisierung entsprechender Handlungen zumindest erschwert – wenn nicht unmöglich. Ich muss meine Verhaltensgewohnheiten durchschauen können und dann die richtigen Worte finden, um mich rational zu bewerten. Wohl dem, der ehrliche Freunde hat. Denn die helfen im alltäglichen Leben bei diesem Schritt mehr als wissenschaftliche Lehrbücher, Computerspiele oder Onlinebanking – von kommerziellen Produkten aus der Kategorie Sprachassistenz ganz zu schweigen.

Die Macht impliziten Wissens lässt sich auch daran ablesen, wie wichtig **Intuitionen und soziale Instinkte** für unser Zusammenleben sind: Erfahrenes Bauchgefühl zur rechten Zeit hat schon so manches Fettnäpfchen umschifft, dessen man sich erst hinterher bewusst wurde. Zuweilen sind wir uns selbst das größte Rätsel. Das Ringen mit den Grenzen des Selbst, also der Durchsichtigkeit der eigenen Existenz – man könnte schlicht von Selbstfindung sprechen – kennzeichnet die typisch menschliche Wissensform. Es ist übrigens dieser Umstand, welchem wir die – aus den asiatischen Kulturkreisen, der vormodernen europäischen Philosophie oder im Umfeld der angewandten Ethik seit den 1970ern wieder zunehmend thematisierten – ethischen Klugheits- und Weisheitslehren verdanken. In ihnen geht es um die mühsamen Wege zum Erlernen praktischer Lebenskunst (Höffe 2007). Auf der anderen Seite soll nicht von den enormen Möglichkeiten rationaler Durchdringung in Aufklärung, Psychologie, Medizin etc. abgelenkt werden. Die Gefahr liegt eher in einem Menschenbild, das es schon viel länger als elektronische Digitalcomputer, Roboter, Drohnen oder KI gibt: die Annahme, der Mensch bestünde *nur und/oder allein zuerst* aus rationaler Berechenbarkeit. Manifestieren wir dieses windschiefe Selbstbild in der Annahme, dass aktuelle KI uns überlegen wäre, weshalb wir auch die Verantwortung zur persönlichen Selbstfindung oder Lebensklugheit an diese abzutreten hätten, dann landen wir in einem starken *(Band 3, 5.2)* oder schwachen *(Band 3, 6.2)* algorithmischen Fehlschluss. Diese Fehlschlüsse haben eigentlich gar nichts mit KI an sich zu tun, sondern wurzeln in unserem sozialen Gebrauch dieser Technologien: Wir werden verführt, uns selbst zu degradieren, zu selbst verschuldeter Unmündigkeit.

Sehen wir uns noch einmal das **Beispiel der (klassischen) Musik** an. Denn hier findet sich der idealtypische Unterschied zwischen Notationen sowie Harmonielehre (explizites Wissen) und Fingerfertigkeit sowie Gruppendynamik im Ensemble (implizites Wissen). Ohne vielfältig komplexe sinnlich-leibliche Fähigkeiten können wir Zeichen bzw. Symbole nicht zum Klingen bringen. Wer eine Bach-Fuge auswendig zu notieren weiß, der weiß deswegen noch lange nicht, wie man sie am Klavier darbietet. Auf der einen Seite sollen Noten nicht nur theoretisches Wissen abbilden und/oder stilistische Analysen der Musikwissenschaften ermöglichen. Sie sind Umgangsobjekte impliziten Wissens. Wer geschult Noten lesen kann und im Anblick der Zeichen bereits im inneren Ohr die Klänge wahrnimmt, vollzieht eine Brücke zwischen beiden Erkenntnisbereichen (im weiteren Sinne des Wortes Synästhesie). Vieles können Noten nicht ausdrücken, zum Beispiel Gefühle und Interpretation. Diese werden durch Dynamikzeichen und Hinweise in normalsprachlicher Schrift angedeutet. Ohne eine fähige Lehrerin, die beim praktischen Umsetzen hilft, bleiben Noten jedoch stumm, leblos und gefühlfrei. Musik ist dann nicht „authentisch“. Noch klarer offenbart sich das Ineinander bei Tabulaturen: Sie codieren meist instrumentenspezifisch konkrete Körperbewegungen. Klassische Notationen sind hingegen neutraler formuliert und für mehrere Instrumente umsetzbar. Zuweilen enthalten diese tabulaturähnliche Bewegungsanweisungen wie Zahlen für die Finger neben der jeweiligen Note – siehe zum Beispiel den Fingersatz von András Schiff im „täglichen Brot“ der klassischen Klavierkunst, dem Wohltemperierten Klavier von Johann Sebastian Bach (Bach 2007): Die Visualisierung schlägt eine Brücke zwischen implizit-sensomotorischem Erkennen und der expliziten Darstellung theoretisch analysierbarer Symbole (Funk 2015).

Michael Polanyi folgt Gilbert Ryles Unterscheidung des ***Knowing How*** **und** ***Knowing That***, wobei implizites Wissen sowohl theoretische als auch praktische Kenntnisse einschließt (Polanyi 1985, S. 16). Die Trennlinie verläuft idealtypisch. Wie sich nicht nur anhand von musikalischen Visualisierungen nachvollziehen lässt, gehen im wahren Leben beide Erkenntnisweisen mannigfaltig verflochten ineinander über. Das lässt sich beim Sprechen vorzüglich beobachten. Bekanntermaßen ereignet sich ein Großteil unserer Kommunikation nonverbal durch subtile Körpersignale. Aufgrund der buchstäblichen „Einverleibung“ unserer Umwelt stehen unterschiedliche (ver)körperlich(t)e Wissensbegriffe wie „embodied knowledge“ zur Verfügung, um die Erklärungsgrenzen entleiblichter, rein propositionaler Wissensformen vorzuführen. Diese haben auch Eingang gefunden in die KI-kritische Literatur *(Band 3, 6.1)*. Die Leiblichkeit bzw. körperliche Einbettung impliziten Wissens deutet schon die Brücke zum Körper-Geist-Verhältnis an, die uns in Kap. 3 beschäftigen wird. Aus holistischer Sicht ist „theoretisches“ Verhalten vom leiblichen Amalgam nicht ausgenommen. In der Fachsprache wird von **epistemischen Prozessen,** also Wissens- oder Erkenntnisvorgängen gesprochen, um die praktische Dynamik mannigfaltig verflochtener Wissensformen und ihrer epistemischen Perspektiven zu rekonstruieren (Plümacher 2012).

Der hier vorgetragene scharfkantige Gegensatz zwischen aufgeschriebenen Noten und deren Interpretation am Instrument ist ein solcher Rekonstruktionsvorschlag.

Interessant sind vor allem die Übergänge wie bei Notationen und Tabulaturen oder Moral, Ethik und Ethos. Ganz ähnliche epistemische Prozesse lassen sich bei der **Praxis experimentellen Forschens** freilegen. Zwar mag ein klassischer Pianist nicht unbedingt auch ein Experte für Physik sein und umgekehrt. Die Parallelen der Wissensformen und -prozesse springen jedoch ins Auge: Auch beim Forschen wird zwischen theoretischen Sätzen auf der Suche nach wissenschaftlichen Gesetzen und praktischen Handlungen im Vorgang des Experimentierens gependelt: Im handwerklichen Umgang soll sich die Natur als eine Art Widerstand „melden", um Einsichten über deren Regelmäßigkeiten zu eröffnen. Hierzu wird das Experimentieren als Verfahrenskunst mit eigenen Methodenregeln durchgeführt (Hacking 1996; Poser 2012). In analoger Weise erscheint auch der Vortrag einer Partitur am Musikinstrument als ein Verfahren mit definiertem Start und Ende sowie nicht minder komplexen Umsetzungsregeln. Diese Art des Prozessierens ist jedoch, wie wir in *Band 3, 6.2* gesehen haben, wiederum nicht mit einem bloßen Algorithmus zu verwechseln. Denn hierbei handelt es sich um Verfahrens*technologie* auf Basis expliziten Wissens – menschliches Forschen oder Musizieren schließt immer implizites Wissen grundsätzlich ein. Sehen wir uns die Beispiele und idealtypische Rekonstruktion beider Wissensformen in Abb. Band 4, 1.1 an. In ihr werden die erwähnten Ausschnitte komplexer epistemischer Prozesse visualisiert.

## 1.2 Haben Maschinen implizites Wissen? Nein!

Zur Unterscheidung und Ordnung verschiedener Wissensformen stehen neben der sprachlichen Explizierbarkeit weitere Kriterien zur Verfügung (Abel/Conant (Hg.) 2012). Für philosophische Probleme der KI ist jedoch der allgemeine Unterschied zwischen Formen impliziten und expliziten Wissens besonders interessant. Das liegt zum einen am eigentümlichen Verhältnis der Philosophie – und mit ihr der Ethik – zur Sprache, die sowohl den Gegenstand als auch das Mittel der Analyse darstellt (*Band 1, 2.3*; *Band 1, 4.5*; Abschn. 2.1). Der Grenze des eindeutig Sagbaren wohnt eine besondere methodische Bedeutung inne. Zum anderen liegt es an der Mehrdeutigkeit von „Sprache". Sie kann das **gesprochene oder geschriebene Wort** meinen, aber auch **Mimik, Gestik, künstlerische Darstellungen, abstrakte Symbole** oder in der **Performance von Körperbewegungen** des Tanzes, der Jazzimprovisation sowie dem Happening aufgehen (Kap. 2). Es ist die Rolle der ***Körpersprache,*** welche eine massive Brücke zwischen KI und Robotik baut. Ein Sprachbot – den wir als KI bezeichnen können, nicht jedoch als Roboter – bedarf eines Systems zur physischen Umsetzung der Berechnungen, weiterhin den Eingabe- und Ausgabegeräten, also Computer, Mikrofon und Lautsprecher. Körpersprache wird so noch nicht möglich. Hierzu sind weitere (humanoide) räumlich-bewegliche Oberflächen nötig, also ein Roboter.

In *Band 3, 1.1* haben wir auf allgemeine Roboterdefinitionen hingewiesen, nach denen ein Roboter so etwas wie „AI in action in the physical world" (AI HLEG 2019, S. 4) sei. Das Konzept der „embodied AI" – der verkörperten und situierten KI, im

**Abb. Band 4, 1.1** Implizites und explizites Wissen

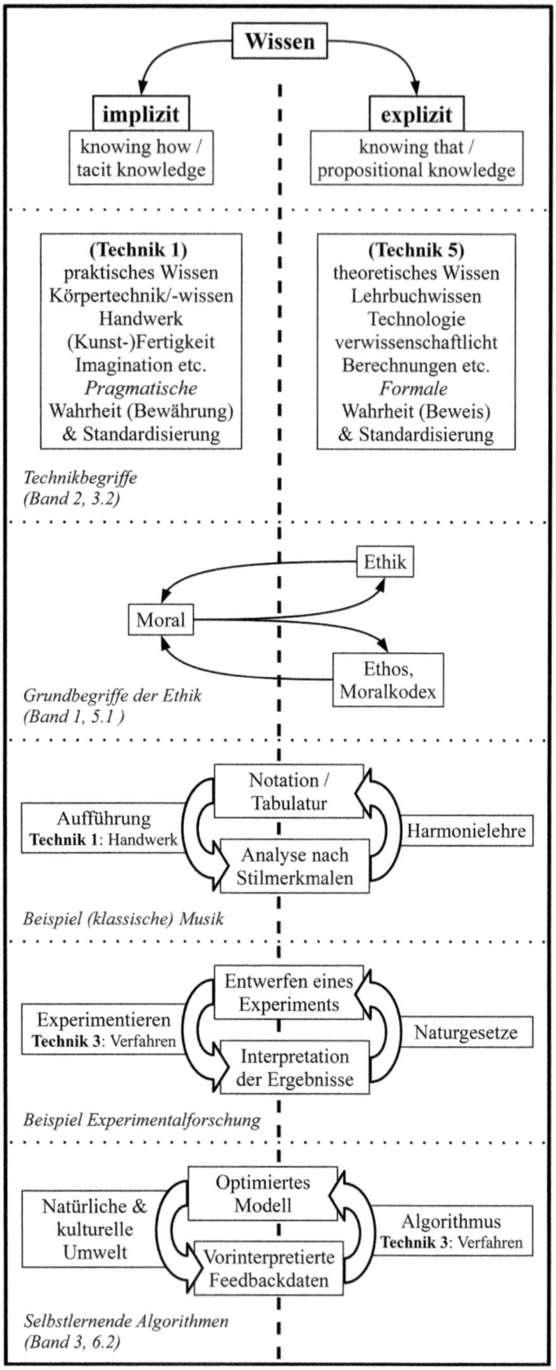

weiteren Sinne cyber-physische Systeme – (Brooks 2005, S. 62; Becker 2019) setzt an diesem Punkt an und verbindet die Frage nach dem Sprachverstehen mit dem Thema des Körper-Geist-Verhältnisses (Kap. 3): Wie hängen körperliches und geistiges Sprechen zusammen? Und das Problem wird noch diffiziler: Ist implizites Wissen das Pendant körperlichen Sprechens und explizites das des geistigen? Jedoch: Wenn für implizites Wissen ein organischer Leib nötig ist, mit all seinen Prozessen der materiellen Selbstorganisation und natürlichen wie kultürlichen Umweltinteraktionen, dann kann eine verkörperte KI (Paradigma A, 1.a./2.b.; *Band 3, 4*) ohnehin nur auf Grundlage expliziten Wissens „sprechen" oder „schreiben". Denn ein entsprechender Leib steht ja technologisch (noch?) nicht zur Verfügung. Sehen wir uns die Bruchkante dieser Überlegung genauer an. Mit steigender Agilität des (anorganischen) Roboterkörpers steigt die Anzahl von Aktoren und Sensoren, in jedem Fall also die zu verarbeitende Datenflut, gleichfalls also auch der Rechenaufwand der eingebetteten KI. Im simplen Fall betrifft dies nicht viel mehr als ein Smartphone bzw. Tablet auf vier Rädern, welches eine humanoide Gestalt andeutet und über rudimentäre Bewegungen, Sprachausgabe sowie ein Display mit Menschen interagiert. Der Roboter „Pepper" ist ein populäres Beispiel hierfür. Als Grundlage der informationstechnologischen (Paradigma A) Verkörperung von Körpersprache entpuppen sich ***Formalsprachen, Kalküle, Logik und Algorithmik***. In **Programmier- und Maschinensprachen** findet die KI-Forschung ihren ureigenen Sprachtypus, welcher von der Computerentwicklung herrührt (siehe die Algorithmen-Definition in *Band 3, 6.2*). Dieses konkrete Sprachverständnis ist bereits entleiblicht, bevor es quasi post mortem wieder in einen Roboterkörper implementiert wird.

**Vertiefung: Vorgeschichten III – Formalisierung und Kalkülisierung**
Wie kamen formale Sprachen in die Welt und anschließend in die Computer, mit denen wir heute unsere Welt simulieren? Die Vorgeschichten der KI gehen um 1950 in eine Diskussionsgeschichte über, der sich bestimmte Positionen (Turing, McCarthy, Putnam, Searle u. a.) zuordnen lassen (Zimmerli und Wolf 1994, S. 7–8). Auf den Kulminationslinien vor 1950 lassen sich zum Beispiel *realgeschichtliche* Errungenschaften des Computerbaus erkennen (*Band 3, 5.2:* „Vorgeschichten II – Apparatebau"). Für *Ideengeschichten* generell und somit auch für die Diskussionsgeschichte der KI einflussreich ist das skeptische Prüfen, Zweifeln und Hinterfragen. In Gestalt der Aufklärung führt die Skepsis mit rationalem Anspruch auch hinter die Kulissen unseres Glaubens und Meinens im Bereich der KI (*Band 3, 5.1:* „Vorgeschichten I – Skepsis und Aufklärung"). In einer weiteren historischen Linie entsteht die Idee der Abbildung von Realität in **Zahlenverhältnissen und Mathematik**. Diese wurzelt im vorsokratischen Denken, genauer in der Schule der Pythagoreer – wohl beeinflusst durch altindische und altägyptische Lehren. Nach deren Gründer ist auch heute noch der berühmte Satz des Pythagoras benannt. Darüber hinaus gehen musikalische Überlegungen auf ihn zurück, nach welchen sich klangliche Relationen gleichfalls in Zahlenverhältnissen abbilden lassen. In der heutigen Harmonielehre ist das zu einer Selbstverständlichkeit geworden. Skalen, Intervalle, Kadenzen usw. werden in numerischen Relationen definiert, zum Beispiel: „I-IVm-V7-I"-Kadenz in der Klassik sowie ihr Pendant der „VI-IIm-V7alt-I"-Kadenz im modernen Jazz (Levine 1996).

Hinzu tritt der außerordentliche Einfluss der **Kalkülisierung und Formalisierung**, wonach auch komplexe Denkprobleme auf einfache Mechanismen zurückführbar sein sollen (Zimmerli und Wolf 1994, S. 13). Aristoteles entwickelt logische Verknüpfungsregeln, die allein aufgrund ihrer

Form gelten – also unabhängig vom konkreten Inhalt der Aussage –, in Verbindung mit der Theorie formaler Schlüssigkeit (Syllogistik) (ebd., S. 8–9; Lorenz 2018, S. 483–484; Aristoteles 2007; Aristoteles 2015). Bereits seit den alten Ägyptern gilt das Rechnen mit Steinchen (lat. *calculi*) als erstes Gebiet der Kalkülisierung, worunter wir allgemein ein „System zur Herstellung bestimmter Figuren aus anderen Figuren nach Regeln" verstehen (Zimmerli und Wolf 1994, S. 9). Beide Linien treffen einander im neuzeitlichen Projekt der Formalisierung und anschließenden Kalkülisierung menschlichen Denkens. Mit der cartesischen *Mathesis Universalis* beginnt die Formalisierung der Logik: Schließen ist gleich Rechnen. Gottfried Wilhelm Leibniz gelingt um 1700 die Kalkülisierung der Syllogistik. Ein vollständiges Logikkalkül erarbeiten zu Beginn des 20. Jahrhunderts Gottlob Frege, Bertrand Russell und Alfred North Whitehead. Kurt Gödel fügt wiederum das Unvollständigkeitstheorem hinzu, wonach in jedem axiomatischen System eines zahlentheoretischen Kalküls Aussagen vorkommen, die innerhalb des Systems unentscheidbar bleiben (Lorenz 2018, S. 484; Zimmerli und Wolf 1994, S. 10). Quasi auf dem historischen Höhepunkt der Entleiblichung propositionalen Wissens fällt es auf seine eigene Unvollständigkeit zurück. Und es war auch kein geringerer als Platon – der Ahnherr der neueren analytischen Erkenntnistheorie –, welcher vor allem die Frage nach dem *praktischen Anfang und Begreifen* expliziten Wissens aufwarf und diejenige nach dessen formalen Wahrheitsbedingungen eben nicht exklusiv in den Mittelpunkt rückte (Szaif 2009, S. 118–119; Polanyi 1985, S. 28–31). Die Begründung des formal Wahren ist nicht allein auf Grundlage des Formalen möglich. Was über Kausalität sowie Genese und Geltung gesagt wurde, findet hier ihr formalsprachliches Pendant: Leiblich-soziale *Praxis,* die immer auch kommunikative Vernunftpraxis ist, lässt sich als Erkenntnisbedingung nicht suspendieren (Abschn. 1.1: „Hintergrund: Genese und Geltung I – Wissen und Kausalität").

Bei aller Unvollständigkeit, die Ideen einer Abbildung der Welt in Zahlenverhältnissen, weiterhin Formalisierung und Kalkülisierung des menschlichen Denkens führen zu einem technisch hochwirksamen mathematischen und logisch-abstrakten Sprachverständnis. Folglich rückt die Erkenntnisform expliziten Wissens bereits in den Vorgeschichten der Computertechnik und KI in den Mittelpunkt. Wenn man so will, wurde die *theōría* – altgriechisch das beobachtende Anschauen – in der europäischen Philosophie über die sinnliche *prãxis* und poiesis – altgriechisch das kreative Schaffen, handwerkliche Herstellen und routinierte Verfahren – gestellt (Janich 2006, S. 22–28, 34–35, 39–44, 54–57 et passim). Entsprechend ist die KI-Entwicklung der 1950er-Jahre in weiterer Folge getragen von einem reduktionistischen Menschenbild, in welchem implizites Wissen und nichtformale Sprachen eine untergeordnete Rolle spielen. Paradigmatisch wird die Simulation von Erfahrungswissen, Kreativität, Gefühlen oder Intuition am Vorabend der KI-Entwicklung ausgeblendet (Turing-Paradigma, *Band 3, 5.2*; Abschn. 3.1). Dabei ist die Kritik an dieser reduktionistischen Denkweise bereits zeitgleich in der Philosophie des frühen 20. Jahrhunderts ausgeprägt. Die KI-Kritik der 1970er-Jahre um Hubert Dreyfus und Joseph Weizenbaum wird sich dem anschließen und an einem weltanschaulichen Streit über das Menschenbild teilnehmen, der bis heute nachwirkt *(Band 3, 6.1).* Die Verhandlung der Frage, welche Domänen aktuelle KNNs dem Menschen entreißen können und dürfen, hängt direkt von unseren forschungs- und diskussionsleitenden Menschenbildern ab – wechselwirkend geschliffen an den Potenzialen realtechnischer Prozessoptimierung (Paradigma A, 1.a./2.b).

Sehen wir uns noch einmal Michael Polanyis Definition impliziten Wissens an, um die leiblichen Aspekte menschlichen Wissens genauer zu greifen. Er schreibt:

> „Und ebenso würde ich sagen, daß wir uns auf unser Gewahrwerden kombinierter Muskelleistungen verlassen, wenn wir uns der Ausführung einer Kunstfertigkeit zuwenden." (Polanyi 1985, S. 19)

> „Unser Körper ist das grundlegende Instrument, über das wir sämtliche intellektuellen oder praktischen Kenntnisse von der äußeren Welt gewinnen.“ (Ebd., S. 23)
> „In diesem Sinne könnten wir sagen, daß wir uns die Dinge einverleiben [...] – oder umgekehrt, daß wir unseren Körper soweit ausdehnen bis er sie einschließt und sie uns innewohnen.“ (Ebd., S. 24)
> „Die Abhängigkeit einer Erkenntnis von persönlichen Bedingungen läßt sich nicht formalisieren, weil man seine eigene Abhängigkeit nicht unabhängig ausdrücken kann.“ (Ebd., S. 31)

Implizites Wissen ist also nicht allein dadurch, dass wir „mehr wissen, als wir zu sagen wissen“ hinreichend bestimmt. Es stellt ein problemorientiertes Anfangswissen dar (ebd., S. 30), dessen Vollzug auf das Perspektivenproblem des begrenzten Beobachterstandpunktes verweist *(Band 2, 2.3)*. Als Abhängigkeit kann es von den Abhängigen nicht selbst formalisiert werden. Dabei spielt unter anderem Leiblichkeit in ihrer muskulären Physiologie eine tragende Rolle, wodurch wir uns auch intellektuelle Erkenntnisse regelrecht „einverleiben“. Sowohl das Problem des Beobachterstandpunktes als auch das der organischen Prozesse selbstorganisierender kognitiver Umweltinteraktionen hat nach Polanyi den sogenannten ***embodied approach*** in den Kognitionswissenschaften geprägt (Maturana und Varela 2009; Noë 2004; Varela et al. 1997). Tatsächlich muss man also zum Schluss kommen, dass eine Maschine ohne organischen, muskulär aktiven Leib – gebildet als kultureller Leib in zwischenmenschlichen, emotionalen Interaktionen – kein implizites Wissen haben kann (Ihde 2002; Irrgang 2005; Fuchs 2020; Funk 2014). Wesentlich ist das Fehlen selbstorganisierender Physiologie, die sich entsprechend der sozialen Handlungen mitentwickelt. Denken wir etwa an einen Klavierspieler ohne „Sixpack“, jedoch mit hochpräziser Fingerfertigkeit, die sich auch anhand der Handmuskulatur erahnen lässt. Eine trainierte Gewichtheberin braucht das „Sixpack“ als Stützmuskulatur und beherrscht nicht nur in den Oberarmen die entsprechende Technik zum Stemmen enormer Massen. Was nicht so offensichtlich in den Blick fällt: Dem korrelieren diverse neurophysiologische Prozesse, sodass sich das jeweilige implizite Wissen ganzheitlich im Leibkörper und stets in Relation zur natürlichen wie kultürlichen Umweltinteraktion realisiert. Was bedeutet das für KI und rollende Smartphones wie „Pepper“?

Klassische KI der 1950er-Jahre (Paradigma A1, sogenannte „GOFAI“) wird „explizit codiert“ (Carrier 2016, S. 293), also top-down in formaler Sprache programmiert. Hier ist der Bezug zum expliziten Wissen offensichtlich und sozusagen per Definition vorhanden. Die Informationsverarbeitung in KI-A2 (KNNs etc.) erfolgt bottom-up, dezentral verteilt und in verdichteten Beziehungen zwischen Knoten. Die Verarbeitungsregeln sind nicht explizit vorformuliert, lassen sich jedoch regelgeleitet beschreiben und auf klassischen Computern nachbilden. Dabei handelt es sich um „einfaches assoziatives Lernen“ durch Feedbackdaten mit vorgegebenen expliziten (!)Wahrheitswerten (Ebd., S. 294). Insofern die mathematischen Grundlagen auch „selbstlernender Maschinen“ von Menschen bewiesen wurden (Mainzer 2016, S. VI, 211; Mainzer 2018) und die Wahrheitswerte von Feedbackdaten logisch-explizit vorgegeben sind, bleiben wir auch hier im Bereich expliziten Wissens. Davon zu unterscheiden ist methodisch und begrifflich die Wahrheitsform impliziten Wissens. Denn diese läuft auf praktische Bewährung im leiblich-sinnlichen Handeln hinaus: Eine Handlung gelingt oder misslingt (Janich 2014, S. 5–6, 173–203, 228–230). Das Prinzip der Zweiwertigkeit *(tertium non datur)* formallogischer Wahrheit lässt sich nicht anwenden, da es beim praktischen Gelingen quasi „analog“ zugeht. Entscheidungen fußen auf kontinuierlichen Übergängen und nicht auf „diskreten“, also springenden Zuständen/Wahrheitswerten (0 = „falsch“; 1 = „wahr“). Pragmatisches Feedback ist von vorgegebenen Wahrheitswerten des Trainings von KNNs streng zu unterscheiden. Hinzu tritt die leibkörperliche Vermittlung mit unmittelbarem Einfluss. Wir können erahnen, wie prekär die Frage nach dem „embodiment“ – der Verkörperung von KI – unter den Fingern brennt, wenn nun alle hoffnungsvolle oder ängstliche Euphorie zur Entstehung starker KI auf deren Schultern lastet.

Fassen wir noch einmal zusammen: Die Trennung zwischen implizitem und explizitem Wissen ist für die Technikethik, Roboter- und KI-Ethik von besonderer methodischer Bedeutung, da

1. Ethik Sprachen als Untersuchungsobjekte und Instrumente verwendet, weshalb die Grenze zum nicht aussprechbaren Wissen eine dauernde Herausforderung bildet (*Band 1, 2.3*; *Band 1, 4.5*; Abschn. 2.1);
2. KI und Computertechnik auf kalkülisierten und formalisierten Programmier- wie Maschinensprachen aufbauen, sowie auf mathematischen Grundlagen, die in der menschlichen Kulturgeschichte als explizites Wissen erarbeitet wurden (Paradigma A und C; *Band 3, 6.2*; s.o.: „Vorgeschichten III – Formalisierung und Kalkülisierung“);
3. im aktuell viel diskutierten Verkörperungsansatz die Ergänzungsbedürftigkeit von KI durch physikalische Komponenten (= Roboter) die Anbindung impliziten (Körper-) Wissens *suggeriert* (Kapitel 3);
4. KI-A2 in Form subsymbolischer KNNs, SLAs und ML beim Problemlösen einer Maschine ähnliche implizite Kompetenzen *suggeriert*, wie sie Menschen besitzen *(Band 3, 4.4; Band 3, 6);*
5. sich folglich die Frage stellt, ob subsymbolisch operierende KNNs, SLAs und ML (A2, verkörpert in einem Roboter) im Gegensatz zu symbolischer GOFAI (A1, in einem bloßen Computer) tatsächlich über implizites (Körper-)Wissen verfügen.

Punkt 1 ist eine jeder Ethik, Geistes- und Kulturwissenschaft immanente Herausforderung. Die Punkte 2–5 kulminieren in der Frage: Haben Maschinen implizites Wissen? Antwort: Nein. Zwar gilt: Mit den Technologien der KNNs, des ML und der SLAs entstehen mathematische Modelle zur Simulation impliziten Wissens – mit durchaus beeindruckenden praktischen Erfolgen. Und ja: Es fällt auf, dass diese Blackboxes von spezialisierten Expertinnen zwar prinzipiell verstanden, jedoch in der konkreten Anwendung häufig nicht exakt vorhergesagt und nachvollzogen werden können *(Band 3, 6.2)*. Also: Warum geschieht in subsymbolischer KI-A2 *mehr, als sich sagen lässt,* ohne dass wir es dabei mit implizitem Wissen zu tun hätten? Weil es sich genau genommen um **technologische Prozessoptimierung mit diskreten Zuständen in einer technologischen Tiefenstruktur** handelt. Solche diskreten Verfahren – also digital-abrupte, nicht analog-fließende Übergänge zwischen verschiedenen Zuständen – finden hinter dem User Interface statt, welches das Ergebnis so darstellt, als seien die Übergänge analog-fließend (Beispiel Farbwerte in CSS bei Webapplikationen etc.; siehe zur Unterscheidung von Oberflächen- und Tiefenstrukturen in Sprache und Technik Abschn. 2.1). Sie repräsentieren vielleicht Resultate impliziten Wissens, sind jedoch selbst keine Art des menschlichen Weltwissens, da es sich um hochkomplexe mathematische Modelle bei technologischer Verarbeitung von *Information* handelt. **Information ist nicht gleich Wissen, nicht gleich Bildung oder Lernen** – erst recht nicht gleich motorisches Muskelgedächtnis – sowie nicht gleich Kommunikation – auch wenn wir metaphorisch diese Begriffe bei der Beschreibung subsymbolischer KI-A2 öfters in einen Topf werfen. Der entscheidende Einwand liegt darin, dass implizites Wissen aus Sicht der Genese im menschlich-sozialen Handeln die Grundlage für explizites Wissen darstellt – nicht umgekehrt. Es ist ein handlungsleitendes Anfangswissen im Umgang mit der Welt. Als solches bleibt es gebunden an die physiologischen Potenziale menschlicher Leiblichkeit, die sich wiederum im Umgang mit der natürlichen und kulturellen Umwelt realisieren. Die *Simulierbarkeit der Resultate* impliziten Wissens (Identifizierung von Gesichtern auf Bildern etc.) kann aktueller KI nicht in Abrede gestellt werden. Gegen das *Vorhandensein* impliziten Wissens in Maschinen (Paradigma A und C) lässt sich jedoch zusammenfassend einwenden:

1. Sie verarbeiten Information, anstatt zu kommunizieren *(Band 2, 2.2);* sie nehmen nicht an gemeinschaftlicher Vernunftpraxis teil und sichern die Geltung ihrer Urteile nicht unabhängig vom Menschen ab (Abschn. 1.1: „Hintergrund: Genese und Geltung I – Wissen und Kausalität“).
2. Was wir bei den Systemen als implizites Wissen zu erkennen glauben, ist nicht die Grundlage expliziten Wissens, sondern dessen *Folge*, also ein diskreter Zustand mathematisch-formaler Modellbildung in der *technischen Tiefenstruktur* (*nicht* zu verwechseln mit der sprachlichen Tiefenstruktur, wie wir noch sehen werden). Es ist die Folge formaler Sprachen, nicht jedoch deren Ursache (Abschn. 2.1).
3. Sie haben keinen organischen Leib, der sich (neuro-)physiologisch wechselwirkend mit der Umwelt in (sozialer) Interaktion selbstorganisierend entwickelt.
4. Wie wir in Abschn. 3.2 sehen werden, baut KI außerdem auf Annahmen über das Körper-Geist-Verhältnis auf, die nicht mit der des menschlichen Lebens übereinstimmen. Offensichtlich fehlen also die hierfür notwendigen Prozesse psychophysischer Wechselwirkungen.

Wenn Michael Polanyi sagt, dass wir „mehr wissen, als wir sagen können“, dann ist das noch keine hinreichende Bestimmung impliziten Wissens. Es ist ein häufig zitiertes plakatives Mantra (Ramge 2019, S. 17–18), zielt inhaltlich jedoch auf viel mehr ab. Wer dem entgegen die fehlende technische Kontrolle von uns Menschen über KI-A2 mit dem

Prädikat des impliziten Wissens adelt, macht aus Maschinen mehr, als sie sind. Es mag zwar zutreffen, dass wir bei subsymbolischer KI-A2 deren Operationsweisen selbst nicht mehr nachvollziehen (können bzw. wollen). Es handelt sich dabei jedoch viel eher um fahrlässige Technik: Warum entwerfen, „trainieren" und benutzen wir KI, deren „Entscheidungsgrundlagen" nicht mehr transparent sind – aus sachtechnischen Gründen, aber auch aufgrund von Arbeitsteilung und Spezialisierung? Und warum sind wir dazu bereit, auf Grundlage eines zu kurz zitierten Polanyi Wissensprozesse aus dem menschlichen Leben anorganischer Informationsverarbeitung zuzuschreiben? Die Alarmsirenen der Projektion klingeln einmal mehr. Technologische Prozessoptimierung (Technik 3 und 5; *Band 2, 3.2*) wird schlicht anthropomorphisiert. Es ist der gleiche Fehler wie der des starken algorithmischen Fehlschlusses oder die *als-ob*-Projektion, die Searle 1980 als starke KI-These entlarvt hat *(Band 3, 5.1; Band 3, 5.2)*.

▶ **Definition: Epistemischer Fehlschluss** Der Ausschluss des **epistemischen Fehlschlusses** besagt, dass von einer Computersimulation der *Resultate* impliziten Wissens nicht auf das tatsächliche Vorhandensein impliziten Wissens im Computer geschlossen werden kann. Epistemische, algorithmische *(Band 3, 5.2; Band 3, 6.2)* und anthropomorphe Fehlschlüsse *(Band 1, 4.6)* ähneln einander. Denn hier werden fälschlicherweise menschliche Prädikate zur Beschreibung von Maschinen gebraucht. Deskriptive Rede zur Auszeichnung technischer Verfahren wird mit der normativ-wertenden Beschreibung menschlicher Handlungen verwechselt.

**Aufgabe: Was weiß die Software über mein Programmieren?**

Wo spielt implizites Wissen in der Softwareentwicklung eine Rolle? Bei der Suche nach Antworten kann folgendes bedacht sein:

- Softwareentwicklung ist ein kooperativer Prozess von Arbeitsgruppen, der weit über das eigentliche Programmieren hinausreicht. Agiles Projektmanagement und Kundenkommunikation zur Erarbeitung des Zwecks einer Anwendung spielen eine wichtige Rolle, einschließlich der Aushandlung von Service-Level-Agreements wie auch das soziale Miteinander innerhalb des Teams (Krypczyk und Bochkor (Hg.) 2018)
- Feedbackdaten für das Training von KNNs, SLAs und ML müssen zuerst generiert werden durch Beobachtung und Auswertung menschlichen Verhaltens in sozialen Medien. Wo kommen das beobachtete menschliche Verhalten und dessen Aufbereitung zum Training eines KNNs her?
- Feedbackdaten müssen hinsichtlich eines Anwendungsbereiches (Gestalterkennung etc.) und eines Wahrheitswertes (Gesicht eines Menschen ja/nein oder Gestalt eines Panzers ja/nein) vorinterpretiert werden

- Wenn KNNs bei der Auswertung von Daten bisher unbekannte Regelmäßigkeiten und Muster aufdecken, wie gehen wir dann mit diesen Ergebnissen um?
- Um die diskreten Zustände/Prozesse in KNNs aus der technischen Tiefen- an die technische Oberflächenstruktur zu übertragen, können verschiedene Verfahren, wie etwa die Visualisierung von Entscheidungsbäumen, angewendet werden (es wird auch von „*explainable artificial intelligence,* XAI" gesprochen; Waltl 2019). So sollen hochkomplexe mathematische Modelle eines KNNs (Blackbox) für Menschen intuitiv verstehbar gemacht werden. Welche typisch menschlichen, kognitiven Triggerpunkte müssten dabei angesprochen werden? Welcher sinnlichen Hermeneutik/Interpretationslehre folgen Visualisierungen der Funktionen eines KNNs?
- Wie wird in der Softwareentwicklung experimentiert? Wie greifen implizites und explizites Wissen bei Softwaretests ineinander? Was muss man alles über den „dümmsten anzunehmenden Nutzer" wissen, um ihn in einem Softwaretest zu berücksichtigen? Wie könnte eine entsprechende zusätzliche Zeile in Abb. Band 4, 1.1 aussehen und in welchem Verhältnis stehen technische Verfahren auf Grundlage impliziten und/oder expliziten Wissens?
- Schließlich: Wo stößt der idealtypische Unterschied zwischen implizitem und explizitem Wissen im echten Leben der Softwareentwicklung selbst an Grenzen?

**Conclusio**

Grundlage für eine Auseinandersetzung mit theoretischen Fragestellungen ist ein geklärtes Verständnis von KI im Paradigma technischer Informationsverarbeitung – nicht zuletzt, um irreführenden biologischen Metaphern vorzubeugen. Computer sind technische Instrumente zum Problemlösen. Hinzu tritt eine grundsätzliche Rekonstruktion der Dreiecksbeziehungen aus Sprache, Wissen und Technik. Ging es in vorliegendem Abschnitt um die Relation von Sprache und Wissen, so rückt in Kap. 2 das Beziehungsfeld zwischen Sprache und Technik in den Mittelpunkt. In der Epistemologie dient das Kriterium der sprachlichen Formalisierbarkeit zur Unterscheidung zweier allgemeiner Wissensformen. Implizites Wissen ist typisch für Menschen. Es umfasst Fertigkeiten, Intuitionen, physiologische bzw. sensomotorische Bewegungen, leibliche Wahrnehmungen und deren (physiologische/synästhetische) Verbindungen etc. Sprachtechnik in diesem Sinne ist intimes Körperwissen, das verbales, mimisches oder gestisches Handeln ermöglicht. Explizites bzw. propositionales Wissen adressiert unmittelbar formalsprachlich abbildbares Wissen. Dem entspricht die aus *Band 2, 3.2* bekannte Unterscheidung von Technikbegriff 1 (Kunstcharakter: praktisches Können, Fertigkeiten, Techniken „beherrschen") und Technikbegriff 5 (Technologie: verwissenschaftlichtes, theoretisch angereichertes oder kodifiziertes technisches Wissen). Algorithmen in der IT sind eine Art Verfahrenstechnik auf Grundlage formaler Sprachen (Technik 3/5), sie bauen also auf explizitem bzw. propositionalem Wissen auf. In Abb. Band 4, 1.1 wird die Unterscheidung beider Wissensformen anhand einiger Beispiele illustriert. Diese Art der Gegenüberstellung ist von hoher methodischer Bedeutung (obwohl sie an dieser Stelle nur als grobe Rekonstruktion detaillierterer und komplexerer epistemischer Prozesse eingeführt werden kann). Von hier aus lassen sich Schritt für Schritt weitere Einsichten der theoretischen Philosophie zu Robotik und KI systematisch freilegen.

Im anschließenden Abschnitt geht es um die Rekonstruktion sprachanalytischer Grundlagen mit Blick auf technische sowie sprachliche Oberflächen- und Tiefenstrukturen. Gerade in Anbetracht von KI-Systemen, die oberflächlich als intransparente Blackboxes erscheinen, kann so ein Beitrag zur systematischen Orientierung geleistet werden. In Kap. 3 folgt dann eine Vertiefung zu Konzepten der Verkörperung. Denn wenn ein Roboter als *embodied AI* verstanden wird, hätte eine KI ja einen Körper (und entsprechendes Körperwissen?). Hierzu ist auf das Körper-Geist-Verhältnis einzugehen, womit dann auch neben Sprache – und ihren Beziehungen zu Wissen und Technik – das zweite Hauptthema der Philosophie der KI auf den Plan tritt. Die Feststellung, dass Menschen durch implizites auch physiologisch-leibliches Wissen geprägt sind, sollte nicht zu dem Kurzschluss führen, Menschen seien wie Maschinen durch ihren körperlichen Aufbau determiniert – und vielleicht sogar entpuppte sich jede moralische oder wissenschaftliche Freiheit in weiterer Folge als Illusion. Ein solcher Einwand baut selbst schon praktisch auf der inhaltlich geleugneten Freiheit auf. In der Epistemologie wird darum stets zwischen Genese – Tatsachenbehauptung – und ihrer Geltung – Rechtfertigung – unterschieden. Insofern haben Menschen selbstverständlich moralische wie wissenschaftliche Freiheiten im Umgang mit impliziten oder expliziten Wissensformen. Diese Problematik werden wir in Abschn. 5.1 wieder aufgreifen, wo es um Autonomie bei Menschen und Maschinen geht.

## Literatur

Abel G/Conant J (Hg) (2012) Rethinking Epistemology. Berlin Studies in Knowledge Research, 2 Volumes. De Gruyter, Berlin/Boston

AI HLEG (2019) A Definition of AI. Main Capabilities and Scientific Disciplines. High-Level Expert Group on Artificial Intelligence. 8. April 2019. European Commission, Brüssel [https://digital-strategy.ec.europa.eu/en/library/definition-artificial-intelligence-main-capabilities-and-scientific-disciplines (30. Juni 2022)]

Aristoteles (2007) Analytica Priora. Buch I. Übersetzt und erläutert von Theodor Ebert und Ulrich Nortmann. Akademie Verlag, Berlin

Aristoteles (2015) Analytica Priora. Buch II. Übersetzt von Niko Strobach und Marko Malink. Erläutert von Niko Strobach. De Gruyter, Berlin/Boston

Bach JS (2007) Das Wohltemperierte Klavier. Teil 1. Herausgegeben von Ernst-Günter Heinemann. Fingersatz und Hinweise zur Ausführung von András Schiff. G. Henle, München

Becker B (2019) „Cyber-physisches System." In Liggieri K/Müller O (Hg) Mensch-Maschine-Interaktion. Handbuch zu Geschichte – Kultur – Ethik. Metzler, Berlin, S 247–249

Borck C (2019) „Eine kurze Geschichte der Maschinenmodelle des Denkens." In Liggieri K/Müller O (Hg) Mensch-Maschine-Interaktion. Handbuch zu Geschichte – Kultur – Ethik. Metzler, Berlin, S 15–17

Brooks R (2005) Menschmaschinen. Wie uns die Zukunftstechnologien neu erschaffen. Fischer Taschenbuch Verlag, Frankfurt a. M.

Carrier M (2016) „philosophy of mind." In Mittelstraß J (Hg) Enzyklopädie Philosophie und Wissenschaftstheorie. Band 6: O-Ra. 2., neu bearbeitete und wesentlich ergänzte Auflage. J.B. Metzler, Stuttgart/Weimar, S 291–299

Coeckelbergh M (2017) Using Words and Things. Language and Philosophy of Technology. Routledge, New York/London

De Angelis S (2022) „Das Menschenbild der ‚Wissenschaft vom Menschen' (1660–1800)." In Zichy M (Hg) Handbuch Menschenbilder. Springer, Wiesbaden. https://doi.org/10.1007/978-3-658-32138-3_9-1

Ferguson ES (1993) Das innere Auge. Von der Kunst des Ingenieurs. Birkhäuser, Basel/Boston/Berlin

Flasch K (2004) Was ist Zeit? Augustinus von Hippo. Das XI. Buch der Confessiones. Text – Übersetzung – Kommentar. Klostermann, Frankfurt a. M.

Fuchs T (2020) Verteidigung des Menschen. Grundfragen einer verkörperten Anthropologie. Suhrkamp, Frankfurt a. M.

Funk M (2014) „Humanoid Robots and Human Knowing – Perspectivity and Hermeneutics in Terms of Material Culture." In Funk M/Irrgang B (Hg) Robotics in Germany and Japan. Philosophical and Technical Perspectives. Peter Lang, Frankfurt a. M. u. a., S 69–87

Funk M (2015) „Zwischen Genetik und klassischer Musik. Zur Philosophie sinnlichen Wissens." In Asmuth C/Remmers P (Hg) Ästhetisches Wissen. Walter de Gruyter, Berlin/Boston, S 249–288

Funk M (2018) „Repeatability and Methodical Actions in Uncertain Situations: Wittgenstein's Philosophy of Technology and Language." In Coeckelbergh M/Funk M/Koller S (Hg) Wittgenstein and Philosophy of Technology. Techné: Research in Philosophy and Technology. Special Issue, Volume 22, Issue 3 (2018), S 351–376. https://doi.org/10.5840/techne201812388

Funk M/Fritzsche A (2021) „Engineering Practice from the Perspective of Methodical Constructivism and Culturalism." In Michelfelder D/Doorn N (Hg) The Routledge Handbook of Philosophy of Engineering. Taylor & Francis/Routledge, New York/London, S 722–735

Gabriel G (2020) Grundprobleme der Erkenntnistheorie. Von Descartes zu Wittgenstein. Schöningh, Paderborn

Hacking I (1996) Einführung in die Philosophie der Naturwissenschaften. Reclam, Stuttgart

Höffe O (2007) Lebenskunst und Moral. Oder: Macht Tugend glücklich? C.H. Beck, München

Höffe O (2011) Kants Kritik der reinen Vernunft. Die Grundlegung der modernen Philosophie. C.H. Beck, München

Höltgen S (2019) „Von der Sprachphilosophie zu ELIZA." In Mainzer K (Hg) Philosophisches Handbuch Künstliche Intelligenz. Springer, Wiesbaden. https://doi.org/10.1007/978-3-658-23715-8_11-1

Hume D (2002/1748) Eine Untersuchung über den menschlichen Verstand. Übersetzt und herausgegeben von Herbert Herring. Reclam, Stuttgart

Ihde D (2002) Bodies in Technologies. University of Minnesota Press, Minneapolis/London

Ihde D (2012) Experimental Phenomenology. Multistabilities. Second Edition. SUNY Press, Albany NY

Irrgang B (2005) Posthumanes Menschsein? Künstliche Intelligenz, Cyberspace, Roboter, Cyborgs und Designer-Menschen – Anthropologie des künstlichen Menschen im 21. Jahrhundert. Franz Steiner, Stuttgart

Janich P (2006) Kultur und Methode, Philosophie in einer wissenschaftlich geprägten Welt. Suhrkamp, Frankfurt a. M.
Janich P (2014) Sprache und Methode. Eine Einführung in philosophische Reflexion. Francke, Tübingen
Kant I (1974/1781ff) Kritik der reinen Vernunft 1. Band III Werkausgabe. Herausgegeben von Wilhelm Weischedel. Suhrkamp, Frankfurt a. M.
Kapp E (2015/1877) Grundlinien einer Philosophie der Technik. Meiner, Hamburg
Kornwachs K (2012) Strukturen technologischen Wissens. Analytische Studien zu einer Wissenschaftstheorie der Technik. Nomos/Edition Sigma, Baden-Baden/Berlin
Kraml H/Leibold G (2003) Wilhelm von Ockham. Aschendroff, Münster
Krypczyk V/Bochkor O (Hg) (2018) Handbuch für Softwareentwickler. Rheinwerk, Bonn
Leerhoff H/Rehkämper K/Wachtendorf T (2009) Einführung in die Analytische Philosophie. WBG, Darmstadt
Leibniz GW (2008/1714) Monadologie. Französisch/Deutsch. Reclam, Stuttgart
Levine M (1996) Das Jazz Theorie Buch. advance music, Mainz
Lorenz K (2018) „Sprache, formale." In Mittelstraß J (Hg) Enzyklopädie Philosophie und Wissenschaftstheorie. Band 8: Th-Z. 2., neu bearbeitete und wesentlich ergänzte Auflage. J.B. Metzler, Stuttgart/Weimar, S 483–485
Lyre H (2020) „Grundlagenfragen der Neurocomputation und Neurokognition." In Mainzer K (Hg) Philosophisches Handbuch Künstliche Intelligenz. Springer, Wiesbaden. https://doi.org/10.1007/978-3-658-23715-8_17-1
Mainzer K (2016) Künstliche Intelligenz – Wann übernehmen die Maschinen? Springer, Berlin/Heidelberg
Mainzer K (2018) Wie berechenbar ist unsere Welt. Herausforderungen für Mathematik, Informatik und Philosophie im Zeitalter der Digitalisierung. Springer, Wiesbaden
Mainzer K (2020a) Anfänge der Künstlichen Intelligenz in Technik- und Philosophiegeschichte. In Mainzer K (Hg) Philosophisches Handbuch Künstliche Intelligenz. Springer, Wiesbaden. https://doi.org/10.1007/978-3-658-23715-8_1-1
Mainzer K (2020b) Verifikation und Sicherheit für Neuronale Netze und Machine Learning. In Mainzer K (Hg) Philosophisches Handbuch Künstliche Intelligenz. Springer, Wiesbaden. https://doi.org/10.1007/978-3-658-23715-8_50-1
Mainzer K (Hg) (2022) Philosophisches Handbuch Künstliche Intelligenz. Springer, Wiesbaden
Maturana HR/Varela FJ (2009) Der Baum der Erkenntnis. Die biologischen Wurzeln menschlichen Erkennens. Fischer, Frankfurt a. M.
Müller O/Liggieri K (2019) „Mensch-Maschine-Interaktion seit der Antike. Imaginationsräume, Narrationen und Selbstverständnisdiskurse." In Liggieri K/Müller O (Hg) Mensch-Maschine-Interaktion. Handbuch zu Geschichte – Kultur – Ethik. Metzler, Berlin, S 3–14
Noë A (2004) Action in Perception. MIT Press, Cambridge
Ockham Wv (2008/1321ff) Texte zur Theorie der Erkenntnis und der Wissenschaft. Lateinisch/Deutsch. Herausgegeben, übersetzt und kommentiert von Ruedi Imbach. Reclam, Stuttgart
Plümacher M (2012) "Epistemic Perspectivity." In Abel G/Conant J (Hg) Rethinking Epistemology Vol. 1. De Gruyter, Berlin/Boston, S 155–172
Polanyi M (1962) Personal Knowledge. Towards a Post-Critical Philosophy. Routledge, London/New York
Polanyi M (1985) Implizites Wissen. Suhrkamp, Frankfurt a. M.
Polanyi M (2009/1966) The Tacit Dimension. The University of Chicago Press, Chicago/London
Poser H (2012) Wissenschaftstheorie. Eine philosophische Einführung. Reclam, Stuttgart
Reichenbach H (1938) Experience and Prediction. An Analysis of the Foundations and the Structure of Knowledge. University of Chicago Press, Chicago/London

Strobach N (2005) Einführung in die Logik. WBG, Darmstadt
Szaif J (2009) „Epistemologie." In Horn C/Müller J/Söder J (Hg) Platon Handbuch- Leben – Werk – Wirkung. Metzler, Stuttgart/Weimar, S 112–130
Tetens H (2006) Kants »Kritik der reinen Vernunft«. Ein systematischer Kommentar. Reclam, Stuttgart
Varela FJ/Thompson E/Rosch E (1997) The Embodied Mind. Cognitive Science and Human Experience. MIT Press, Cambridge/London
Vincenti WG (1990) What Engineers Know and How They Know It. Analytical Studies from Aeronautical History. The John Hopkins University Press, Baltomore/London
Wagner H (2008) Zu Kants Kritischer Philosophie. Königshausen & Neumann, Würzburg
Waltl B (2019) „Erklärbarkeit und Transparenz im Machine Learning." In Mainzer K (Hg) Philosophisches Handbuch Künstliche Intelligenz. Springer, Wiesbaden. https://doi.org/10.1007/978-3-658-23715-8_31-1
Wimmer R (2016) „Polanyi, Michael." In Mittelstraß J (Hg) Enzyklopädie Philosophie und Wissenschaftstheorie. Band 6: O-Ra. 2., neu bearbeitete und wesentlich ergänzte Auflage. J.B. Metzler, Stuttgart/Weimar, S 364–365
Wittgenstein L (2006) "Philosophische Untersuchungen." In: Wittgenstein L, Werkausgabe Band 1. Tractatus logico-philosophicus. Tagebücher 1914–1916. Philosophische Untersuchungen. Suhrkamp, Frankfurt a. M., S 225–577
Zimmerli W/Wolf St (1994) „Einleitung." In Zimmerli W/Wolf St (Hg) Künstliche Intelligenz. Philosophische Probleme. Reclam, Stuttgart, S 5–37

# Sprachen und Techniken 2

**Zusammenfassung**

Sprachbots erobern unsere Smartphones, Autos und Wohnzimmer. Doch unterhalten wir uns tatsächlich mit den Maschinen? Können Computer reden? Aus Sicht der Sprachphilosophie werden Argumente präsentiert, die dagegensprechen. Auch Sprachbots sind Medien, durch die Menschen mit anderen Menschen kommunizieren. Um diesen Schluss vorzuführen, werden in vorliegendem Abschnitt wesentliche Grundlagen der Sprachanalyse vorgestellt und systematisch in Zusammenhang mit technischen Mitteln verortet. Neben einer Aufschlüsselung verschiedener Formen der Sprachtechnik stehen die Beziehungen zwischen Oberflächen- und Tiefenstrukturen im Umgang mit KI im Mittelpunkt. Unterschiede zwischen Tiefengrammatiken menschlicher Alltagspraxis und formalen Grammatiken der Informatik werden herausgestellt. Im Gegensatz zu natürlichen Sprachen bauen formale Sprachen auf einer Trennung von Objekt- und Metaebene auf. Es wird also formal über Sprache gesprochen anstatt über Umweltbeziehungen oder Handlungen. Dieser Umstand stellt eine starke Barriere für wirklich eigenständig sprechende Maschinen dar. Der Sinn informationstechnischer Signale ist von den phänomenalen Vollzugsperspektiven und sozialen Bezügen zwischenmenschlicher Kommunikation abhängig. Vor diesem Hintergrund werden ethische Grundfragen im Umgang mit „sprechender" Technik aufgezeigt.

Schließen wir direkt an Kap. 1 an unter der Frage, ob Maschinen sprechen können. Sie soll mittels zweier Argumente in Abschn. 2.2 beantwortet werden. Mit einen kleinen Ritt durch Grundlagen der Sprachphilosophie gewinnen wir in Abschn. 2.1 das hierfür nötige Rüstzeug. Um die Verhältnisse zwischen Sprache und Technik zu präzisieren, werden wir genauer betrachten, was Sprache ist und wie man sie analysiert. Denn sie leidet unter einer doppelten Mehrdeutigkeit. Zuerst ist mehrdeutig, ***welche Sprache* wir**



M. Funk, *Künstliche Intelligenz, Verkörperung und Autonomie*,
https://doi.org/10.1007/978-3-658-41106-0_2

**meinen, wenn wir von Sprache sprechen (I).** So lassen sich zum Beispiel künstliche Sprachen von natürlichen Sprachen unterscheiden. Es gibt Alltags- und Fachsprachen, Fremdsprachen und Muttersprachen. In der Sprachforschung kennt man die Differenz zwischen Objekt- sowie Metasprachen. Dass Maschinen Laute produzieren und in einer dialogähnlichen Interaktionsweise mit Menschen austauschen, ist bekannt. Mit Echo, Siri oder Alexa schallen entsprechende Apparaturen durch immer mehr Wohnungen. Hoch entwickelte Chatbots liefern immer bessere Texte zu immer mehr Themen in immer mehr Sprachen und Dialekten – seit Ende 2022 sorgt so zum Beispiel ChatGPT für Furore: Das Programm liefert zumindest teilweise druckreife, mustergültige Textpassagen. Können Maschinen reden? „Ja, klar!" – möchte man meinen. Rechnen und schreiben können sie ohnehin schon länger, und Roboter werden mimisch wie gestisch immer geschickter. Aus Sicht der Mensch-Roboter-Interaktion *(Band 3, 2.1)* ergeben sich drei allgemeine Arten des User Interfaces, denen sich je ein Sprachverständnis zuordnen lässt: **1) Zeichen/Symbole/Schriftsprache, 2) Laute/Verbalsprache, 3) Mimik/Gestik/Körpersprache.** Diese können jeweils a) ein- oder b) ausgebend kombiniert werden: Zum Beispiel die Eingabe von Schriftzeichen auf einer Tastatur (1a) führt zur Ausgabe eines lautsprachlichen Satzes mittels Lautsprecher (2b) – man beachte die Vermenschlichung „Laut-Sprecher", an die wir uns gewöhnt haben –, oder die Eingabe gesprochener Worte durch ein Mikrofon (2a) bedingt den folgenden Tanz des Roboters (3b). Das lässt sich nach Belieben weiter kombinieren. Dem tritt (c) quasi verdeckt „hinter" dem User Interface eine besondere Art formaler Zeichensprache bei, die wir als Maschinen- und Programmiersprachen kennen (=Sprachverständnis I 1c, entsprechend KI-Begriff 2.b. im KI-Paradigma A; siehe *Band 3, 4.3* und Kap. 1). Hier geht es also um einen Sonderfall der Schrift- und Zeichensprache (1) zur technischen Verarbeitung von Informationen. Insbesondere die Verdeckung werden wir uns in vorliegendem Abschnitt genauer ansehen und dabei sowohl technische wie sprachliche *Oberflächen-* und *Tiefenstrukturen* kennenlernen.

**Beispiel: Informatikausbildung I – formale Sprachen und Grammatiken**

Werfen wir einen kurzen Blick in Lehrbücher der Informatikausbildung, um zu illustrieren, was mit der Nomenklatur „Sprachverständnis I 1c, KI-Begriff 2.b., KI-Paradigma A" gemeint ist. Es geht also um technische Informationsverarbeitung, die mittels Computern realisiert werden soll. Im Fach der theoretischen Informatik werden hierzu Grundlagen unterrichtet, die zu enormen technologischen Durchbrüchen geführt haben. Ausgangspunkt ist das **Konzept formaler Sprachen,** die über endliche Alphabete (Mengen von Symbolen) und ihre Wortmengen gebildet werden. Dabei wird auf Grammatiken zurückgegriffen, durch welche entsprechend expliziter, formaler Regeln Wörter verknüpft werden. Im Lehrbuch *Theoretische Informatik* definieren Lutz Priese und Katrin Erk:

„Auch viele Sprachen im Sinne der theoretischen Informatik werden mit Grammatiken beschrieben; eine solche Grammatik ist zu sehen als eine Menge von Umformungsregeln, um eine Sprache zu *erzeugen.* Am Anfang steht dabei immer ein *Startsymbol,* eine Variable, die oft S heißt. Diese Variable wird, entsprechend den Regeln der Grammatik, durch ein Wort ersetzt. [...] Diejenigen Sprachen, die sich über Grammatiken beschreiben lassen, heißen *formale Sprachen.*" (Priese und Erk 2018, S. 54; Hervorhebung im Original)

Ganz ähnlich wird in anderen Lehrwerken der Einstieg in die Automatentheorie über das Konzept formaler Sprachen gegeben:

„Eine formale Sprache ist nichts weiter als eine Menge, die für jedes Objekt, für das die Antwort *wahr* lautet, ein *als Zeichenkette kodiertes Element enthält.*" (König et al. 2016, S. 9–10; Hervorhebung im Original)

„Sei $\Sigma$ ein Alphabet, dann heißt jede Menge $L \subseteq \Sigma^*$ eine *(formale) Sprache* über $\Sigma$. Sprachen sind also Mengen von Wörtern und können somit mit den üblichen Mengenoperationen wie Vereinigung, Durchschnitt, Differenz miteinander verknüpft werden." (Vossen und Witt 2016, S. 19; Hervorhebung im Original; siehe auch Hoffmann 2018, S. 162–167)

Es geht also um Propositionen bzw. propositionales Wissen über die formalen Regeln zur Bildung endlicher Mengen von Symbolen und deren Verknüpfung zu Worten und Sätzen (Sprachverständnis I 1). Wir befinden uns im Bereich expliziten Wissens (Kap. 1), insofern hiermit nicht das praktische Verstehen zwischenmenschlicher Alltagskommunikation mittels Lauten (I 2) oder Mimik und Gestik (I 3) gemeint ist. In Abschn. 2.1 sehen wir uns genauer an, in welchen Verhältnissen diese formalen Sprachen und Grammatiken zu natürlichen Sprachen und Oberflächen- sowie Tiefenstrukturen stehen. ◄

Zweitens **ist der *Umgang* mit sprachlichen Mitteln, also 1) Schriftzeichen, 2) Lauten oder 3) Gesten mehrdeutig (II).** Sie lassen sich wie technische Werkzeuge umnutzen *(Band 2, 3.3).* Dual Use ist insofern ein Symptom materieller wie immaterieller Werkzeuge. Man denke zum Beispiel an die völlig perverse Umdeutung des Satzes „Arbeit macht frei!" an den Toren verschiedener Konzentrationslager. Heute ist diese – in völlig anderer Hinsicht nicht unbedingt falsche – Aussage aufgrund der prägenden inhumanen Anwendungsweise durch die Nazis nicht mehr im Wortschatz erlaubt. Dual Use ereignet sich auch dort, wo Decknamen aus dem zivilen Leben für militärische Operationen umgemünzt werden. So wurde zum Beispiel die Geiselbefreiung aus der 1977 entführten Lufthansamaschine „Landshut" durch die Spezialeinheit der GSG-9 als „Operation Feuerzauber" bezeichnet. Es ist ja gerade das Ziel eines Decknamens, die damit wirklich verbundenen Bedeutungen zu verschleiern. Wenden wir uns etwas leichterer Kost zu und bleiben im heutigen zivilen Alltagsleben. Wir haben bereits gesehen, dass „Maus" seit dem Zeitalter der PCs nicht mehr nur Nagetiere meint. Im liebevoll derben Dialog zwischen zwei alten Freunden geben sich „Kunde" und „Vogel" ein Stelldichein, wobei gerade nicht das Kaufverhalten im Zoohandel zur Sprache kommt. Bei einem rituellen Feierabendbier wird stattdessen selbstironisch die eine oder andere Anekdote der vergangenen Jahre kommentiert. Nicht jeder Mensch im Besitz einer „Meise" kauft regelmäßig Vogelfutter. Auf diesen Umstand wollen wir einen vertiefenden Blick werfen und absolvieren darum einen Streifzug durch die Sprachphilosophie (zur weiterführenden Lektüre sei exemplarisch verwiesen auf Janich 2014; Leiss 2012; Newen und Schrenk 2019; Posselt et al. 2018).

**Tipp: Die Mehrdeutigkeit von Sprachen**

Die Mehrdeutigkeit von Sprache ist selbst mehrdeutig. Missverständnisse lassen sich ausräumen, indem zwischen der Mehrdeutigkeit des Wortes „Sprache" (I) unterschieden wird und der Mehrdeutigkeit des Sprechens (II). Bei (I) ist es hilfreich, sich klarzumachen, ob gerade 1) Schrift-, 2) Verbal- oder 3) Körpersprache gemeint ist, wenn es um „die Sprache" geht. Weiterhin lohnt ein genauer Blick, ob es dann um eine Muttersprache geht, eine Kunstsprache, eine wissenschaftliche Fachsprache, Maschinensprache etc. Bei (II) steht vor allem der Kontext im Mittelpunkt. Wie ist eine konkrete zeichen-, verbal- oder körpersprachliche Aussage in einer bestimmten Situation gemeint?

Beispiel: In vorliegender Buchreihe unterscheiden wir zwei Ebenen sowie vier Bedeutungen der Technikethik, um zu ordnen, was dieser Begriff in welchem Zusammenhang bedeuten kann (Mehrdeutigkeit II; siehe *Band 1*). Dabei spreche ich zu Ihnen in Zeichensprache (Mehrdeutigkeit I 1), wobei ich versuche, philosophische Fachsprache mittels Alltagssprache in Hochdeutsch sowie einige Bezüge zu anderen Fachsprachen zu erklären. Die Möglichkeiten lautsprachlicher (I 2) oder körpersprachlicher (I 3) Kommunikation treten im Buch jedoch in den Hintergrund.

## 2.1 Worte als Werkzeuge – Grundlagen der Sprachphilosophie

Worte sind Werkzeuge und weder moralisch noch ethisch neutral. Sie erhalten ihre Bedeutung in kultureller Praxis und gemeinschaftlichem Umgang. „Maus" und „Meise" sind in ihrem Gebrauch ähnlich unfestgelegt wie ein Bleistift, den ich im Rahmen einer Geburtstagsfeier in Rekordzeit komplett durch den Spitzer jagen soll, um ein Spiel zu gewinnen. War das im Sinne des Erfinders? Wohl eher nicht. Denn der Bleistift sollte ja eigentlich nur wieder angespitzt werden und nicht komplett „zerschält". Warum haben Sie eine Idee davon, was ich mit „zerschält" meine? Weil Sie im Kontext den Bleistift vor sich sehen, wie er einer geschälten Kartoffel gleich ringelnde Streifen über die Klinge des Spitzmessers abstößt. „*Zer*schält" öffnet das Bild des sich in einer bestimmten Weise *zer*setzenden Objektes. Denn im Gegensatz zur Kartoffel löst sich ja der zerschälte Bleistift komplett auf, anstatt nur die Hüllen fallen zu lassen. **Zweckentfremdete Techniknutzung zieht schnell zweckentfremdeten Wortgebrauch nach sich.** Damit ist häufig ein kommunikativer Perspektivwechsel verbunden. Zur rhetorischen Unterstützung dessen habe ich Sie gerade direkt angesprochen, anstatt mit einem suggestiven „wir“, repräsentativen „ich“ oder unbestimmten „man“ zu arbeiten.

Aus dem Kontext heraus lässt sich begreifen, was gemeint sein soll **(Pragmatik).** Dabei wird auf Bedeutungsschichten hinter den Worten verwiesen **(Semantik),** unter Bezug auf nichtsprachliche Handlungen – also in unserem Fall das handwerkliche „Zerschälen“ eines Bleistiftes. Was ist nun der Unterschied zwischen einer körpersprachlichen Handlung und einer nichtsprachlichen körperlichen Handlung? Aufgrund fließender Übergänge wird er sich nicht immer so einfach zu erkennen geben. Hilfreich ist jedoch, nach dem Ziel einer Handlung zu fragen. Besteht dieses in gelingender Kommunikation mit anderen Menschen, dann liegt eine sprachliche Geste vor. Ist jedoch das Herstellen eines Werkzeuges der Zweck, die Reparatur einer Maschine oder die zielführende Anwendung einer Computertastatur, dann lassen sich die entsprechenden Körperbewegungen getrost als nichtsprachliche Handlungen deuten (Janich 2014, S. 22–24; zu sprachlichen Handlungen ebd., S. 47–64). Zerschälen von Bleistiften ist also eine **nichtsprachliche Handlung,** da es nicht um die Kommunikation geht, sondern das Ziel im Gewinnen eines Spiels liegt. Umgekehrt: Würde ich mit meinen bloßen Händen gestisch das Bleistiftspitzen andeuten, läge eine (körper)**sprachliche Handlung** vor. Denn es wäre dann nicht mein Ziel, den Bleistift abzutragen, sondern Ihnen etwas kommunikativ mitzuteilen.

Aus dem Kontext der Bedeutungszuweisung ist bereits klar, dass das Wort „Bleistift“ in unserer Situation offensichtlich den guten alten Holzbleistift meint, nicht jedoch einen Druckbleistift aus Kunststoffen und Metall. Denn den könnten wir mit einem handelsüblichen Spitzer nicht „zerschälen“. Selbst wenn der Kunststoff mitspielt, ist spätestens bei den Metallteilen Schluss. Beim Spielen mit Sprache arbeiten wir uns an den materiellen Erfahrungen unseres Umgangs mit der Welt ab – das wusste nicht erst Wittgenstein, sondern wurde bereits im gar nicht so dunklen Mittelalter vorgedacht (Kraml und Leibold 2003, S. 19, 46–47, 51, 56–57). An der Oberfläche offenbart sich der Gebrauch von Worten in schriftlichen Zeichen und phonetischen Lauten **(Syntax).** Implizites Wissen prägt die zugrunde liegende kommunikative Körpermotorik des Schreibens, Lesens, Sprechens und Hörens. Dies gilt auch für die intime Imagination unserer Leiblichkeit, wenn wir versuchen, uns das Wort „zerschälen“ sinnvoll vorzustellen und dabei die Handwerkskunst des Bleistiftspitzens zur Bedeutungsfindung imaginieren (Technik 1, *Band 2, 3.2*). Ganz praktisch signalisiert uns die bildliche Vorstellung des „Zerschälens“ dann auch die leiblichen Grenzen: Wie bekommen wir ohne weitere Hilfsmittel den letzten Zentimeter des – radiergummi- und somit metallbefreiten – Endes durch einen Spitzer gedreht? Diese Frage können wir sinnvoll aufwerfen, ohne jemals beim „Zerschälen“ dabei gewesen zu sein. Denn wir beziehen uns kreativ auf reale technische Erfahrungen und deuten sie fantasievoll um – so wie wir es mit den Worten getan haben.

**Übersicht: Sprachanalyse**

**Semiotik** ist die Lehre der Zeichen. Sie geht auf Aristoteles zurück (Leiss 2012, S. 23–24; Posselt et al. 2018, S. 32–33). Ursprünglich bezog sie sich auf die Deutung von Krankheitszeichen in der medizinischen Diagnostik. Heute verstehen wir darunter nach Charles Sanders Peirce (1839–1914) und anderen die Lehre der sprachlichen Symbole. Bei der Analyse werden drei Aspekte unterschieden, die sich zusammen im **semiotischen Dreieck** vereinigen:

1. **Syntax:** In der syntaktischen Sprachanalyse steht die *Oberflächenstruktur* von Sätzen im Mittelpunkt, es geht um „Ausdrucksformen" und die (Hilfs)Mittel der Darstellung
2. **Semantik:** In der semantischen Sprachanalyse wird die grammatische *Tiefenstruktur* eines Satzes erforscht, es geht um die „Inhaltsformen", also um die Bedeutungen
3. **Pragmatik:** Die pragmatische Sprachanalyse rückt schließlich das Handeln des Sprechens in den Mittelpunkt, es geht um das situationsabhängige Ineinander aus Syntax und Semantik (Leerhoff et al. 2009, S. 45, 49–50; Lorenz 2018a, S. 477; Newen 2005, S. 218–223, 226–229; Newen und Schrenk 2019, S. 18–19, 44–48, 187–189; Zimmerli und Wolf 1994, S. 22–23)

Von besonderem Interesse für die technologische Informationsverarbeitung mittels Computern ist die Funktionalisierung von Semantiken, etwa zur Zuweisung von Werten/Variablen („X = Bleistift"), Eigenschaften („X = zerschälbar") oder Operationen („X durch den Spitzer drehen, bis X nicht mehr vorhanden ist"). Wird an Robotergesetzen geforscht, dann ist die Semantik des Dürfens und Sollens („X darf nicht als Stichwaffe gebraucht werden") von Bedeutung. Letztere ist Gegenstand der **Metaethik,** wo die Sprachanalyse moralischer und ethischer Aussagen im Mittelpunkt steht (Leerhoff et al. 2009, S. 123–134; Newen 2005, S. 130–142; Newen und Schrenk 2019, S. 163–168). Sie ist eine (künstliche) Metasprache, für die moralische und ethische Sätze die zugehörigen (natürlichen und künstlichen) Objektsprachen bilden. Auf Ebene II wird in der Roboter- und KI-Ethik auch die Semantik normativer Sätze für die Implementierung in Algorithmen, Roboter etc. erforscht *(Band 1, 3; Band 1, 4.1; Band 1, 4.7; Band 1, 5.3)*

Generell lassen sich formale und natürliche Sprachen unterscheiden – in der Tradition des Gegensatzes aus Natur und Kultur *(Band 1, 3.3)*: **Formale Sprachen** gehören zu den künstlichen Sprachen. Sie folgen eigenen Zwecken, jedoch nicht der direkten zwischenmenschlichen Kommunikation. Hierzu zählen zum Beispiel Programmier- oder Auszeichnungssprachen in der IT (Lorenz 2018c, S. 485; Abschn. 1.2: „Vorgeschichten III – Formalisierung und Kalkülisierung"). Kennzeichnend ist eine methodische

Trennung zwischen **Objekt- und Metasprachen,** wie sie sich zum Beispiel auch in den Geisteswissenschaften findet. Denn Sprache ist der Gegenstand, also das Objekt der Betrachtung, wie auch das Mittel der Analyse (Posselt et al. 2018, S. 17; *Band 1, 2.3; Band 1, 4.5*). In einer Metasprache wird über eine (Objekt)Sprache gesprochen. Die Methodik dieses Selbstbezugs nennen wir wiederum Hermeneutik (Janich 2014, S. 114–115, 130–137; Leerhoff et al. 2009, S. 80–81; Lorenz 2018b, S. 481; Newen und Schrenk 2019, S. 54; Strobach 2005, S. 69–71). Metaethik ist folglich nichts anderes als das methodisch durchgearbeitete Sprechen über moralische und ethische Äußerungen. Insofern lassen sich diverse **Schnittflächen zwischen Informatik und Geisteswissenschaften** finden, wo es in beiden Fällen jeweils um formale und/oder (aus dem formalen Sprachverständnis heraus) angewandte Sprachwissenschaft geht. **Natürliche Sprachen** dienen hingegen der direkten alltäglichen Kommunikation und sind historisch gewachsen. Die Trennung zwischen einer Objekt- und Metaebene ist bei ihnen nicht vollzogen (Lorenz 2018d, S. 486). So lernen wir zum Beispiel unsere Muttersprache als eine natürliche Sprache durch Nachahmung kennen. Später in der Schule machen wir aus ihr eine Objektsprache, indem wir sie im Deutschunterricht mit metasprachlichen Begriffen wie „Subjekt", „Prädikat", „Akkusativ" oder „Genitiv" neu und abstrakt kennenlernen. Vorsicht Missverständnis (!): Wir nennen sie zwar *„natürliche* Sprachen*"*, doch es handelt sich dabei *nicht um Naturereignisse,* sondern um Kulturleistungen, also menschliche Handlungen. Insofern ist der Begriff der „natürlichen Sprachen" als Metapher zu kennzeichnen, um nicht in einem der bekannten Fehlschlüsse zu landen *(Band 1, 4.6).*

Was wir in vorliegendem Buch betrachten, ist unter anderem die Einübung einiger formalsprachlicher Trennungen. Hierzu werden Missverständnisse und Vorurteile der moralischen Alltagssprache (=Objektsprache) aufgedeckt und einer kritischen Rekonstruktion unterzogen (=Metasprache). Wären etwa alle vier Bände vorliegender Buchreihe nur in formaler Sprache geschrieben, würde sie kaum jemand verstehen – vermutlich nicht einmal ich selbst. Folglich sind viele Passagen notwendigerweise in natürlicher Sprache oder unter Rückgriff auf Elemente nichtphilosophischer Objektsprachen verfasst. Exemplarisch stehen hierfür die Beispiele (dargestellt in alltäglichen Sprechweisen: etwa die Herren Müller-Lüdenscheidt und Dr. Klöbner in *Band 2, 1.2*) sowie einige Brückenschläge zu Formulierungen aus den technischen Disziplinen (nichtphilosophische Objektsprachen: etwa die verschiedenen Roboterbegriffe in *Band 3, 1*). Natürliche Sprachen, in denen wir auch unsere moralischen Werturteile formulieren, sind hochdynamisch, wandeln sich und liegen in vielfältigen phonetischen und morphologischen Varianten vor (Dialekte, Mundarten). Mit Englisch hat sich eine Weltsprache eingebürgert, die für eine gewisse „Standardisierung" sorgt. Sie hat als Wissenschaftssprache das Latein abgelöst und bildet vielfältige Anknüpfungspunkte für fachspezifische Stilistiken (das Englisch der Informatik kennt andere Termini und Aussagen als das der Philosophie oder Juristik). Wichtig ist der methodische Unterschied bei der Standardisierung von Formalsprachen und natürlichen Sprachen. Hier begegnet uns die Trennung zwischen implizitem und explizitem Wissen wieder (Abschn. 1.1). Formale

Sprachen erhalten ihre Normierung durch Definitionen top-down (formales Wahrheitskriterium expliziten Wissens; Abb. Band 4, 1.1, rechte Spalte oben). Wenn es jedoch um die „Standardisierung" von natürlicher Sprache geht, sind Bottom-up-Schemen der Typenbildung wirksam. Wie bei einer Art **sozialer „Serienproduktion"** werden dabei Worte in ihrem Gebrauch durch Wiederholung bewährt. Grundlage ist nicht der logische Wahrheitswert, sondern das gemeinsame dialogische Einüben der Rede zwischen Sprecherinnen und Hörerinnen (Lorenz 2018b, S. 479; Janich 2014, S. 5–6, 44–49, 133; Newen und Schrenk 2019, S. 64; Stekeler-Weithofer 2012, S. 74–75). Dementsprechend liegt das Wahrheitskriterium auch nicht in konsistenter, formalsprachlicher Schlüssigkeit, sondern in pragmatischer Bewährung, wie sie für implizites Wissen signifikant ist (Abb. Band 4, 1.1, linke Spalte oben). Konkrete Token – so der metasprachliche Fachbegriff – bilden pragmatisch Typen aus.

▶ **Definition: Type und Token** In der Sprachanalyse nach Peirce verstehen wir unter einem **Token** das singuläre Zeichen/Ereignis/Vorkommnis und unter **Type** dessen allgemeine Form (Brüntrup 2018, S. 189–190; Leerhoff et al. 2009, S. 118). Beispiel: Auf einer Buchseite taucht dreimal das Wort „Panda" auf. Wir haben also *einen* Type vor uns, können jedoch im Text *dreimal* den Einzelfund des Token „Panda" machen. Schauen wir auf die Buchstaben: Als einziger Type ist „a" mit zwei Token in „Panda" vertreten. Die metasprachliche Trennung zwischen Type und Token ist ein Mittel der Sprachanalyse, da es ja um das Wort „Panda" auf Buchseiten geht und nicht um die reale Sichtung eines solchen in freier Wildbahn, im Zoo oder als großer Teddy auf dem Sofa. Im Körper-Geist-Verhältnis (Abschn. 3.2) sowie in der Philosophie des Geistes (Kap. 4) spielt die Unterscheidung von Type und Token eine bedeutende Rolle innerhalb von Identitätstheorien sowie der für die KI einflussreichen Strömung des Funktionalismus.

Ein Token im weiteren, über die klassische Definition hinausgehenden Sinne ist ein individuelles Zeichen, das in einer konkreten sprachlichen Situation geäußert wird. Dies kann ein geschriebenes Wort sein, eine Geste mit der Hand oder auch eine Schiffsflagge, ein Morse- oder Rauchzeichen. Es ist jedenfalls mit „Token" als einzigartiges Ereignis angesprochen. Type bezeichnet dann die Gattungen, Arten oder Klassen, unter die wir ein Zeichen einordnen. Das Wort „Rauchzeichen", das ich gerade gebraucht habe, ist ein singuläres Token des allgemeinen Typs „Rauchzeichen", wenn wir die Type-Token-Unterscheidung allein an der Syntax festmachen. Erweitern wir den Blick auf die Semantik, dann dreht sich der Spieß auf einmal herum: „Rauchzeichen" ist dann ein Type, also bedeutungstragender Oberbegriff, für diverse Rauchzeichen, die jeweils etwas anderes bedeuten sollen – also „Gefahr", „keine Gefahr", „viele Büffel gesichtet" etc. Denn nur so kann man damit auch kommunizieren. Beschreibe ich das raumzeitlich individuelle Vorkommnis eines solchen Rauchzeichens, dann spreche ich vom Token.

Das weitere Verhältnis zwischen Type und Token in der Sprachforschung entspricht ungefähr dem aus der Biologie bekanntem zwischen Art und Individuum. Diese Analogie hat eine methodische Reichweite, da die Definition einer Art, unter welche wir wiederum einzelne Vertreter klassifizieren, selbst von der Existenz ihrer Vertreter abhängt. Gibt es keine konkreten Fischindividuen, dann kennen wir auch keine Fischarten und laufen schlussendlich auch nicht Gefahr, Delfine fälschlicherweise als „Fische" zu bezeichnen. Das gilt für Sprachphilosophie wie für Biologie – wir konstruieren methodische Ordnungen zur Klassifikation belebter Phänomene. Dialogisches Einüben dieser methodisch konstruierten Ordnungen ist dabei die Grundlage gelingender Sprachpraxis. Wenn ich also im Dialog sage: „Der Delfin ist ein dummer Fisch, weil er ein Loch im Kopf hat", dann werde ich entweder sachlich korrigiert oder der Witz ist angekommen oder es werden einfach nur die Augen gerollt. In jedem Fall würde aus fachlicher Sicht die Relation von Delfin und Fisch nicht anerkannt werden. Zum Ende kommt die Analogie jedoch dort, wo in den biologischen Wissenschaften vor allem – bis auf gezüchtete oder biotechnologisch bearbeitete Formen – organisches Leben natürlichen Ursprungs erforscht wird. In der Sprachforschung bilden Zeichen menschengemachte kulturelle, häufig immaterielle Artefakte, die wiederum durch Kulturhandlungen des Sprachforschens überhaupt erst einmal in Token und Typen künstlich-metasprachlich zerschnitten werden. Hier finden wir den hermeneutischen Selbstbezug, welcher in der bloß beschreibenden Zoologie so nicht begegnet: **Sprache ist nicht nur das Mittel bei der Bildung einer Heuristik, sie ist in ihren vielfältigen Gestalten auch der Forschungsgegenstand.**

Ersetzen wir einmal die Leitfrage „Können Maschinen sprechen?" durch „Verändern sprechende Maschinen unser Sprechen?" Bekannt ist, dass nichtsprachliche Interaktionen mit Robotern zwar auf bekannten Handlungsschemen aufbauen – wir treten mit Vorwissen an die technische Praxis heran –, jedoch auch zu neuen Umgangsformen führen. Gilt das auch für Sprache? Ja: Wir treten mit Vorwissen heran und es bilden sich technikinteraktive Token aus, die sich zum Beispiel in Jugendsprachen zu eigenen Typen entwickeln können. Hier findet eine Art wechselwirkende **Provolution** (nicht Evolution) statt zwischen kulturgeschichtlichen Entwicklungsstufen des Sprechens und technischen Entwicklungspfaden (Poser 2016, S. 196–233; *Band 2, 3.4*). Von Computerspielen und „Nerdsprachen" ist das längst bekannt. Auf Ebene der Bildsprache kennen wir Emoticons als ein Beispiel. Sie repräsentieren mit simplen Visualisierungen einfache Mimik oder Gestik in Gestalt symbolischer Zeichen (Sprache I 1), um schriftlichen Korrespondenzen, zum Beispiel in Chats oder E-Mails körpersprachliche Bedeutungsschichten zu injizieren (Sprache I 3). Emoticons tauschen wir zwischenmenschlich aus, jedoch sind sie auch Funktionen von Chatbots. Mit der Anpassung kommunikativer Handlungsweisen an die Grenzen und Möglichkeiten computerisierten Sprechens werden wir täuschbar. Das gilt insbesondere für Verbalsprache (Sprachverständnis I 2). Woher weiß ich, dass mir am Telefon ein Mensch oder ein Bot gegenüber sitzt? Sprachliche **Täuschungen** liegen – wie auch die Suggestion impliziten Wissens (Abschn. 1.2) – in der technologischen Differenz zwischen dem, was im User Interface mit analog-kontinuierlichen Übergängen erscheint, und denjenigen Prozessen, die sich als diskrete digitale Zustände im nicht wahrnehmbaren Hintergrund abspielen. Auch hier begegnet die Unterscheidung zwischen Oberflächen- und Tiefenstruktur, jedoch in einer anderen Art und Weise, als es bei Syntax und Semantik der Fall ist.

**Übersicht: Oberflächen- und Tiefenstrukturen**

Die Begriffe der **Oberflächen- und Tiefenstruktur** meinen in Technik und Sprachanalyse nicht das Gleiche. Auch hier gilt die methodische Unterscheidung zwischen sprachlichen und nichtsprachlichen Handlungen. Sehen wir uns das im Vergleich an.

**„Diskrete Zustände":** Beachte zuerst die Doppeldeutigkeit des Wortes „diskret". Im Alltag meinen wir damit Diskretion, also Verschwiegenheit und Zurückhaltung. Als technischer Terminus zielt er jedoch auf die Unterscheidung und Entscheidbarkeit von (endlichen) Zuständen ab, also genau das, was wir bei einem Binärcode aus 0 und 1 dringend brauchen – das Gegenteil wäre „kontinuierlich" oder „stetig". Eine vorzügliche Pointe finden wir im angeschlossenen Bedeutungsfeld des Wortes „Takt". Wir takten einen Prozessor(kern), um im technischen Sinne des Wortes diskret entscheidbare Zustände abzuarbeiten. Gleichzeitig kennen wir das Taktgefühl aus dem Alltag, wo wir einen indiskreten Schwätzer als „taktlos" bezeichnen.

**Technik:** Unter einer **technischen Oberflächenstruktur** verstehen wir das User Interface, also zum Beispiel einen Desktop, auf welchem wir mittels Computermaus Fenster anklicken. Die **technische Tiefenstruktur** dahinter besteht aus diskreten, entscheidbaren Zuständen der Software und der formalen Maschinensprache, die man nicht zu verstehen braucht, um an der technischen Oberfläche erfolgreich ein Ziel zu erreichen. Zum Lesen meiner E-Mails muss ich nicht wissen, was der Prozessor alles so rechnet. Ich benötige keine besonderen IT-Kenntnisse, sondern konzentriere mich auf die an der Bildschirmoberfläche dargestellte Korrespondenz – auf Grundlage meiner Fertigkeiten im Umgang mit Tastatur, Computermaus etc. Dabei tritt der Unterschied zwischen **analog und digital** deutlich hervor: Die sprunghaften Übergänge zwischen den durch 0 und 1 repräsentierten Wahrheitswerten (mit denen digital „gerechnet" wird: technische Tiefenstruktur) führen zu kontinuierlich erscheinenden Phänomenen wie Farbverläufen etc. (technische Oberflächenstruktur). Ein anderes Beispiel aus dem mechanischen Bereich: Um eine Uhr mit Zeigern erfolgreich zu lesen, muss ich nicht verstehen, wie sich die Zahnräder hinter dem Ziffernblatt drehen. Umgekehrt: Ein Meister des Feinwerks ist nicht automatisch ein Meister im Ablesen der Uhrzeit – und erst recht nicht allein darum schon immer pünktlich. Es gibt viele verschiedene Perspektiven technischer Oberflächen- und Tiefenstrukturen, die sich entsprechend der *11 Perspektiven technischer Praxis (Band 2, 3.1)* unterscheiden lassen. So geht eine Autofahrerin mit einer anderen Oberfläche um als eine Servicemitarbeiterin in der Werkstatt oder die Entwicklerin im Büro – entsprechend unterscheidet sich auch das technische Wissen der Protagonistinnen. Das jeweilige Anwendungswissen zerfällt wiederum in implizite und explizite Bestandteile (Kap. 1)

**Sprache:** Bei der **semantischen Tiefenstruktur einer Sprache** kommt es im Gegensatz dazu gerade auf das Verständnis an. Ich kann mit Worten nur gelingend kommunizieren, wenn mir und meinen Dialogpartnerinnen die Bedeutungsschichten der Rede vertraut sind. Dabei geht es weder um Zahnräder noch um digitale Verkettungen diskreter Zustände, sondern um das, was beim Kommunizieren an der **sprachlichen Oberfläche** ausgetauscht wird (Syntax) und welche Bedeutung hinter der Fassade lauert (Semantik). Ludwig Wittgenstein hat dazu die Begriffe der Oberflächen- und Tiefengrammatik geprägt (*PU § 663,* Wittgenstein 2006b, S. 478–479). Technische und sprachliche Oberflächen- wie Tiefenstrukturen beeinflussen einander im kulturellen Zusammenleben mannigfaltig. Sie sind leicht zu verwechseln. Jedoch erhalten wir bei geschickter Führung vier wertvolle analytische Instrumente, weshalb wir deren Handhabung gleich etwas üben wollen (siehe anschließende Box „Sprachliche und technische Mehrdeutigkeiten“).

Sprachliche Tiefengrammatiken prägen kulturhistorische Hintergrundstrahlungen *(Band 1, 2.3).* Da es diverse Kulturen und Lebensweisen der Menschen in ihren Umwelten gibt, stellt sich die Frage, ob sprachliche Tiefengrammatiken entweder relativ zur Kultur ausfallen oder ob es kulturübergreifende allgemeingültige Elemente gibt. Das ist eine kontroverse Forschungsfrage. In vorliegendem Buch sei angenommen, dass Tiefengrammatiken zwischen Kulturen variieren aufgrund vielfältiger Praxisformen nichtsprachlicher und sprachlicher Handlungen – was sich bei **Technologietransfer** deutlich beobachten lässt. Auch wenn technische Mittel nach universellen, physikalischen Gesetzen funktionieren sollten, variiert deren praktischer Gebrauch entsprechend unterschiedlicher kultureller Lebensweisen (Ihde 1990). Jedoch ist damit überhaupt nicht ausgeschlossen, dass es verbindende Elemente gibt, quasi kleinste gemeinsame Nenner. Diese könnten als „existenziale Grammatiken“ (Rentsch 2003) bezeichnet werden, welche sich ebenfalls in nichtsprachlichen und sprachlichen Handlungsvollzügen (Janich 2014, S. 22–24) kulturübergreifend dort offenbaren, wo jeder Mensch zur Lebensbewältigung seiner leiblichen Grundsituation praktisch gefordert wird. Hierzu zählen: Endlichkeit (Tod), Verletzlichkeit/Fragilität (der Gemeinschaft, des eigen Körpers, der Lebensgewohnheiten und Kommunikation etc.; *Band 2, 2.3*). Wie sich diese Existenzialien konkret ausprägen, ist variabel, weil Menschen sich gemeinschaftlich im Gebrauch von Sprache und Technik diversen, teils sehr unterschiedlichen Umwelten anpassen. Darüber hinaus tritt im Programm eines Kantischen Kosmopolitismus das allgemeine menschliche Vernunftvermögen hinzu, das sich in diversen sprachlichen und kulturellen Lebensstilen niederschlägt (Höffe 2011, S. 18–20; Höffe 2012, S. 47–65). Wir wollen diese Fragestellung nach den kulturübergreifenden Konstanten sprachlicher Lebensformen hier nicht weiter vertiefen. Aus empirischer Sicht wird sie ohnehin spezialisiert in der Ethnologie, Paläoanthropologie oder eben den Kulturwissenschaften beforscht. Philosophisch reiht sie sich ein in eine ebenso alte wie klassische Debatte, die auch als **Universalienstreit** (Wöhler 1992) bezeichnet wird: Gibt es Allgemeines in der Welt, ist es real oder von Menschen konstruiert, in welchem Verhältnis steht es zum Einzelnen? Darüber denken wir an dieser Stelle nicht weiter nach, sondern üben den methodischen Umgang mit Oberflächen- und Tiefenstrukturen ganz praktisch. Denn das wird in der Technikethik – besonders der Roboter- und KI-Ethik – dringend gebraucht.

**Aufgabe: sprachliche und technische Mehrdeutigkeiten**

Es sei ein Blick auf die Mehrdeutigkeit (II) unserer Worte geworfen und wie wir sie ordnen können. Sehen wir uns folgende Aufforderung an: „Hole die Maus aus der Falle!" Sie bildet unsere *sprachliche Oberflächenstruktur* (was gesagt wird). Was soll das bedeuten? Ein Beispiel:

a) *Sprachliche Tiefenstruktur* (was mit den Worten eigentlich gemeint ist): „Gehe in den Keller und überprüfe die Fangvorrichtung für Nagetiere. Da es sich um eine Lebendfalle handelt, weil wir alle Tierfreunde sind, bringst du die Maus bitte nach draußen und entlässt sie auf der Wiese hinter dem Garten in die Freiheit."
   Situation: unerwünschtes Nagetier im Keller.
   Technische Handlung: Fangen von Mäusen mittels technischer Gegenstände, die wir „Falle" nennen.
   Bezug auf *technische Oberflächenstruktur* (das technische Interface mit dem ich umgehe): Öffnen der Klappe und Spannen der Feder an einer Lebendfalle zum Entlassen des Passagiers.
   Bezug auf *technische Tiefenstruktur* (das aus der jeweiligen Perspektive betrachtet über den gelingenden Umgang hinausgehende Wissen): Ich muss als Techniknutzer nicht wissen, mit wie viel Joule die Klappe nach Auslösen zuschnellt oder zu öffnen ist, um trotzdem die Maus gelingend einfangen und wieder auszusetzen zu können. Auch muss ich nicht wissen, aus welchen biochemischen Gründen die Nagerin auf Schokolade statt Käse reinfällt, um sie erfolgreich mit dem besseren Köder zu locken.
   Ergänzen Sie mögliche Bezüge auf technische Oberflächen- und Tiefenstrukturen, indem Sie mit den verschiedenen Bedeutungen von „Hole die Maus aus der Falle!" einhergehende technische Handlungen entdecken:

b) Sprachliche Tiefenstruktur: „Klopfe an die Schlafzimmertür, wecke meine Frau und sag ihr, dass es Spiegelei gibt!“
Situation: Sonntagmorgen, Frühstück, Freunde zu Besuch, manche im Haus schlafen länger, „Maus“ = Kosename für Partnerin, „Falle“ = mundartiges Synonym für Bett, weil bei Langschläferinnen dieses wie eine „Falle“ wirkt, aus der sie nicht mehr hinauskommen.
Technische Handlung: ?
Bezug auf technische Oberflächenstruktur: ?
Bezug auf technische Tiefenstruktur: ?

c) Sprachliche Tiefenstruktur: „Hilf mir! Meine kabellose Computermaus ist schon wieder in den Spalt zwischen Schreibtisch und Schrank gerutscht. Mit meinen erwachsenen Händen kann ich sie nicht herausangeln.“
Situation: Mutter am heimischen PC nach einer Unachtsamkeit zu ihrem nebenan spielenden Kind sprechend.
Technische Handlung: ?
Bezug auf technische Oberflächenstruktur: ?
Bezug auf technische Tiefenstruktur: ?

d) Sprachliche Tiefenstruktur: „Hilf mir! Mein Mauszeiger ist auf dem Desktop eingefroren und folgt nicht mehr der Mausbewegung.“
Situation: Managerin zu ihrer IT-Kollegin, nachdem ein eigentlich gelöst geglaubter Softwarebug wieder zugeschlagen hat, sodass der Mauszeiger nun in der „Falle“ festhängt.
Technische Handlung: ?
Bezug auf technische Oberflächenstruktur: ?
Bezug auf technische Tiefenstruktur: ?
Tipp/Vertiefung: Spielen Sie bei der Analyse mit den verschiedenen Technikbegriffen aus *Band 2, 3.2* sowie den unterschiedlichen Perspektiven technischer Praxis aus *Band 2, 3.1* (siehe auch Glossar vorliegendes Buch)! Beachten Sie zum Beispiel, dass die technische Tiefenstruktur auf einmal dann eine wichtige Rolle spielt, wenn ich jemanden um Hilfe bitte, der mit ihr vertraut ist (also keine Perspektive der Nutzung, sondern der Instandhaltung, Produktion oder Entwicklung einnimmt). In dem Fall wird die Antwort nicht mehr lauten „Hierzu muss ich nicht wissen …“. Es sind verschiedene Antworten/Lösungen möglich. Bestimmt fällt Ihnen etwas ein, woran ich gerade selbst nicht gedacht habe.

Nachdem wir mit Oberflächen- und Tiefenstrukturen Werkzeuge zur Analyse, also Zerlegung, kennengelernt haben, sehen wir uns gleich noch Synthesen, also Verbindungen an. Konkret geht es um die Synthesen zwischen den analysierten Bestandteilen von Sprache und Technik. Betrachten wir in Tab. Band 4, 2.1 einige Beispiele, um ent-

**Tab. Band 4, 2.1** Was istSprachtechnik?

| „Sprachtechnik“ | *1 Zeichensprache* | *2 Lautsprache* | *3 Körpersprache* |
|---|---|---|---|
| Implizites Wissen (Beispiel Vortrag halten) | | | |
| *Technik 1*<br>praktisches Wissen, Fertigkeit, Kompetenz | Körpertechnik des Schreibens mit Stift, Kompetenz des verstehenden Lesens (visuell, akustisch und haptisch/taktil, hoher Einfluss auf das kollektive Gedächtnis und die schriftliche Kultur) | Motorik der Lauterzeugung und wahrnehmenden Verarbeitung (akustisch und haptisch/taktil, vor allem die Kommunikation über Entfernungen betreffend) | Beherrschung einer Ganzkörpertechnik der Mimik und Gestik (haptisch/taktil und visuell, vor allem die Kommunikation im unmittelbaren Nahbereich betreffend) |
| *Technik 3/1* handwerkliches Verfahren | Manuskript auf Papier niederschreiben | Rede verbal vortragen | Kommunikation durch Körperbewegungen |
| Standardisierung | überwiegend bottom-up entsprechend eines pragmatischenWahrheitskriteriums(wiederholt gelingender Umgang),Typenbildung aus der „Serienproduktion“ konkreterToken | | |
| Überlieferung | Tradition durch Sozialverhalten und Körperkultur, Überlieferung erfolgt durch Imitation und dialogisches Einüben gelingender Routinen | | |
| Explizites Wissen (Beispiel IT-Algorithmus) | | | |
| *Technik 5*<br>theoretisches (Ingenieur-) Wissen, Technologie | Informationstechnologie (IT) | Akustik | **Robotik** |
| *Technik 3/5*<br>Beispiel einer kalkülisierten Verfahrenstechnik | **Chatbot** | **Sprachbot** | **Tanzbot** verkörpert in humanoidem Roboter |
| Standardisierung | Überwiegend top-down entsprechend formaler Wahrheitskriterien und logischer Eindeutigkeit (gilt auch für mathematische Modelle der „Bottom-up-KI“ wie KNNs oder im ML) | | |

(Fortsetzung)

**Tab. Band 4, 2.1** (Fortsetzung)

| „Sprachtechnik“ | *1 Zeichensprache* | *2 Lautsprache* | *3 Körpersprache* |
|---|---|---|---|
| Überlieferung | Festigung und Normierung der Traditionsbildung durch Standardisierung expliziten Wissens (textliche Überlieferung/mathematische Modelle) | | |
| Weitere Begriffe der Sprachtechnik (bei denen sich wiederum Aspekte impliziten und expliziten Wissens unterscheiden ließen) | | | |
| *Technik 2* Gegenstand, Ding, Artefakt | Schreibmaschine, Stift oder Computertastatur | Mikrofon und Lautsprecher | Kamera und Film, **humanoide** Roboter |
| *Technik 4* Systemtechnik | **soziale Interaktionen** (in denen 1 Zeichensprache, 2 Lautsprache sowie 3 Körpersprache systemisch ineinander wirken und die Grundlage für individuelle wie kollektive sprachtechnische Handlungen bilden); Beispiel: eine Rede vorher aufschreiben und dann mit geübter Körpersprache eindrücklich vor anderen Menschen darbieten, hierzu vorhandene Infrastruktur soziotechnischer Systeme wie Energieversorgung (Strom), Betriebssysteme (Computer) oder Bauwerke (Auditorium) verwenden | | |
| *Technik 6* Medium der Welt- und Selbstaneignung | Hieroglyphen, die bildlich auf Motive der Umwelt deuten; Selbstreflexion durch Niederschrift von Erlebnissen im Tagebuch; Self-Tracking: Abbilden der Körperprozesse in Statistiken/Zahlen | Seufzer als Ausdruck emotionaler Selbstempfindung; Identitätsstiftung durch mündlich geteilte Sagen, Märchen und Legenden, das gemeinsame Singen oder (andere) Rituale | Imitieren von Mitmenschen oder Tieren durch Gebärden; kommunikative „Aneignung“/ „Erforschen“ der Körper anderer Menschen beim Tanzen, Teamsport oder Liebesleben |
| *Technik 7* Reflexionsbegriff, Zweck-Mittel-Relation | Tagebuch zwecks Erinnerung | Schrei zwecks Verjagen eines Hundes | Stinkefinger zwecks Provokation |

sprechende Zusammenhänge vorzuführen. Hierzu ordnen wir die drei Sprachformen (I 1, I 2, I 3) den sieben Technikbegriffen aus *Band 2, 3.2* zu. Wir folgen der Unterscheidung zwischen implizitem und explizitem Wissen (Abschn. 1.1; Abb. Band 4, 1.1) und ergänzen weitere Begriffe der Sprachtechnik. Beachte: Auch diese Tabelle stellt eine idealtypische Rekonstruktion dar, die den vielfältigen detaillierten Verschlingungen des wahren Lebens nur grob auf den Leib rückt. Sie ist eine Eintrittskarte zur Spielwiese des methodischen Ordnens und fachübergreifende Dialoge unterstützenden Definierens. Gleichzeitig können wir sie als analytisch/synthetische Zusammenfassung von Kap. 1 und 2 sehen.

In Tab. Band 4, 2.1 sind jeweils Beispiele angeführt. Sie sollte nicht als vollständig missverstanden werden. Genauso gut ließe sich exemplarisch das Tanzen von der humanen Körperkultur bis hin zur humanoiden Verkörperung eines „Tanz(ro)bots" in all seinen sprachtechnischen individuellen und systemischen Facetten in die entsprechenden Zellen streuen. Es gibt ja in der Tat die Überlegung, in Robotern rituelle Handlungen einzuspeichern – inklusive Tänzen –, um immaterielles Kulturerbe bedrohter humaner Lebensformen zu bewahren. Das ist keine schlechte Idee und sicherlich auch einen Versuch wert. Wird das hier Dargestellte berücksichtigt, so fallen die Erfolgschancen trotzdem eher gering aus. Denn mit der schemenhaften Imitation eines Bewegungsablaufs erfassen wir bei weitem noch nicht die spirituelle Kommunikation körperkultureller Handlungen auf Grundlage impliziten Wissens, die für menschliche Identitäten so wichtig sind. Ich verweise als illustratives Beispiel wieder auf den „Kulturschock": Ja, es hilft enorm, sich vor einer Reise schlauzumachen und entsprechende Bücher zu lesen, in denen verschiedene kulturelle Lebensformen beschrieben sind. Ein Roboter, der mich einen indigenen Tanz zu Hause lehrt, könnte mir helfen, in der einen oder anderen Situation in der „Fremde" groovy aufzutrumpfen. Warum nicht? Jedoch bleibt mit an Sicherheit grenzender Wahrscheinlichkeit der intime Zugriff auf ein leibliches Weltwissen unterbunden, welcher mich in eine unbekannte Kultur emotional-sinnlich eintauchen lässt. Hierzu bedarf es einer holistischen Lebensform. Ich muss also dahin reisen und ganzkörperlich die Handlungsvollzüge phänomenal mitzuerleben lernen. Das bloß partielle Exerzieren eines kleinen Ausschnittes, etwa durch Buchlektüre oder Robotanzstunden im heimischen Wohnzimmer, kann diesen produktiven Schock in der ganzheitlichen Situation des Unbekannten nicht ersetzen. (Vielleicht machen wir in Zeiten der Pandemie, des Social Dist(d)ancing und der Onlinetreffen auch ähnliche Erfahrungen?) Denn hier werden Routinen des Weltwissens angesprochen, die wir im gewohnten Wohnzimmer nicht mehr zu greifen bekommen. Sie bleiben als implizites Wissen in der kulturellen Hintergrundorientierung verborgen. Manchmal muss man alles ändern, um alles zu ändern. Es wird dadurch hoffentlich klar, wie sich das Wort „Sprachtechnik" inhaltlich völlig unterscheidet, wenn wir damit einen Chatbot meinen oder ein Kind, das in der 1. Klasse neue Laute einer Fremdsprache zu imitieren lernt.

**Aufgabe: Sprachtechniken**

Die Rolle von Schriftzeichen als Mittel der Kommunikation, kulturelle Artefakte mit Bedeutung für Maschinensprachen wie auch für handwerkliches Aufschreiben einer

Rede ist mehrdeutig (auch Sprache I 1 = II) – das sollte nach allem hier Dargelegtem keine Überraschung sein.

1. In Tab. Band 4, 2.1, Zeile *Technik 6* und Spalte *1 Zeichensprache* haben wir Hieroglyphen erwähnt. Wo würden Sie außerdem Schriftzeichen einordnen? Bedenken Sie, dass abstrakte Schriftzeichen bis hin zu Buchstaben oder Zahlen häufig auf Bildsymbole zurückgeführt werden können. Viele Hochkulturen wie die der Ägypter oder Maya entwickelten ihre Schriftsymbole aus vorbildlichen Körperbewegungen der Umwelt heraus – etwa indem sie Tierwesen abbildeten. Dem Rebus-Prinzip folgend, wurde später mit diesen lautsprachlich gespielt (aktuelles Beispiel: „Gute N8!" = „Gute Nacht!"). Auch die brillantesten Logiker haben als Kinder das Schreiben von Buchstaben mit einfachen Gesten auf Papier begonnen. Es gibt Schriftzeichen, die als Keile in Ton gedrückt wurden, oder solche, die auf Papyrus, Pergament und Papier mit flüssigen Farben geschrieben stehen
2. Tab. Band 4, 2.1 ist insofern polarisierend, als dass sie im oberen Teil bei „implizitem Wissen" suggeriert, dass beim Halten eines Vortrages explizite Wissensformen keine Rolle spielen würden. Das ist natürlich nicht korrekt. Ergänzen Sie einige Facetten expliziten Wissens im oberen Drittel, da wo ich so getan habe, als ob es nur um implizites Wissen ginge!
3. Im zweiten Drittel wurden *IT*-Algorithmen als Beispiel für eine Technologie auf Basis expliziten Wissens genannt. Diese stellen einen Extremfall dar. Finden Sie andere Beispiele, bei denen Algorithmen sowohl auf implizitem wie explizitem Wissen aufbauen! (Tipp: Sehen Sie sich noch einmal die Algorithmendefinition in *Band 3, 6.2* oder im Glossar an – Computerprogramme sind ja nur Formalisierungen von Algorithmen, also ein Sonderfall.)
4. Im abschließenden Drittel geht es um weitere Bedeutungen von Sprachtechnik. Diskutieren Sie die erwähnten Beispiele hinsichtlich der jeweiligen Facetten impliziten und expliziten Wissens!

## 2.2 Können Maschinen sprechen? Nein!

Nach absolviertem Galopp durch Grundzüge der Sprachphilosophie im vorherigen Abschnitt wenden wir uns nun der eigentlichen Frage zu. Der steile Ritt war nötig, denn wir werden das darin Erfahrene jetzt brauchen. Also: Können Maschinen sprechen? Ich möchte die Antwort „Nein" vorschlagen und dafür einige Begründungen anbieten. Zuerst lässt sich der Annahme kritisch begegnen, Sprachtechnik sei an sich etwas völlig Neues. Sie ist verbunden mit Sprachbots, die ja tatsächliche seit einigen Jahren Interaktionsformen im Alltag beeinflussen. Besonders augenscheinlich ist die **Verbalsprache (I 2)**. Menschen sprechen zu unbelebten Gegenständen schon sehr lange. Teddy kennt die ganze Lebensgeschichte mit allen Höhen und Tiefen auswendig, wie bei manch „Erwachsenem" das geliebte Automobil. Jedoch antworteten diese bis vor Kurzem nicht im gleichen Medium. Neu ist die dialogische Interaktion, bei der Smartphones oder IoT-Devices wie „Alexa“, „Siri“ oder „Echo“ sich tatsächlich mit uns zu unterhalten scheinen. So viel kann ohne Probleme zugegeben sein: Ja, es entstehen neue Formen der Mensch-Technik-Interaktion. Doch sind das wirklich reine Mensch-Technik-Relationen, oder einfach nur Variationen kulturhistorisch schon viel länger verbürgter **Mensch-Technik-*Mensch*-Interaktionen?** Aus sprach- und technikphilosophischer Sicht ist letzteres der Fall: Auch wenn Menschen mit Sprachbots in vorher unbekannter Qualität verbal interagieren, sind es nicht die technischen Dinge, die sprechen, sondern immer noch andere Menschen – nun aber durch technische Oberflächenstrukturen anders vermittelt.

Ausgangspunkt ist eine methodisch-sprachkritische Anthropozentrik *(Band 2, 2).* Im methodischen Forschen und Argumentieren kommunizieren Menschen miteinander und setzen dabei dialogische Perspektiven der sprachlichen Bewährung und Anerkennung voraus. Das gilt auch für biozentrische, technozentrische oder holistische Sichtweisen – wo also Menschen natürliche Ökosysteme als wertvoll anerkennen oder den Einfluss technisch gestalteter Umwelten auf menschliches Handeln *(Band 1, 3.1; Band 1, 3.2).* Es geht um die methodisch orientierten sprachlichen und nichtsprachlichen Forschungshandlungen. Parallel dazu verlaufen religiöse Glaubensfragen. Etwa die, ob in natürlichen Dingen Seelen wohnen, mit denen sich Menschen seit Jahrtausenden spirituell unterhalten, und ob es solche Seelen dann auch in Robotern geben könnte. Der technikethischen Sprachkritik liegt eine wissenschaftliche Weltanschauung zugrunde, die sich im skeptischen und methodenkritischen Ringen um Aufklärung und Rationalität äußert. Das soll auch der Hintergrund für die Auseinandersetzung mit „sprechenden Maschinen“ sein. Die genuin religiösen Aspekte – bis hin zu Schamanismus sowie Verwendung von Rauschmitteln, um sich mit Dingen zu unterhalten – werden hier ausgeblendet. Insofern sich religiöse Glaubensfragen ohnehin nicht generell dem Zugriff wissenschaftlicher Methoden entziehen, schließen sich hier diverse Forschungsfragen an der transdisziplinären Begegnungsfläche zwischen Theologie, Ethnologie, Religionswissenschaften und Philosophie an.

Es lässt sich also feststellen, dass es – bis auf wenige technische Ausnahmen – stets ein materiell-körpersprachliches Feedback (I 3) gab, wenn Menschen mit Dingen verbal sprachen (I 2). Beim leiblichen Musizieren lässt sich das typisch beobachten. Klanghölzer gehören zu den ältesten Musikinstrumenten. Will man den rhythmischen Tanz in Instrumentalklänge formen, dann wird das häufig mit verbalen Lautäußerungen begleitet, die sich zu Gesängen verdichten können. Zerbricht ein Klangholz bei zu viel „Boom! Chack!“, so folgt das Feedback nicht im gleichen Medium der Verbalsprache, sondern haptisch-materiell, also körpersprachlich: Wir tanzen *durch* das Instrument miteinander und dieses „meldet“ sich physisch-taktil in den Händen, wenn es keine Töne mehr von sich gibt. Telefone hingegen sind Mittel, *durch* welche wir reden, jedoch mit anderen Menschen. Genau hier setzt das Vorurteil an, Sprachbots wären etwas gänzlich anderes, da wir uns nun mit der Technik selbst unterhalten würden – und das sogar im Medium der Verbalsprache und nicht bloß körper- oder zeichensprachlich. Doch es gibt gewichtige Gründe, davon auszugehen, dass Menschen auch in diesem Fall *durch* Geräte vermittelt mit anderen Menschen kommunizieren und nicht mit den Geräten selbst (Technik 6: vermittelndes Medium der Selbst- und Weltgestaltung; *Band 2, 3.2*).

Signifikant ist zunächst folgende simple ökonomische Feststellung: Was uns ein Sprachsystem wie sagt, folgt verschiedenen Interessen und Zwecken, meistens denen der jeweiligen Hersteller. Genau genommen soll ein Bot auch überhaupt nicht reden, sprechen oder etwas eigenständig sagen. Das Gerät erzeugt akustische Signale, denen Menschen einer abgesteckten Zielgruppe anvisierte Bedeutungen beimessen *sollen*. Es ist ein Mittel zum Zweck, das selbst dann nicht in seiner Wortwahl frei wäre, wenn es tatsächlich „autonom" sprechen könnte (Technik 7: Zweck-Mittel-Relation). Argumente dieser Art werden aktuell regelmäßig diskutiert. Außerdem folgt aus methodischen Gründen eine wissenschaftlich verstandene sprachkritische Anthropozentrik, die auch hier einen Beitrag zur Erosion des Vorurteils leistet: Würden wir tatsächlich im Dialog mit einem nichtmenschlichen Ding reden, dann könnten wir nicht einmal einfache Silben, geschweige denn komplexe Sätze aus der total verschiedenen Erfahrungswelt solcher Wesen sinnvoll begreifen *(Band 2, 2.4)*. Wir müssten die gesamte „Lebensform" eines Steins oder Roboters im phänomenalen Vollzug verstehen lernen. Das ist jedoch schon aus organischen Gründen unmöglich. Wer sich außerhalb des Theaterspiels vollständig wie ein Stein oder Roboter benimmt, ist nach drei Tagen verdurstet oder stirbt an einem Stromschlag.

Nun haben wir aber gerade in Abschn. 2.1 noch etwas anderes gelernt, um uns nicht mit diesen Einwänden begnügen zu müssen: Die Unterscheidung von Oberflächen- und Tiefenstrukturen in Sprache und Technik. Warum sind wir denn überhaupt verleitet, „Ja!" zu sagen, wenn wir gefragt werden, ob Maschinen sprechen können? Weil wir in den vergangenen Jahrzehnten neue technische Oberflächenstrukturen erarbeitet haben, in denen neben Schriftsprache bei Rechnern (I 1) auch Verbalsprache (I 2) durch Bots und Körpersprache (I 3) mittels Robotern zu den aktuell vorhanden Interfaces gehören. **Sprachliche und technische Oberflächenstrukturen gleichen einander zunehmend an.** Aber auch hier gilt es mit Vorsicht zu verfahren, denn schnell verfallen wir dem Vorurteil, dieses Angleichen wäre eine Errungenschaft des 21. Jahrhunderts. Im Fall der Zeichensprachen (I 1) reicht die Verbindung weit in prähistorische Zeiten zurück, wo das handwerkliche Beschriften/Bemalen von Grabanlagen, religiösen Kultstätten, dem eigenen Körper, Höhlenwänden, Tontafeln oder Papyri Beispiele der Erzeugung sprachtechnischer Oberflächenstrukturen darstellen. Wie ist ein Schriftzeichen überhaupt möglich ohne eine bearbeitete materielle Grundlage? So gesehen ist jede Schrift-, Zeichen- oder Symbolsprache immer auch ein technisches Ding bzw. Artefakt (Technik 2). Es gilt also genau hinzusehen, was mir meinen, wenn von „Sprachtechnik" die Rede ist. Zur ersten Orientierung haben wir Tab. Band 4, 2.1 in vorherigem Abschnitt erarbeitet.

Theaterinstallationen und frühe Automaten stehen als Puppen oder Animatronics spätestens seit der Antike für körpersprachliche technische Oberflächenstrukturen (I 3). Musikautomaten und Schallplatten sind Beispiele für Verballaute (I 2) ausgebende

Technik vor Sprachbots. Auch ein *gezüchteter* Wachhund, der gut hörbar bei Gefahr anschlägt, lässt sich zumindest als lauterzeugende Kulturtechnik deuten (KI-Paradigma D; *Band 3, 4.2*). Der entscheidende Unterschied liegt heute darin, dass wir zunehmend glauben könnten, mit unbelebten Geräten tatsächlich kommunikative Dialoge zu führen – so wie wir es vorher nur aus dem zwischenmenschlichen Alltag kannten. Manch überzogene Verheißung aus dem Bereich der KI unterstützt diese Suggestion, da hinter der technischen Oberfläche mit eifriger Rhetorik menschliche Intelligenz ausgemalt wird. Die entscheidende Frage lautet also nicht, ob Maschinen sprechen können, sondern **inwiefern in Analogie zur Synthese der Oberflächenstrukturen auch Angleichungen der sprachlichen und technischen Tiefenstrukturen stattfinden.** Wäre dem nämlich so, dann könnten Maschinen ohne Probleme reden. Ein nüchterner Blick jedoch, mit welchem wir ein überstürztes „Ja!" auf die Frage nach sprechender Technik kritisch zurechtrücken, speist sich im Wesentlichen aus zwei Argumenten: 1) das der *entkoppelten Tiefengrammatik*, 2) das der *Weltunverträglichkeit formaler Sprachen.*

## 2.3 Entkoppelte Tiefengrammatik (1. Argument)

Obwohl sich sprachliche und technische Oberflächenstrukturen angleichen, sprechen wir durch Maschinen tatsächlich zu uns selbst. Denn wir setzen beim Umgang mit der technischen Oberflächen- wie Tiefenstruktur die **sprachliche Tiefengrammatik** humaner Kommunikation immer schon voraus. Sie ist „entkoppelt" vom informationstechnologischen Prozessieren, so wie sie ja auch nicht auf die sprachliche **Oberflächengrammatik** (Syntax) zwischenmenschlicher Nachrichtenübertragung reduziert werden kann. Selbst wenn der Briefträger zu seinem besten Freund, dem bellenden Wachhund, verbal spricht (I 2), dann dröhnt er „Wuffi" mit einer humanen Tiefengrammatik zu, die vom Tier entkoppelt ist. Wenn wir das Gefühl haben, verstanden zu werden, dann hat das mit einer Reaktion des Hundes auf unsere Laute und körperlichen Signale zu tun, deren Anwendung wir wiederum *hundgerecht* erlernen können. Die Annahme, dass ein Hund die Genfer Konvention gelesen hätte und darum aus aufgeklärter Einsicht den Vorgartenkrieg gegen Postpersonal einschränken würde, ist wohl eher unrealistisch. So wie es diverse Vorformen humaner Intelligenz im Tierreich gibt, können wir auch von Vorformen der Kommunikation zwischen Mensch und Tier ausgehen. Sicherlich haben Jahrtausende währende Kulturgeschichten zwischen Mensch und Hund ihre Spuren in den Tiefengrammatiken mancher Gesellschaften hinterlassen. Für informationsverarbeitende Maschinen gilt das jedoch nicht, selbst wenn diese als kultürlicher Umweltfaktor zu Anpassungsleistungen von Mensch und Tier führen. Im Rahmen des *1. Arguments* ist dabei nicht so entscheidend, dass Robotik im Vergleich zur Hundehaltung eine extrem junge Technik ist. Informationsverarbeitung ist nicht gleich Kommunikation *(Band 2, 2.2)*. Grundlage der technischen Informationsverarbeitung sind spezialisierte, kalkülisierte formale Sprachen. Diese sind, darin liegt der direkte Link zum *2. Argument,* keine natürlichen Sprachen mit Umweltbezug.

Eine KI deckt Muster in zwischenmenschlicher Kommunikation auf, die dann in ein Modell mit möglichst zunehmender Wahrscheinlichkeit korrekter Prognosen/Wahrheitswerte integriert werden. Eine solche Maschine „spricht" sozusagen in der technischen Tiefenstruktur digital über Sprache, jedoch ohne phänomenal am Sprachvollzug teilzunehmen. Damit wir sie „verstehen" können, müssen an der technischen Oberfläche analog erscheinende Signale wirken. Kein Mensch wird aus endlosen Ketten von 0 und 1 schlau. Dass semantische Mustererkennung mit KNNs (KI-A2) möglich ist und damit nicht bloß Strukturen der Syntax verarbeitet werden können, ist technisch eine faszinierende Leistung. Hierdurch werden auch manche Argumente der frühen KI-Kritik entkräftet, die noch gegen top-down programmierte KI-A1 vorgetragen wurden *(Band 3, 5.2; Band 3, 6.1)*. Das *1. Argument* läuft jedoch darauf hinaus, dass sprachliche Tiefengrammatiken trotz des Paradigmenwechsels der KI von A1 zu A2 von technischer Informationsverarbeitung entkoppelt bleiben. „Entkoppelt" meint, dass **technische Tiefenstrukturen *(KI-Paradigma A)* und sprachliche Tiefenstrukturen keine Kongruenz aufweisen.** Selbst wenn ein Supercomputer alle Sprachen und Handlungsformen der humanen Welt erfasst und zu einem universellen neuronalen Netz und Weltmodell zusammenfügen sollte, bleibt es doch ein Modell, eine Simulation. Gegenprobe: Wären technische und sprachliche Tiefenstrukturen in dem Fall gekoppelt, dann würden auch wir Menschen uns in endlosen Ketten aus 0 und 1 *sinnvoll* unterhalten – und zwar im Rahmen eines umfassenden Weltverständnisses ausschließlich: Vom alltäglichen Frühstück über das Arbeitsmeeting bis hin zur Gutenachtgeschichte für die Kinder müssten wir uns praktisch gelingend auf diese Weise miteinander unterhalten. Aber wer macht denn so etwas?

Wenn schon nicht in diesem Sinne „gekoppelt", wie kann dann erklärt werden, dass Computer unser Sprechen faktisch beeinflussen? Denn allein das Wort „Computer" hat in die deutsche Sprache schon seine Schneisen geschlagen. Nun haben wir die Hundehaltung angesprochen und den Umstand, dass sich der kultürliche Umgang mit Haus- und Heimtieren in den Tiefengrammatiken sinnvoller Rede niederschlagen kann. Wir lernen, mit Tieren in unserer Umgebung zu interagieren, und diese passen sich uns an. Schlussendlich entwickeln sich eigene zwischenmenschliche Redeweisen über den täglichen Alltag mit Hund, Katze und Co. Eine ähnliche prozessuale Kopplung lässt sich auch bei KI beobachten, die auf das Paradigma E *(Band 3, 4.2)* verweist: **Im Umgang mit neuen informationsverarbeitenden Techniken entstehen neue Sprechweisen aus der zwischenmenschlichen Kommunikation über und durch diese Techniken.** Wird KI zum kulturellen Umweltfaktor humanen Sozialverhaltens, dann lässt das Tiefengrammatiken nicht unberührt, hat jedoch mit der technologischen Tiefenstruktur eines Computers oder Roboters selbst nichts zu tun.

*Beispiel:* Was haben sich zwei Sprachbots zu sagen, und anhand welcher Kriterien bestimmen Menschen, ob sie tatsächlich etwas Sinnvolles miteinander reden? Es gibt zwei Optionen: Entweder die Bots wurden mit Daten aus dem Alltag zwischenmenschlicher Kommunikation trainiert und werfen sich darum entsprechende Modellierungen um die Sensoren. In dem Fall wären Tiefengrammatiken in der Zweck-Mittel-Relation bereits vorausgesetzt, damit die Geräte überhaupt erst einmal funktionieren können. Meinen wir nun, einem Gespräch zwischen den Maschinen zu lauschen, so erkennen wir in Wahrheit Bedeutungsräume menschlicher Alltäglichkeit wieder – wenn diese „fremd" erscheinen, wurden die Trainingsdaten eines KNN vielleicht in einer wenig vertrauten menschlichen Kultur hergestellt. Nicht die mentale Welt des Roboters, sondern die davon völlig unabhängigen Bedeutungsschichten menschlicher Alltagssprache bieten uns dann Kriterien, um zu entscheiden, ob ein Signal der Maschine Sinn oder Unsinn ist.

Oder aber die Geräte arbeiten sich ausschließlich aneinander ab, ohne jedes externe Feedback. Hier müssten wir bereits eine unwahrscheinliche Zusatzannahme einstreuen, nämlich dass kein Fünkchen eingesprühter menschlicher Wertungen in ihren Quellcodes vorläge. Mit anderen Worten, wir müssten annehmen, dass es sich hierbei um eine Technik ohne jeden Bezug zu menschlichen Handlungen dreht. Doch wie können wir ohne Widerspruch behaupten, ein *hergestelltes* technisches Produkt sei unabhängig vom menschlichen Tun? Das ginge nur bei den Erzeugnissen außerirdischer Lebewesen. Selbst wenn die neutrale Maschine möglich wäre, bleibt wiederum das methodische Problem der Kriterien bestehen, anhand derer wir entscheiden, ab wann die Bots eine Unterhaltung miteinander beginnen. Denn der Austausch ihrer Signale ereignete sich dann per Definition jenseits humaner Tiefengrammatiken – auf die wir jedoch angewiesen sind –, sodass uns all ihre Geräusche als bloßer „Lärm" unverständlich blieben. Und wenn sich nun Menschen wissenschaftlich darüber beraten, ab welchem Punkt eine KI sprachliches Bewusstsein hätte, würden das die Menschen wiederum in menschlichen Sprachen auf Grundlage entsprechender Tiefengrammatiken leisten (methodisch-sprachkritische Anthropozentrik). Egal ob Bots untereinander die Weltformel diskutieren oder sich gegenseitig in missverständlichem Nonsens ertränken würden, wir Menschen hätten schlicht kein Prüfkriterium, um aus unserer Perspektive zu entscheiden, ob wir es mit echter Robokommunikation oder einer Anhäufung akustischer Störfunktionen zu tun hätten. Für uns wäre es alles ein einziges Rauschen. Außerdem würde damit gegen das KI-ethische Gebot der Transparenz verstoßen: Funktionen autonomer technischer Systeme müssen (für Menschen) nachvollziehbar (von Menschen) hergestellt werden.

Wenn wir auf die sprachliche Tiefengrammatik blicken, die unser bedeutungsvolles Kommunizieren durchdringt, dann **reden wir Menschen auch durch „autonome" Sprachbots genau genommen zu uns selbst (*1. Argument*).** Solange wir sie im Alltag verstehen, bleiben es Bedeutungsschichten menschlichen Miteinanders, mit denen umgegangen wird. Daran ändert auch das Ersetzen von Spracharbeit durch Computer nichts, zum Beispiel Textkorrektur oder Dolmetschen. Denn der *praktische Erfolg* einer Übersetzung hängt vom kommunikativen Verständnis der Klientin ab und nicht von der Traumwelt der Dolmetscherin – als Analogie: also auch nicht von Bits und Bytes eines Computermodells. Wenn nun Kinder in Folge der neuen Oberflächenstrukturen von Maschinen das Sprechen lernen und/oder wir uns durch vernetzte Systeme zunehmend sozial voneinander isolieren, dann gebrauchen wir die Geräte eventuell auf eine ungünstige Art und Weise. Wir machen uns vielleicht davon abhängig und ertränken unser Sozialverhalten in Sachzwängen der Informationsverarbeitung. Mit wirklich „sprechender", mithin „moralischer", „selbstbewusster" oder „autonomer" Technik hat das aber nichts zu tun. Diese Einsicht wird evident, wenn wir mit skeptischem Blick messerscharf hinter die Kulissen technischer Oberflächenstrukturen sehen und dabei streng auf die Unterschiede zur sprachlichen Oberflächen- wie Tiefengrammatik achtgegeben wird – so wie wir es weiter oben geübt haben (Abschn. 2.1). Die wesentlichen Argumente haben wir genau so bereits in Abschn. 1.2 gewonnen, wo es um die Frage nach implizitem Wissen der Maschinen ging. In Abschn. 5.1 werden wir sie mit Blick auf Autonomie und Freiheit zusätzlich vertiefen, sodass Teil für Teil die Puzzlesteine aus verschiedenen thematischen Perspektiven ineinandergreifen.

Werfen wir noch einen genaueren Blick auf die **körpersprachliche (I 3)** Mensch-Maschine-Interaktion. Mittels Sensoren und Aktuatoren lassen sich Gesten technisch lesen und imitieren. Hinzu tritt die in Robotergruppen verkörperte Schwarmintelligenz *(Band 3, 6.1)*. Auch die Anordnung mehrerer Geräte in einer bestimmten Geometrie kann eine sprachähnliche Signalwirkung haben. Nachdem also sprachliche und technische Oberflächenstrukturen bei Schrift (I 1) schon seit längerem kongruent sind, Bots für die entsprechend zunehmende verbalsprachliche (I 2) Liaison stehen, nähern sich mit Robotern diese nun auch körpersprachlich an (I 3). Nach dem bereits in vorliegendem Buch Dargelegtem – da Maschinen kein implizites Wissen haben (Abschn. 1.2) und Oberflächen- wie Tiefenstrukturen bei Sprache wie Technik generell zu unterscheiden sind (Abschn. 2.1) – wird gleichfalls bei körpersprachlicher Mensch-Maschine-Interaktion auf eine Mensch-Technik-*Mensch*-Interaktion zu verweisen sein. Auch für Körpersprache gilt das *1. Argument:* **Wir gestikulieren durch Maschinen zu uns selbst, insofern wir Roboterbewegungen Bedeutungen zuschreiben oder zum Zweck dieser Zuschreibung designen.** Nichtintendiert-sinnvolle Bewegungen stellen schlicht Funktionsstörungen dar. Ein geschüttelter Roboterkopf erhält seine Bedeutung nicht aus physischen Oberflächen, sondern durch Zuschreibungen auf Grundlage von Tiefengrammatiken, die entkoppelt von der Mechatronik oder Informationsverarbeitung technischer Tiefenstruktur bereits vorausgesetzt sind: In Europa verstehen wir dann unter der Bewegung „Nein", in Indien jedoch ein zustimmendes „Ja". Tiefengrammatiken sind kulturell durchaus variabel in leiblichen Gesten verankert.

Menschliche Werkzeugverwendung wie auch das Reden über (materielle) Werkzeuge wurzeln zunächst in der Mimik/Gestik/Körpersprache. Sie ist eine Grundlage sozialer Kommunikation und neben dem nackten Leib dienen Körperschmuck oder Kleidung einschließlich repräsentativer Statussymbole als entsprechende Mittel. Wenn man so will, ist das körpersprachliche Reden mit und durch Handwerkzeuge älter als der „moderne Mensch". Es findet seinen *locus classicus* im Umgang mit prähistorischen Faustkeilen (implizites Wissen, Technik 1.; *Band 2, 3.2*). Hier begegnet die Liaison zwischen sprachlichem und nichtsprachlichem Handeln besonders eindrücklich. Der menschliche Leib ist das fundamentalste Werkzeug des Technikgebrauchs wie auch bei Mimik und Gestik. Eigentlich kann man das gar nicht voneinander trennen, insofern jede sprachliche Handlung in nichtsprachlichen Handlungen wurzelt. Dem entspricht die

Perspektivität leiblicher Vollzüge, auch in ihrer organischen Materialität, relational zu natürlichen und kultürlichen Umwelten *(Band 2, 2.3)*. Gerade durch den fundamentalen Einfluss leiblichen Sprechens wird die Entkopplung der Tiefengrammatik menschlicher Kommunikation von KI oder Robotern deutlich vor Augen geführt. **Maschinen haben einen Körper, existieren aber nicht leiblich.** Menschen entfalten in ihrer Entwicklung zuerst leibliche Bewegungen, wahrnehmend in ihrer jeweiligen sozialen Umwelt durch Imitation, erschließen sich also lautliche oder materialisierte Semantiken durch nichtsprachliche Handlungen – wo es eben noch nicht um die rationale Kommunikation mit anderen Menschen, sondern um das Begreifen von Welt und später Selbst ganz allgemein geht. Jede Umweltmodellierung von KI (Paradigma A) findet jedoch bereits ab dem ersten Bit informationsverarbeitend durch formale Sprachen statt. Letztere ist außerdem ein partieller Prozess, wohingegen sich menschliche Leiblichkeit in technischer wie sprachlicher Hinsicht in holistischen Lebensformen entfaltet. Kurz: **Roboter haben keine Kindheit.**

Sensomotorisches Lernen von Lauten ist ein Beispiel für intime leibliche Einbettung menschlichen Sprechens wie auch das Schreibenlernen im Gebrauch von Stiften. Ziehen wir noch einmal das Phänomen des Kulturschocks zurate. Dieser ereignet sich nicht nur sinnlich und gestisch, sondern gleichfalls bei der Sprechmotorik, wenn zum Beispiel Menschen aus Mitteleuropa überhaupt erst einmal „exotische" Hauch- oder Zischlaute erlernen müssen, um eine asiatische Sprache beherrschen zu können. Das ist damit gemeint, wenn gesagt wird: Die Tiefengrammatiken menschlicher Kommunikation sind hochdynamisch und geprägt von nichtsprachlichen Handlungen. Sie sind im leiblich-materiellen Sinne durchsetzt von Prozessen impliziten Wissens und hängen von phänomenalen Lebenspraxen menschlicher Gemeinschaften ab. Wollen wir zur Tiefengrammatik einer „fremden" Kultur vordringen, müssen wir deren Lebensform als Ganze kennenlernen: inklusive sozial praktizierter Lautmotorik und entsprechendem „Muskelgedächtnis". Hierzu gehört vor allem das Erlernen diverser Körpertechniken einschließlich der Verarbeitung neuer umweltabhängiger Wahrnehmungsmuster in sensomotorischen Routinen. Insofern ist der Kulturschock nicht nur ein Beispiel dafür, wie „fremd" sich verschiedene menschliche Lebensweisen (einschließlich Technik- und Sprachpraxis) sein können. Er ist gleichfalls ein Beleg dafür, dass wir uns doch ziemlich ähnlich sind. Denn wir können gemeinsames Verständnis tatsächlich lernen – wenn wir es denn wirklich wollen, die Mühe auf uns nehmen und Zeit haben. Wer gegen das *1. Argument* disputieren möchte, könnte untersuchen, ob Menschen im gleichen Sinne einen umfassenden Kulturschock erleben, wenn sie mit Robotern umgehen. Man könnte das schnell bejahen, wenn eine entscheidende Voraussetzung übersehen wird: Der Schock dürfte keinesfalls von Robotern als Materialisierungen konkreter humaner Technologiekulturen ausgehen, sondern von den Maschinen ganz „authentisch" selbst, als Subjekten einer eigenen „Kultur" einschließlich sozial bewährter sensomotorischer Handlungsmuster, auf denen diese dann aufbaute.

*Conclusio 1. Argument:* Sogenannte „sprechende" Technik ist kulturhistorisch prinzipiell nicht neu, eröffnet jedoch aktuell neue Formen der **Mensch-Technik-**

***Mensch*-Interaktion.** Wir sprechen durch Bots nicht so zu uns selbst oder anderen Menschen, wie wir es durch Briefe oder Telefone tun. Aber schlussendlich sprechen auch hier Menschen zu Menschen. Roboter und KI können als technische Medien (Technik 6) begriffen werden, die menschliche Selbst- und Weltverhältnisse vermitteln. Insofern reihen sie sich in die Kulturgeschichten hausgemachter Umweltbedingungen seit den ersten Faustkeilen nahtlos ein (Einfluss auf menschlichen Umgang entsprechend Paradigma E). Gleichzeitig wandeln sich materielle Gestalten derart, dass weitere Angleichungen sprachlicher wie technischer Oberflächenstrukturen zu erkennen sind. Was dahinter in der technischen Tiefenstruktur stattfindet, ist KI-A2, meistens in Form von KNNs, SLAs und ML, seltener GOFAI, KI-A1. Insofern die technische Tiefenstruktur auch auf diskrete Zustände verweist, befinden wir uns direkt im Turing-Paradigma der Digitalcomputer (A, 1.a., 2.b.). Im *2. Argument* wird gezeigt, wie dieser Schluss auch durch den fehlenden Weltbezug formaler Sprachen begründet werden kann.

▶ **Definition: semantischer Fehlschluss** Ein semantischer Fehlschluss liegt dann vor, wenn aus einer Kongruenz technischer wie sprachlicher Oberflächenstrukturen auf eine Gleichheit der entsprechenden Tiefenstrukturen geschlossen wird: **Verwechsle nicht die technische Tiefenstruktur von KI (A1/2: GOFAI, KNNs, ML, SLAs) mit den Tiefengrammatiken sinnvoller zwischenmenschlicher Kommunikation!** Ein bereits seit Generationen vertrautes Beispiel, wo der Fehlschluss vermieden wird: Sehen wir die Kongruenz einer technischen und zeichensprachlichen Oberflächenstruktur in Gestalt eines handgeschriebenen Briefes vor uns, dann lesen wir die Worte der Absenderin und nicht die des Papiers.

## 2.4 Weltunverträglichkeit formaler Sprachen (2. Argument)

Dieses Argument ergänzt passgenau das erste. Da Roboter, Drohnen, Computer und KI mittels formaler Sprachen zum Zweck der Informationsverarbeitung betrieben werden, liegt stets eine Trennung zwischen Objekt- und Metasprache vor. Wo eine solche Unterscheidung zwischen Objekt- und Metaebene nicht vollzogen ist, handelt es sich um natürliche Sprachen (Abschn. 2.1). In ihnen wird nicht über Sprache gesprochen (= formale Sprachen), sondern mit natürlichen, sozialen und kulturellen Umwelten interagiert. Das *2. Argument* zielt nun darauf ab, dass natürliche Sprachen einen unmittelbaren Weltbezug aufweisen. Sie sind umweltverträglich und eine Form des Weltwissens, über formale Sprachen hinaus. Menschen sind bei entsprechender Übung zur Beherrschung beider Sprachformen in der Lage, wobei formale Sprachen das Beherrschen natürlichen Sprechens bereits voraussetzen. Wo also ein Mensch formal spricht, da sind Weltbezüge durch die elementarste Objektsprache möglich – meistens diejenige natürliche Sprache, die wir „Muttersprache" nennen. Sie sind „nur" möglich, da ja Sprechen generell misslingen und im Nonsens enden kann, selbst wenn die Muttersprache perfekt beherrscht wird. Also: Jemand kann sich im Alltag wunderbar verständlich ausdrücken, scheitert aber völlig beim Umgang mit grammatischen Fachbegriffen und kann folglich den eigenen Satzbau nicht erklären. (Es sei noch einmal ausdrücklich daran erinnert, dass auch sogenannte „natürliche Sprachen“ kulturelle Handlungen sind und keine Naturereignisse oder physikalische Zustandsgrößen. Man lasse sich nicht von dem zugegebenermaßen missverständlichen Terminus in die Irre leiten. Sie sind metaphorisch „natürlich“ insofern sie selbstverständlich die Alltagspraxis kultureller Redeweisen meinen, die *ungekünstelt* mit allen Ecken und Kanten des wahren, unperfekten Lebens praktiziert werden.)

Für Maschinen ist menschliches Sprechen, ob nun als Zeichen (I 1), Lautäußerung (I 2) oder Körperbewegung (I 3), immer eine Objektsprache, die über verschiedene Stufen transformiert, schlussendlich in digitaler Maschinen-Metasprache (0 und 1) der technischen Tiefenstruktur *formal* behandelt wird. Die Geräte sprechen sozusagen immer über Sprache, genau genommen diejenigen expliziten Objektsprachen, die wir als „Daten“ oder „Information“ bezeichnen. Der Binärcode stellt die radikalste Form einer Metasprache dar. Ein Vorteil liegt in permanenter kompromissloser Eindeutigkeit/Entscheidbarkeit bei gerade einmal zwei elementaren Zuständen: Entweder 0 oder 1. Man beachte die Fallhöhe zum zwischenmenschlichen Alltag, wo wir uns diesen formalen Luxus selbst bei Multiple-Choice-Tests oder bürokratischen Formularen nicht ständig leisten können. Bei weitem treffen wir das *bloß* Wahre oder *bloß* Falsche in den mehrwertigen Grauzonen des Lebens doch eher selten an. Weltwissen wird innerhalb kommunikativer Rede (= natürliche Sprachen) vollzogen. Wir landen schlussendlich beim Perspektivenproblem und der fehlenden Vollzugsperspektive nichtsprachlicher Handlungen, wie es auch im *1. Argument* angeführt wurde: Für einen Vollzug sind sprachliche Tiefengrammatiken und implizites Wissen des Umgangs mit leiblichen Positionen wesentliche Voraussetzungen – zutiefst mehrdeutige und analoge Praxis also.

**Beispiel: Informatikausbildung II – formale Grammatiken und Chomsky-Hierarchie**

Werfen wir einen zweiten kurzen Blick in Lehrwerke der theoretischen Informatik. Darin werden ein genuin formales Grammatikkonzept unterrichtet und in weiterer Folge der **Chomsky-Hierarchie** entsprechend verschiedene Ebenen formaler Sprachen unterschieden. Abhängig von der Struktur einer formalen Grammatik lassen sich (Zeichen)Sprachen mit unterschiedlichen Eigenschaften erzeugen. Ausgangspunkt ist die Definition formaler Grammatik entsprechend mathematischer Grundlagen der Mengenlehre, Algebra und formalen Logik (Hoffmann 2018, S. 38–149; König 2016, S. 377–384; Priese und Erk 2018, S. 5–49):

„Eine *Grammatik G* ist ein Viertupel $(V, \Sigma, P, S)$. Sie besteht aus

- der endlichen Variablenmenge V (Nonterminale),
- dem endlichen Terminalalphabet $\Sigma$ mit $V \cap \Sigma = \emptyset$,
- der endlichen Menge P von Produktionen (Regeln) und
- der Startvariablen S mit $S \in V$

Jede Produktion aus $P$ hat die Form $l \rightarrow r$ mit $l \in (V \cup \Sigma)^+$ und $r \in (V \cup \Sigma)^*$." (Hoffmann 2018, S. 164; Hervorhebung im Original)

Mit dieser Definition lassen sich Phrasenstruktursprachen (Typ-0-Sprachen durch Typ-0-Grammatiken) erzeugen. Diese schließen kontextsensitive Sprachen (Typ 1) ein, diese wiederum kontextsensitive Sprachen (Typ 2) und diese schlussendlich reguläre Sprachen (Typ 3) mit je zugespitzten grammatischen Regeln. Jeder dieser Sprachtypen gehört zu den formalen Sprachen (Hoffmann 2018, S. 168–169; König 2016, S. 149–150; Priese und Erk 2018, S. 54–61).

> „Historisch war ihr Zweck durchaus, als Grammatiken für natürliche Sprachen eingesetzt zu werden. In der Computerlinguistik wird auch versucht, möglichst vollständige Chomsky-Grammatiken etwa für die deutsche Sprache aufzustellen, wobei diesem Versuch durch die *„Lebendigkeit" natürlicher Sprachen* gewisse unüberwindbare Grenzen gesetzt sind." (König 2016, S. 143; Hervorhebung von M. F.)

An diesem Punkt setzt das Konzept der Tiefengrammatik bzw. philosophischen Grammatik sinntragender Praxis an. Es rückt nicht explizites bzw. propositionales Wissen in den Mittelpunkt und ist aus mathematisch-formaler Sicht betrachtet deutlich „weicher". Philosophische Grammatik muss sich sozusagen im Ausdruck selbst der *lebendigen natürlichen Sprachen* bedienen, um die lebendigen, wandelbaren Handlungsformen gelingender menschlicher Äußerungen in den Blick zu nehmen. Sprachliche Äußerungen sind in philosophischen Grammatiken nicht auf strukturierte Regeln zur Erzeugung endlicher Wortmengen beschränkt. Technische Handlungen einschließlich Mimik, Gestik und Körpersprache auf Grundlage impliziten Wissens gehören grundsätzlich dazu. Es geht sozusagen um das, was sich nicht in sichtbaren Symbolen äußert, das, was nicht laut gesagt wird. Tiefengrammatiken aufzudecken ist ein Ringen mit den Grenzen sprachlicher Formalismen. Die entscheidende Frage ist: Wie soll eine Maschine über das bloße Aufdecken semantischer Muster hinauskommen, wenn sie selbst auf den mathematischen Grundlagen bloß formaler Grammatiken aufgebaut ist? Auf der anderen Seite: Vielleicht machen uns KNNs die zunehmenden tiefengrammatische Strukturen sichtbar, die wir Menschen vorher nur vage erahnt haben? Vermutlich ginge es dann gar nicht um das generelle Ersetzen menschlicher Sprachfertigkeiten, sondern um Hilfestellungen bei der Explikation. Ein mächtiges Instrument hierfür stellt das Konzept formaler Grammatik und die ab 1956 entwickelte Chomsky-Hierarchie dar. ◀

Weder Reflexion noch Weltbezug sind bei bloßem Operieren mittels formaler Sprachen möglich. Das gilt für Maschinen immer und für Menschen dann, wenn sie sich von natürlichen Sprachen ungewöhnlich weit entfernen. Die Trennung von Objekt- und Metaebene kann zu besonderem Sprachwissen führen, jedoch nicht zu Weltwissen. Äußert sich dieses besondere Sprachwissen in Gestalt wissenschaftlicher Theorien, dann bedarf es ja bekanntermaßen der Laborforschung und des Experimentierens – also der Beobachtung, der technischen und sozialen Interaktion einschließlich kommunikativen

Sprechens –, um bestätigende oder widerlegende Weltbezüge zu erlangen. Auch beim „Training" von KI-A2 (Bottom-up-Ansatz KNNs etc.) werden formale Wahrheitswerte in den Feedbackdaten von Menschen gesetzt. Normalsprachliches Weltwissen ist notwendige Bedingung für die Zuschreibung formalen Weltwissens. Roboter und KI erfüllen diese notwendige Bedingung nicht. Die Geräte liefern Informationen über Sprache und decken Muster auf, die wiederum durch Menschen kommunikativ in Wissensprozesse mit Weltbezügen eingebunden werden können.

*Beispiel:* Die linguistische Grammatik kennt den „Genitivus subiectivus" und „Genitivus obiectivus" (=Worte der Metasprache), die ich in vorliegender Buchreihe auf die Objektsprache Deutsch anwende (*Band 1;* siehe auch Funk 2020). Nun fällt auf, dass mein Deutsch an dieser Stelle selbst wiederum eine formale Sprache ist, nämlich die der (Roboter)Ethik (=Metasprache), wo es um die Objektsprache moralischer Urteile des Alltagslebens geht. Der Weltbezug des hier Aufgeschriebenen steht und fällt in letzter Konsequenz mit den Weltbezügen der elementarsten (= natürlichen) Objektsprache – im konkreten Fall ist dies meine Muttersprache. Sie könnten mich nun durch einen Bot ersetzen. Wenn Sie das täten, dann gäbe es ein Kriterium für den Sinn der wiedergegebenen Satzzeichen: Der direkte Weltbezug derjenigen natürlichen Sprache, welche Sie als menschliche Leser*innen bei der Lektüre vorliegenden Buches bereits mitbringen. Wenn ich nicht in der Lage bin, diese Weltbezüge mit meiner philosophischen Fachsprache zu greifen, dann bleibt unsere gemeinsame Reise unverständlich, also gescheitert. Sie können mir das vorwerfen, so wie es Philosophen im Elfenbeinturm ja auch tatsächlich öfter mal um die Ohren fliegt. Bei Maschinen verhält sich dieser Umstand nicht anders: Ein Sprachbot muss durch Mustererkennung in einer künstlich-formalen Sprache auf Weltbezügen aufbauen, die wir Menschen durch aktives Handeln bereits mitbringen – zumindest, wenn wir den Signalen des Geräts sinnvolle Bedeutung zuschreiben wollen.

**Was unterscheidet einen Sprachbot von einem Philosophen?** Zugegeben, das könnte nun ein guter Witz werden. Vielleicht fällt Ihnen jedoch eine bessere Pointe ein als mir, denn meine Antwort verfolgt ein anderes Ziel, als Sie zum Lachen zu bringen: Ein Philosoph kann formalsprachliche Redeweisen verlassen und in seiner Lebensform des sinnlichen Alltags Sprache und Welt zur Deckung bringen. Er bezieht seine formalsprachlichen Bedeutungen aus der phänomenalen Vollzugsperspektive alltagssprachlich-leiblicher Kommunikation. Wer jetzt lacht, denkt vielleicht an manche Geister, die mehr oder weniger absichtlich jede Verständlichkeit vermeiden wollen, um eine möglichst intelligente Fassade aufzubauen. Nun ja, wenn solche Verhaltensformen durch Bots ersetzt würden, dann ist das vielleicht sogar von Vorteil, weil man sich dann im Angesicht hoffnungsloser Überflüssigkeit mehr anstrengen müsste … Aber auch die weltabgewandte Träumerin würde dem Klischee der „alltagsuntauglichen" Philosophin gerecht. Jedenfalls steckt in diesem Buch hier Weltwissen, darum, weil Sie es bereits mitbringen und ich hoffentlich im entsprechenden Maße auch. Ohne dem wären die ganzen metasprachlichen Analysen, Tabellen, Grafiken etc. vorliegender Abhandlung nutzlos.

Man kann jetzt wieder einwenden, dass es idealistische Positionen gibt, in welchen dieses Argument bestritten wird. Weltabgewandtheit sei durchaus eine Grundlage bestimmter Erkenntnisprozesse und Lebensformen. Jedoch: Auch die weltabgewandte Idealistin kann den körperlichen Verrichtungen ihres Alltags nicht ausweichen, nimmt sprachlich am Disput für ihre Position streitend teil und hat nicht nur das Reden, sondern auch das Niederschreiben ihrer Argumente als technische Praxis gelernt. Wo die formale Trennung in Objekt- und Metasprache ausschließlich vorliegt, da ist kein Weltwissen möglich, sondern eine Explikation von (propositionalem) Sprachwissen gegeben – wie es Grundlage der theoretischen Informatik ist, die wiederum von weltbezogenen Menschen gemacht wird. Kein Mensch kann nur mit formalen Sprachen überleben. Wird das in der Philosophie ernst genommen und methodisch gewürdigt, dann habe ich zumindest keine Angst vor „Philobots". Wird das nicht ernst genommen und wir beschneiden uns selbst, dann ist eine bestimme idealistische Menschensicht zum Leitbild kultureller Benutzung von Sprachbots geworden – vor der ich mich durchaus fürchte. Drücken wir es einmal positiv aus im Imperativ menschlicher Kreativität: Betreibt keine inhaltsleere, wohlklingende Sophisterei, sonst holt euch der Bot!

Wer das *2. Argument* erschüttern will, könnte an dieser Prämisse ansetzen und versuchen, sie zu frustrieren. Ziel eines Gegenarguments wäre dann, zu zeigen, wie sich allein über eine Sprache so sprechen lässt, dass damit unmittelbares Handlungswissen im Umgang mit der natürlichen und kulturellen Umgebung verbunden wäre. Es müsste also nachgewiesen werden, dass ein Kind allein durch das Auswendiglernen grammatischer Syntax erfolgreich an Gesprächen teilnehmen kann – und zwar Alltagsgesprächen, nicht nur dadaistischen Happenings. Vielleicht ist das auch genau die Stelle, an der sich die Geister von KI-Kritikern und KI-Optimisten scheiden. Letztere können sich auf einen Platonismus berufen, nach welchem das sinnliche Alltagsleben nur dem Reaktivieren vorgegebener geistiger Inhalte dient. Wie unschwer zu erkennen, liegen für mich als Autor vorliegenden Buches die besseren Argumente auf der KI-kritischen Seite, weshalb ich diese skizzenhaft vorstelle und mich einem solchen Platonismus nicht anschließe. Sollten Sie Platoniker*in sein, dann bekommen Sie zumindest eine „Idee", gegen wen Sie im sinnlichen Alltag argumentieren. Wir sehen, wie nahe wir bereits dem Körper-Geist-Verhältnis gekommen sind, das uns in Kap. 3 beschäftigen wird. Roboter, Drohnen und KI können nur sprechen, wenn wir *uns* konsequent klischeeplatonisch, welt- und leibvergessen deuten. Das sei dem alten, durchaus zuweilen unplatonisch denkenden Platon jedoch gar nicht in die Schuhe geschoben. Denn Platonismus ist ja auch nur ein Sammelbegriff für verschiedene, sich auf Platon berufende Ansichten anderer.

*Conclusio 2. Argument:* KI bildet formale (Sprach-)Modelle über Sprachen auf Grundlage von Daten und Informationen ohne Vollzugswissen des Sprechens selbst. Der Prozess, in welchem eine Beziehung zur Objektwelt hergestellt wird, ist von dieser streng isoliert. Ohne vorherige oder nachgelagerte Interpretation durch Menschen sind Datensätze bedeutungslos, selbst wenn KI-A2 virtuoseste Muster und Strukturen aufdeckt. Die Bruchkante verläuft entlang der Frage: Was haben Computermodelle mit Umwelt zu tun? In natürlichen Sprachen menschlicher kommunikativer Praxis hingegen liegt diese Trennung nicht vor und das Sprechen bildet nicht ein isoliertes Abbild, sondern intime Wissensprozesse des verstehenden Umgangs mit den Umgebungen. Welt und Sprachpraxis kommen in gelingenden Handlungen zur Deckung oder fallen misslingend auseinander. Das ist nicht in dem Sinne zu verstehen, dass sprachliche Symbole die Welt abbilden würden. Es geht stattdessen um die aktiven und gemeinschaftlichen Weltverhältnisse menschlicher Gemeinschaften, welche aus den Elementarschichten der wahrnehmungs- und emotionsgekoppelten Leibesbewegungen erwachsen und sich in Handlungsformen niederschlagen, weiterhin in ihren sozialen Vollzügen über bloße körperliche Bewegung hinaus reichen. Es ist übrigens unerheblich, ob wir dann die „Dinge an sich" erkennen können – nach Kant können wir dies nicht. Es geht darum, dass wir Möglichkeitsbedingungen unterliegen, die unsere technischen wie sprachlichen Weltverhältnisse durch aktive Wahrnehmung und Gestaltung konkreter Umwelten ganz praktisch ermöglichen. Noch einmal anders gesagt: Die kulturelle Praxis alltäglichen Sprechens ist mehr als die Summe ihrer formal geschiedenen Teile (Objekt- und Metasprache). Es geht darum, den Blick auf dieses Mehr zu lenken und dessen Möglichkeitsbedingungen sowie Gestaltungschancen zu reflektieren.

## 2.5 Was folgt daraus?

Es lohnt sich, sich der Mehrdeutigkeit des Sprachbegriffs (I) methodenkritisch und im wahrsten Sinne des Wortes „sprachkritisch" zu stellen. Wer unter Sprache bloß formale Sprachen versteht, in denen Objekt- und Metaebene getrennt vorliegen und/oder diese mit natürlichen Sprachen verwechselt, der hat sich seinen **selbstbestätigenden Zirkel** treffsicher gebaut. Computer könnten dann einwandfrei sprechen. Denn Sprache wäre vorab schon reduziert auf das, was Maschinen besonders gut können: Informationsverarbeitung statt Kommunikation, eindeutiger Determinismus statt vollzogener Freiheit. Vor diesem Hintergrund verfolgen wir die Determinismusdebatte in Abschn. 5.1 weiter (siehe auch *Band 2, 2*). Was haben wir bisher geklärt? Wer bloß auf die Oberflächenstrukturen sieht, könnte zum Schluss kommen, dass Maschinen sprechen können – sogar mit ihren „Körpern". Wer weiß, dass es sowohl sprachliche als auch technische Oberflächen- und Tiefenstrukturen gibt, wird differenzierter vorgehen. Die Deckungsgleichheit sprachlicher und technischer Oberflächen ist gar nicht so neu. Gleichzeitig geht es bei technikethischer Reflexion um den Unterschied zu deren Tiefenstrukturen. Um das in den Blick zu bringen, war der Ritt durch die Grundlagen der Sprachphilosophie in Abschn. 2.1 notwendig: Hier finden wir einen reduktionistischen formalsprachlichen Hintergrund, der sich vom dortigen holistischen Tiefengriff unterscheidet. Eine Tiefengrammatik – darin lauert der falsche Freund, der zum Missverständnis einlädt – ist ja gerade keine metasprachliche Grammatik, in der es um die expliziten Regeln des korrekten Satzbaus ginge. Sie sind auch nicht zu verwechseln mit formalen Grammatiken, wie sie in der Informatik verwendet werden. Tiefengrammatiken beziehen sich auf die Praxis sinnvollen, sozial bewährten und leiblich habitualisierten Sprechens.

Insofern sind es philosophische Grammatiken sinnvoller menschlicher Selbst- und Weltbezüge, wechselseitig anerkennender Dialoge mit anderen Menschen sowie wiederholt gelingenden Umgangs mit natürlichen und hergestellten materiellen Umwelten. Wenn ich jetzt versuchen würde, jede mögliche sinnvolle Redeweise oder Praxis eindeutig zu definieren, so hätte ich mich selbst widerlegt – und würde nicht zum Ziel kommen. Es greift der letzte Satz des *Tractatus,* des um eine maximale Formalisierung bemühten Wittgenstein: „Wovon man nicht sprechen kann, darüber muss man schweigen." (Wittgenstein 2006a, S. 85)

In *Band 3, 4* haben wir einen KI-Begriff erarbeitet, der uns nun genauer fixieren lässt, worüber geredet wird. KI-A2 ermöglicht durch algorithmische Analysen dialogähnliche Interaktionen mit technischen Oberflächen, die sich an sprachliche Oberflächen angleichen – und zwar nicht nur bei Schrift (Sprache I 1), sondern nunmehr auch bei verbalen Lauten (Sprache I 2) sowie körperlichen Gesten (Sprache I 3). Dialogähnlich heißt, dass zum Beispiel gesprochene Worte nicht nur mittels Sensoren erfasst, sondern hinsichtlich semantischer Gehalte/Strukturen verarbeitet werden. Trotzdem können Maschinen nicht kommunizieren, da die Tiefengrammatiken menschlicher Rede von ganzheitlichen Lebensformen abhängen, die sich in Vollzugsperspektiven und entsprechendem Weltwissen niederschlagen. Beides bleibt Computern entzogen *(1. Argument).* Signifikant hierfür ist die stetige Trennung von Objekt- und Metaebene formaler Maschinensprachen *(2. Argument).* Was KI-A2 leistet, ist das Aufdecken von **Bedeutungsmustern (Semantik, semantische Netze/Modelle) in menschlicher Kommunikation,** die uns unter Umständen selbst nicht klar sind. Entsprechend werden neue Ordnungskategorien für verschiedene sprachliche Artefakte möglich, zum Beispiel beim Archivieren, Sortieren und Suchen von Texten in Bibliotheken oder Informationen in Datenbanken. Auch die Simulation und Rekombination unerwarteter sprachlicher Muster wird zur Option. Als zweckorientierte technische Mittel sind Sprachbots nicht „frei" in ihrer Rede. Sie sind Mittel, auch Medien, der Mensch-Technik-*Mensch*-Interaktion und werden von menschlichen Interessen geleitet eingesetzt. Maschinen können nicht sprechen, aber sie können sich nachteilig wie vorteilhaft **auf menschliche Kommunikation auswirken** – entsprechend dem Gebrauch, den wir aktiv wollen oder zumindest durch Unterlassung zulassen. Oberflächenstrukturen sogenannter „sprechender Technik" sind Medien zwischenmenschlicher Diskurse, gekennzeichnet von möglichen Missverständnissen und Störungen. Einige Brennpunkte hierzu:

- Sogenannte „sprechende" Computer und Roboter – die genau genommen einfach nur Signale übertragen – stellen einen konkreten *Weg der Anthropomorphisierung* dar (Band 3, 2.1). Menschenähnliche, quasidialogische technische Oberflächenstrukturen werden erzeugt, die nicht nur mit zeichensprachlichen (I 1), sondern auch laut-, verbal- (I 2) sowie körpersprachlichen (I 3) Oberflächenstrukturen zusammenfallen. Werden anthropomorphisierte Maschinenmuster für bare Münze genommen, weiterhin durch uns Menschen zementiert, dann wirken Algorithmen für menschliches Sprechen konservativ stigmatisierend bis hin zur Diskriminierung. Sprachliche Vorurteile werden nach undurchsichtigen Kriterien übernommen. Die Vitalität sozialer Tiefengrammatiken entsprechend den vielfältigen nichtsprachlichen Lebenspraxen würde kanalisiert und erstickt mit Folgen für Inklusion, Diversität, aber auch öffentliche Debatten und politische Aushandlungsprozesse *(Band 3,* 6.2; *Band 3,* 6.3*)*. Aus demokratischer Sicht betrachtet gibt es eine breite individuelle und kollektive Verantwortlichkeit für die politischen Folgen „sprechender" KI.

- KI (Paradigma A) tritt generell als *kultureller Umweltfaktor* auf und lässt menschliche Sprachvermögen und Gewohnheiten (Paradigma E; Band 3, 4.2) nicht unberührt – so wie es bei jeder Technik der Fall ist. Neue Formen der Mensch-Technik-*Mensch*-Interaktion auf allen drei Ebenen der Zeichen-, vor allem jedoch Laut- und Körpersprachen, werfen Fragen der Welt- und Selbstverhältnisse der Menschen untereinander auf (Technik 6: Medium; *Band 2,* 3.2). Diese mit „sprechender" Technik zu gestalten liegt in unserer Verantwortung.
- Besonderen Einfluss hat das auf diejenigen Bereiche kulturellen Schaffens, welche durch Menschen bereits seit Jahrhunderten intensiv formalsprachlich durchgearbeitet sind. So ist es kein Wunder, dass KI-A2 *musikalische Muster* aufdeckt und entsprechend formaler Stilmerkmale rekombiniert, sodass wir glauben könnten, die Apparate wären „kreativ" und hätten zum Beispiel die Beatles „verstanden".[1] Besonders in Europa wurde die Harmonielehre als formale (Meta-) Sprache des Musizierens bereits seit Jahrhunderten intensiv in die Herstellungsprozesse von Musikwerken injiziert (Beispiel: I-IV-V-I-Kadenz, von deren Varianten die originale Gang aus Liverpool natürlich intensiven Gebrauch machte). Dass Maschinen hier Muster erkennen und diese klassifizieren, hat mit Kreativität nichts zu tun, sondern ist eine kulturhistorisch sich selbst erfüllende Prophezeiung. Sprachlich-musische Kreativität ist wie jede Kreativität eine sinnlich-leibliche Prozessualität des individuellen und gemeinschaftlichen Umgangs mit Umwelten auf Grundlage impliziten Wissens (Mahrenholz 2011). Darauf fußende Praxis – auch im Umgang mit harmonischen Strukturen rekombinierender KI – liegt in menschlicher Verantwortung.
- KI-A2 betrifft die *Pädagogik,* wo Roboter oder Bots das *Sprachlernen von Kindern* beeinflussen. Dabei geht es nicht um die Adressierung kommunikativer Kompetenzen, Bewusstsein, Kreativität oder Subjektivität an Maschinen. Es geht um die Frage, wie wir unseren Umgang mit sprachlichen Interfaces als Kulturtechnik gestalten. Welchen Normen, Leitlinien, ökonomischen Interessen und politischen Programmen folgen wir dabei? Wie bilden wir diese – absichtlich oder unabsichtlich – in verschiedenen Sprachtechniken ab (Tab. Band 4, 2.1)? Welche Ideologien, Menschen- und Welt-

[1] https://www.zeit.de/digital/internet/2017-12/kuenstliche-intelligenz-musik-produktion-melodrive
https://www.welt.de/kmpkt/article158556651/Wenn-kuenstliche-Intelligenz-einen-Song-komponiert.html

bilder lassen wir im Kinderzimmer zu? Das Erlernen analoger, leiblicher Kulturtechniken – so lässt sich argumentieren – eröffnet erst den gelingenden Umgang mit sprechenden Maschinen. Es schützt Kinder vor brandgefährlichen Täuschungen, die sich als frühkindliche Stempel mit wirtschaftlichen und/oder propagandistischen Interessen einprägen – so zumindest aus kritischer, aufgeklärt-demokratischer Perspektive gesehen. Was ist der Unterschied zwischen einem totalitären Zurechtstutzen – à la zur Selbstunfähigkeit dressierten, sozialistischen Vorzeigekindern im Kollektivismus der DDR – und einem zwischen Fernseher und Sprachbot geparkten Kind im „süßen Duft" neoliberaler Freiheit? Wir sind auch für das Lernen kommunikativer Kompetenzen unserer Kinder verantwortlich (*Kommunikation ist nicht gleich Informationsverarbeitung;* Janich 2006).

- Besondere Herausforderungen ergeben sich im Bereich *Datenschutz, Datensicherheit und Privatheit.* Gewöhnen wir uns an das Sprechen mit Technik, fallen schnell Worte, die aus verschiedenen Gründen nicht für die Ohren anderer Menschen bestimmt sind. Gewöhnen wir uns nicht daran, bleibt trotzdem die Sorge vor ungewollt aktiven Mikrofonen in allen Lebenslagen.
- Die Möglichkeit, neue Muster in den Bedeutungsschichten unserer Redeweisen zu analysieren und zum Beispiel in sozialen Medien zur gezielten Lenkung von Menschen einzusetzen (*Band 3,* 6.3): *Werbung, Nudging, Propaganda, Manipulation von Wahlen und universelle Täuschung.* Woher weiß ich, dass mir am Telefon ein Mensch oder ein Bot gegenübersitzt?
- In dieser Hinsicht, aber auch wenn es um die Kriterien maschineller „Entscheidungen" geht, ist *Transparenz* das Gebot der Stunde. Jedoch: Wenn KNNs, SLAs bzw. ML für Menschen transparent sein sollen, dann ist allein dadurch schon jedem sprachlichen Maschinenbewusstsein der Riegel vorgeschoben. Keine KI bekäme die Chance, eigene phänomenale Selbst- und Weltbezüge zu entwickeln, die dann auch konsequenterweise für Menschen nicht mehr transparent wären. Umgekehrt: Eine (zweckrational oder intuitiv) hergestellte Technik, die selbst ihren Konstrukteuren intransparent ist, bleibt schlicht das Produkt fahrlässiger oder mangelhafter Handlungen. So oder so: Ist es handlungslogisch überhaupt möglich, eine wirklich selbst sprechende Technik herzustellen?
- Über allem schwebt das Damoklesschwert der *Verantwortungszuschreibung.* Was passiert, wenn wir uns unmündig hinter den Maschinen verstecken und es zu maschinellen Fehlern kommt? Verantwortung heißt ja auch, sich zu verantworten, also erklärend/rechtfertigend Rede und Antwort zu stehen *(Band 2, 4).* Die größte Täuschung lauert wohl dort, wo wir denken, Maschinen könnten wirklich sprechen – als „autonome" Maschinen und nicht als signalverarbeitende kulturtechnische Medien humaner Techniknutzung. Denn dann müssten wir uns tatsächlich auch vor Robotern verantworten. Oder wir ließen sie für uns antworten. Man stelle sich eine Gesellschaft vor, in der botversessene Nerds ihre Kinder vorschicken, damit diese sich gegenüber einem Computer für den Klimawandel schuldig bekennen, sobald sie halbwegs zur Formulierung ganzer Sätze im Stande sind. Wollen wir das? (Genau das folgt näm-

lich, wenn die meisten Spielarten der Post- und Transhumanismen konsequent zu Ende gedacht werden.)
- „Sprechende" Maschinen halten uns den Spiegel vor: *Menschen sprechen anthropozentrisch,* und das ist auch gut so. Die wertvollste Anerkennung belebter Umwelten vom Blauwal bis zum Tukan, vom Plankton bis zum Mammutbaum ergibt sich aus der Verantwortlichkeit des eigenen menschlichen Handelns. „Sprechende" Maschinen verantworten sich für gar nichts. Wer Menschen, Roboter, Tiere und Pflanzen auf eine Stufe stellt, ist vielleicht doch nicht die größte Naturschützerin – so zumindest aus methodisch-sprachkritischer Sicht betrachtet. Wir wollen darum nicht die humane Verantwortung für sprachliche Interaktionen zwischen Maschinen und Tieren sowie Maschinen und Pflanzen unterschlagen *(Band 3,* 2.2; *Band 3,* 2.3*).* Vor allem im ersteren Fall lauert die Forschungsfrage, ob Roboter sinnvoll Hütehunde ersetzen können – einschließlich situationsangemessenen Bellens? Welche Rolle spielt die Tier-Roboter- und Pflanze-Roboter-Interaktion in den Prozessen evolutionärer Selektion? Welchen Konkurrenzdruck entfaltet Robodog auf Struppi, Bello und Co.?
- Besonders neue technische Oberflächenstrukturen, Interfaces, treten hinzu und werden zunehmend mit sprachlichen Oberflächenstrukturen zur Deckung gebracht. Durch KI lernen wir über unsere Sprache und erarbeiten an den sich verschiebenden Grenzen der Simulation menschlicher Rede ein *neues Verständnis technischer Mittel* (Abschn. 5.2; Abb. Band 4, 5.2). Brauchen wir neue Worte, um sinnvoll über aktuelle Technik zusprechen?
- *Rückprojektion und Ersetzbarkeit* sind zwei Brennpunkte zwischen KI-Technologie und Bedienoberfläche: Was ist Sprache? Können wir durch das Nachbauen verstehen, was unsere Sprache(n) ausmacht? Können wir nicht nur das Sprechen simulieren, sondern auch Sprache durch KI oder Roboter ersetzen – bzw. welche Art der Sprache genau genommen? Nicht zuletzt: Maschinensprachen, Programmiersprachen und die logischen Grundlagen aktueller KNNs, SLAs und ML wurden von Menschen gemacht: Was lernen wir über unser Reden durch den Erfolg und Misserfolg dieser sehr konkreten formalen Sprachformen? Wie weit können Maschinen sich selbst programmieren – also sich formalsprachlich auf sich selbst beziehen? Folgt daraus schon Maschinenautonomie, -moral oder -bewusstsein? Dürfen wir solche Maschinen herstellen und benutzen, wenn wir es könnten?

Fassen wir ausgewählte genuin ethische Fragen an der Schnittstelle zwischen KI, Robotik und Sprache zusammen. Denn auch das, was Ethik ist und wie sie als Moralwissenschaft betrieben wird, könnte sich ja durch „sprechende" Maschinen verändern:

- Konkrete *gesellschaftliche Problemfelder* im allgemeinen Zusammenhang mit KI (zum Beispiel: Täuschung und Transparenz in demokratischen, politischen Prozessen oder Privatheit/Datenschutz und das Recht auf eine intime persönliche Sprache, weiterhin Inklusion und sprachliche Diversität, Identitäten und Geschlechterbilder;

*Band 3, 6*). Hinzu treten quasi *forschungsleitende bzw. wissenschaftsinterne Fragestellungen*, welche die Disziplin der Ethik direkt betreffen:

- Eine typische Bruchkante kulturalistischer und naturalistischer Argumentationen verläuft entlang der Frage nach möglicher Quantifizierbarkeit und Berechenbarkeit alltäglicher Kommunikation. Wer glaubt, Maschinen könnten sprechen, hat Kommunikation auf nachrichtentechnische Informationsverarbeitung reduziert (Naturalismus). Menschen wären in ihrem Handeln (bloß) statistisch berechenbar. Der Glaube an Berechenbarkeit moralischen Miteinanders lässt die Glücks- und Nutzenkalküle des *Utilitarismus* attraktiv für Vertreterinnen der Superintelligenz oder starken KI-These erscheinen. Auf der anderen Seite wissen wir aber schon längst, dass einem naiven Quantifizierungsglauben in der utilitaristischen Ethik Grenzen gesetzt sind (*Band 1,* 4.3). Schnell folgt aus statistischer Glättung Ungerechtigkeit (Gerechtigkeitsdefizit) bis hin zur Diskriminierung von Minderheiten und ihren Sprechweisen. Dieser klassische ethische Konflikt ist direkt mit sprachtheoretischen Aspekten der KI verbunden und wird uns als eine Art technikinduzierten Wertkonflikts überall dort begegnen, wo IT-Algorithmen auch sprachliche Mensch-Technik-*Mensch*-Interaktionen prägen.
- Gleiches gilt für *moralischen Code in Maschinen* (Ebene II, Bedeutung 4; *Band 1, 5*). Auch dabei handelt es sich nicht um ethische Reflexion (Ebene II, Bedeutung 3; *Band 1, 4*) oder moralisches Verhalten (Ebene II, Bedeutung 2; *Band 1, 3*), sondern um denjenigen Ausschnitt moralischen Lebens, den wir Menschen an uns selbst überhaupt erst einmal explizit gemacht und dann in ausformulierte Regeln gegossen haben. Hier lauert auch das Problem der bedeutungsgleichen Übersetzung alltagssprachlicher Robotergesetze in eine Programmier- oder Maschinensprache sowie das des Situationsbezugs, wo Weltwissen nicht vorliegt – aufgrund der für formale Sprachen typischen Trennung in Objekt- und Metasprache (Band 1, 5.3).
- Weitere Herausforderungen ergeben sich im Bereich der *Diskursethik* oder durch die gezielte Manipulation von Sprache und damit von Geschichte(n), Identitäten und Wahrheit(en) in Sozialen Medien. Wie kann ein Bot rein formalsprachlich in einem moralischen Code Weltwissen haben, das zur angemessenen Anwendung dieses moralischen Codes führt? Wie können wir manipulative Täuschungen und maschinelle Störungen unserer Diskurse erkennen und beseitigen *(Band 1,* 4.4)?
- Für die *Diskursethik* bietet sich weiterhin eine interessante theoretische Option an: Der als idealisiert angenommenen Diskursgemeinschaft treten Maschinen bei, die uns Menschen bisher unbekannte Muster aufdecken. Diskursethik ist besonders anfällig für Hypothesen maschineller Moralbegründung, da sie bereits mit der Idealisierung menschlicher Kommunikation deren Verarbeitung in Computern (wohl unabsichtlich) vorbereitet. Es wird ein Thema der aktuellen Forschung bleiben, die verschiedenen Potenziale der Moralbegründung durch KI (A) im Hinblick auf deren metaethischen, sprachlichen Prämissen zu prüfen (Utilitarismus: Statistik, Kalkülisierung; deontologische Ethik: Top-down-Verarbeitung). Vor diesem Hintergrund fordern Computer

nicht nur die Sprachphilosophie, sondern konkrete Ansätze innerhalb des pluralen Reigens ethischer Begründungen (*Band 1,* 4.5) heraus.

- In der Metaethik wird die Sprache ethischer und moralischer Urteile erforscht. In ihr ist die formale Trennung in Objekt- und Metaebene vorausgesetzt. Könnten da nicht Bots hervorragende *metaethical agents* abgeben – also Beratungs- und Analysefunktionen zur Unterstützung ethischer Abwägungen durch Menschen leisten (zu *moral* und *ethical agent* siehe *Band 1,* 3.4 und Band 1, 4.1)? Sehen wir auch noch einmal auf die Unterscheidung von deskriptiver und normativer Ethik. Im Bereich der deskriptiven, also beschreibenden, Ethik haben wir doch schon längst (artificial) *descriptive ethical agents* in Maschinengestalt? Denn Algorithmen, die das Verhalten von Nutzerinnen zur Prognose zukünftiger Handlungen analysieren (Verhaltensprognose), machen wohl nichts anderes: Sie „beschreiben" menschliches Verhalten, legen Muster aus Wünschen, Erwartungen oder Ängsten aus statistisch erfassten Sprachmustern frei und treten somit in den soziologischen Dienst bestimmter Interessengruppen – die eben an einer möglichst präzisen Beschreibung auch sozial verschiedener menschlicher Handlungsnormen verdienen wollen.
- *(Artificial) normative ethical agents* wären dann Maschinen, die tatsächlich ethisch urteilen und ihre Urteile in Alltags- wie Fachsprache wirksam kommunizieren. Das ist nicht Realität, zumal die formalsprachliche Trennung in Objekt- und Metasprachen schon im menschlichen Zusammensein nicht die praktischen Lebensklugheiten alltagssprachlicher Kommunikation ersetzt. Vielleicht sind insofern ethisch urteilende Computer – oder der Glaube daran – ein Kulturprodukt europäischer neuzeitlicher Wissenschaften, so wie auch eine als Wissenschaft verstandene Ethik. Vielleicht lehrt uns die Frage nach moralisch und ethisch sprechender KI, dass wir Ethik stärker als Lebenskunst und Weisheit betrachten sollten – auf Grundlage dessen, was uns zu Menschen macht: soziales Miteinander und implizites Wissen?
- Zuletzt: Müsste eine ethisch urteilende KI auch so verfahren wie Menschen in der *angewandten Ethik?* Auf welcher Stufe käme sie beratend zu Wort (siehe Abb. Band 2, 2)? Etwa bei der Bildung ethisch relevanter empirischer Kriterien sowie der Typologie von Fällen und Analogiebildung? Leiten wir zum folgenden Kapitel über mit der Frage: Kann eine situierte, verkörperte KI (Roboter) auch situationsspezifische moralische Konflikte lösen – im Gegensatz zu bloß auf Computer installierter Software?

**Conclusio**

Sprache ist nicht neutral. Sie folgt Normen und enthält häufig offensichtliche oder ganz subtile Wertungen. Eine Herausforderung besteht in der Suche nach möglichst inklusiven Umgangsformen, um den Diversitäten menschlichen Lebens auch sprachlich gerecht zu werden. Mit Rücksicht auf verschiedenste sexuelle sowie geschlechtliche Identitäten wird zum Beispiel das Zeichen * als Synonym für alle möglichen fließenden Übergänge zwischen der männlichen und weiblichen Redeform vorgeschlagen. Auf der anderen Seite ersetzt ein bloßes Zeichen aber keinen toleranten, respektvollen Umgang miteinander. An der allgemeinen Nahtstelle zwischen formalen Sprachen und natürlichen, in holistische Lebenszusammenhänge eingebetteten Alltagssprachen haben wir in vorliegendem Kapitel navigiert. Besonderer Gegenstand war „sprechende" Technik. Wie weit reichen nach mathematischen, formallogischen Regeln entwickelte Zeichenmengen – besonders wenn die phänomenalen Perspektiven kulturellen Vollzugs fehlen? Es gibt zwei generelle Einwände gegen sprechende Informationstechnologien wie Sprachbots oder andere KI-Systeme. Zuerst geht es um die entkoppelten Tiefengrammatiken menschlicher Praxis. Im menschlichen Leben bauen diese auf implizitem Wissen auf. Die technischen Tiefenstrukturen von KNNs, SLAs oder ML funktionieren hingegen auf Grundlage formaler Sprachen und formaler Grammatiken, wie sie etwa in der Chomsky-Hierarchie dargestellt sind. Auch mit Blick in Lehrwerke der theoretischen Informatik wurde das pointiert nachvollzogen.

Das zweite Argument gegen sprechende KI zielt auf die Trennung von Meta- und Objektebene formaler Sprachen ab. Denn eine KI „spricht" ja sozusagen nur über andere Sprachen, hat aber keinen Umweltbezug. Sinn in den Signalen von Computern entsteht entweder durch bereits sinnvoll von Menschen vorinterpretierte Feedbackdaten beim Training eines KNNs oder durch eine sinnorientierte Programmierung top-down oder durch die Interpretation der Signale eines KNN durch Menschen. Auf der anderen Seite sind die technischen Erfolge durch den Einsatz formaler Sprachen und formaler Grammatiken in Computern augenscheinlich. Es geht hier im Wesentlichen um eine Einordnung aus sprachphilosophischer Sicht, nicht um einen generellen Zweifel an den technischen Möglichkeiten. Um die beiden Hauptargumente vorzubereiten, erfolgte in Abschn. 2.1 ein Ritt durch Grundlagen der Sprachphilosophie. Zentrales Anliegen war dabei die systematische Verbindung zu den sieben Technikbegriffen, wie sie in *Band 2*, 3.2 eingeführt wurden. Wird genau auf die verschiedenen Arten von Techniken und Sprachen geschaut, dann entpuppen sich Sprachbots als eine Episode am (aktuellen) Ende viel älterer Kulturgeschichten zwischenmenschlicher Kommunikation. Auch aus dieser Sicht betrachtet ergibt es wenig Sinn, Computern, die akustische oder optische Signale ausgeben, irgendein eigenständiges Sprachvermögen zuzuschreiben.

Auch wenn es so scheint, als würden Computer mit uns sprechen, so sind es doch am Ende wir Menschen, die sich – nun mit neuen Mitteln und Medien – miteinander unterhalten. Wie bei jeder technischen und sprachlichen Praxis spielen politische oder wirtschaftliche Interessen, absichtliche oder unabsichtliche (Vor-)Urteile auch hier eine ethisch relevante Rolle. Jedoch ist es in Anbetracht der logischen Grundlagen heutiger Computer aus sprachphilosophischer Sicht unplausibel, anzunehmen, die Geräte würden mit uns reden. Sie sind von Menschen hergestellte Mittel, die – im günstigen Fall kritisch reflektierten – Zwecken dienen sollen. Insofern ergibt es auch wenig Sinn, für die sprachliche Gleichberechtigung von Robotern zu streiten. Das lenkt eher vom tagtäglichen, selbstkritischen Arbeiten für tolerante und inklusive menschliche Gesellschaften ab.

## Literatur

Brüntrup G (2018) Philosophie des Geistes. Eine Einführung in das Leib-Seele-Problem. Kohlhammer, Stuttgart

Funk M (2020) „What Is Robot Ethics? …And Can It Be Standardized?" In Nørskov M/Seibt J/Quick OS (Hg) Culturally Sustainable Social Robotics. Proceedings of Robophilosophy 2020. August 18–21, 2020, Aarhus University and online. IOS Press, Amsterdam a.o.: IOS Press, S 469–480

Höffe O (2011) Kants Kritik der reinen Vernunft. Die Grundlegung der modernen Philosophie. C.H. Beck, München

Höffe O (2012) Kants Kritik der praktischen Vernunft. Eine Philosophie der Freiheit. C.H. Beck, München

Hoffmann DW (2018) Theoretische Informatik. 4., aktualisierte Auflage. Hanser, München

Ihde D (1990) Technology and the Lifeworld. From Garden to Earth. Indiana University Press, Bloomington/Indianapolis

Janich P (2006) Was ist Information? Kritik einer Legende. Suhrkamp, Frankfurt a. M.

Janich P (2014) Sprache und Methode. Eine Einführung in philosophische Reflexion. Francke, Tübingen

König L/Pfeiffer-Bohnen F/Schmeck H (2016) Theoretische Informatik – ganz praktisch. De Gruyter, Berlin/Boston

Kraml H/Leibold G (2003) Wilhelm von Ockham. Aschendroff, Münster

Leerhoff H/Rehkämper K/Wachtendorf T (2009) Einführung in die Analytische Philosophie. WBG, Darmstadt

Leiss E (2012) Sprachphilosophie. 2., aktualisierte Auflage. De Gruyter, Berlin/Boston

Lorenz K (2018a) Sprachanalyse. In Mittelstraß J (Hg) Enzyklopädie Philosophie und Wissenschaftstheorie. Band 8: Th–Z. 2., neubearbeitete und wesentlich ergänzte Auflage. J.B. Metzler, Stuttgart/Weimar, S 477–478

Lorenz K (2018b) Sprache. In Mittelstraß J (Hg) Enzyklopädie Philosophie und Wissenschaftstheorie. Band 8: Th-Z. 2., neubearbeitete und wesentlich ergänzte Auflage. J.B. Metzler, Stuttgart/Weimar, S 478–483

Lorenz K (2018c) Sprache, formale. In Mittelstraß J (Hg) Enzyklopädie Philosophie und Wissenschaftstheorie. Band 8: Th-Z. 2., neubearbeitete und wesentlich ergänzte Auflage. J.B. Metzler, Stuttgart/Weimar, S 483–485

Lorenz K (2018d) Sprache, natürliche. In Mittelstraß J (Hg) Enzyklopädie Philosophie und Wissenschaftstheorie. Band 8: Th-Z. 2., neubearbeitete und wesentlich ergänzte Auflage. J.B. Metzler, Stuttgart/Weimar, S 485–486

Mahrenholz S (2011) Kreativität. Eine philosophische Analyse. Akademie Verlag, Berlin

Newen A (2005) Analytische Philosophie. Zur Einführung. Junius, Hamburg

Newen A/Schrenk M (2019) Einführung in die Sprachphilosophie. 3. Auflage. WBG, Darmstadt

Poser H (2016) Homo Creator. Technik als philosophische Herausforderung. Springer, Wiesbaden

Posselt G/Flatscher M/Seitz S (2018) Sprachphilosophie. Eine Einführung. 2. Auflage. facultas, Wien

Priese L/Erk K (2018) Theoretische Informatik. Eine umfassende Einführung. 4., aktualisierte und erweiterte Auflage. Springer Vieweg, Berlin

Rentsch T (2003) Heidegger und Wittgenstein. Existenzial- und Sprachanalysen zu den Grundlagen philosophischer Anthropologie. Klett-Cotta, Stuttgart

Stekeler-Weithofer P (2012) Denken. Wege und Abwege in der Philosophie des Geistes. Mohr Siebeck, Tübingen

Strobach N (2005) Einführung in die Logik. WBG, Darmstadt

Vossen G/Witt KU (2016) Grundkurs Theoretische Informatik. Eine anwendungsbezogene Einführung – Für Studierende in allen Informatik-Studiengängen. 6., erweiterte und überarbeitete Auflage. Springer Vieweg, Wiesbaden

Wittgenstein L (2006a) Tractatus logico-philosophicus. In: Wittgenstein L, Werkausgabe Band 1. Tractatus logico-philosophicus. Tagebücher 1914–1916. Philosophische Untersuchungen. Suhrkamp, Frankfurt a. M., S 7–85

Wittgenstein L (2006b) Philosophische Untersuchungen. In: Wittgenstein L, Werkausgabe Band 1. Tractatus logico-philosophicus. Tagebücher 1914–1916. Philosophische Untersuchungen. Suhrkamp, Frankfurt a. M., S 225–577

Wöhler HU (Hg) (1992) Texte zum Universalienstreit. Band 1. Vom Ausgang der Antike bis zur Frühscholastik. Lateinische, griechische und arabische Texte des 3.–12. Jahrhunderts. Übersetzt und herausgegeben von Hans-Ulrich Wöhler. Akademie Verlag, Berlin

Zimmerli W/Wolf St (1994) Einleitung. In Zimmerli W, Wolf St (Hg) Künstliche Intelligenz. Philosophische Probleme. Reclam, Stuttgart, S 5–37

# Körper-Geist-Verhältnisse 3

**Zusammenfassung**

Das Körper-Geist-Verhältnis beschreibt ein zentrales Problemfeld der KI. Es findet eine starke Analogie in den Begriffen der Hardware und Software. Zunehmend wird von „embodied AI" (verkörperte KI) gesprochen. Baute der klassische KI-Ansatz auf körperlosem, logischen Denken auf, so rücken neuerdings künstliche neuronale Netzwerke und Roboterkörper in den Mittelpunkt. Auch in der Erforschung menschlicher Kognition hat der „embodied approach" *(4E Cognition)* zu einem Paradigmenwechsel geführt. Aber welcher „body" ist denn mit „embodiment" gemeint – der (bloß physische) „Körper" oder der (belebte) „Leib"? Außerdem kann bildlich die Repräsentation von kulturellen Normen gemeint sein, so wie eine Hilfsorganisation als „Verkörperung" des Guten gilt. Um Klarheit über die verschiedenen Konzepte der Verkörperung zu gewinnen, wird eine methodische Heuristik erarbeitet. Philosophische Hintergründe werden systematisch aufgeschlüsselt, ihre Bedeutung für KI und Robotik anschaulich dargestellt. Ziel ist ein gereiftes und differenziertes Verständnis der zugrunde liegenden Annahmen und Paradigmen. Beispiele aus der Science Fiction und Übersichten runden die Darstellung anschaulich ab.

Das Konzept der **verkörperten KI** bzw. **„embodied AI"** als auch die Unterscheidung körperlichen wie nichtkörperlichen Wissens und Sprechens in Schrift, Lauten oder Gesten verweisen auf das **Körper-Geist-Problem.** Es beschreibt eine klassische philosophische Fragestellung, die in einer Zeit der Universalgelehrten entstand und Einfluss auf heute eigenständige Fächer wie Psychologie, Cognitive Sciences, Robotik und KI ausübt. Die Grundfrage lautet: Sind Körper und Geist voneinander getrennt? Alternativ: Sind Leib und Seele geschieden? Und die Folgefrage: Wenn ja, wie interagieren sie miteinander bzw. wie verbinden sie sich im menschlichen Leben – wenn nein, warum unterscheiden wir dann Geistiges von Körperlichem? Gibt es überhaupt



M. Funk, *Künstliche Intelligenz, Verkörperung und Autonomie,*
https://doi.org/10.1007/978-3-658-41106-0_3

geistige Phänomene oder sind sie vollständig auf physische Prozesse zurückzuführen? Im Körper-Geist-Problem geht es also um verschiedene Verhältnisbestimmungen, die detailliert in der Philosophie des Geistes behandelt werden (Kap. 4). In Abschn. 3.1 sehen wir uns zuerst einige Grundlagen an, wobei wir diese aus einer historischen Skizze destillieren. So wird sichtbar, wie verschiedene Körper-Geist-Probleme tief im Design und Gebrauch von Computern und Robotern verankert sind. Anschließend wenden wir uns dem sogenannten Verkörperungsansatz in KI und Robotik zu, der auch – angelehnt an den kognitionswissenschaftlichen Begriff – als „embodied approach" bezeichnet wird (Abschn. 3.2).

Es wird eine differenzierte Übersicht entwickelt, in der verschiedene Positionen systematisch eingeordnet sind. In Abschn. 3.3 wird der methodisch-sprachkritischen Anthropozentrik folgend der philosophische Hintergrund zusammengefasst und aufgeschlüsselt. Es geht dabei auch um eine Einordnung der Annahmen zum menschlichen Leben, die in das Design von KI und Robotik einfließen. Welche Forschungsheuristiken daran anschließen und wo das Konzept einer Robozentrik an Grenzen stößt, ist Gegenstand von Abschn. 3.4. Grundlage ist die Rekonstruktion der Wechselwirkungen sowie Voraussetzungen zweier transdisziplinärer Metaparadigmen: *Leib & „embodied approach" (1.)* und *Computermodelle & Simulation im IT-Paradigma (2.)*. Hierzu wird ausgiebig auf Abb. Band 4, 3.2 eingegangen. Mit diesem Themenblock schließen wir direkt an die vorherigen Kap. 1 und 2 an, in denen die Analysen zu Wissen, Sprache und Technik zur Frage nach körperlichen wie geistigen Prozessen geführt haben.

## 3.1 Historische Hintergrundstrahlung

In den historischen Entwicklungen verschiedener Philosophien, Wissenschaften und Religionen haben sich unterschiedliche Antworten auf Fragen des Körper-Geist-Verhältnisses entwickelt. Sie reichen bis in die Antike zurück und durchziehen bis heute die Philosophie des Geistes (Brüntrup 2018, S. 11–15; Sturma 2005, S. 14–44; Teichert 2006, S. 25–33), die Sprachphilosophie (Kap. 2) und Epistemologie (Kap. 1) wie auch die Technikethik – mit besonderem Blick auf Computer, Roboter und KI. Für die Wissenschaften nach europäischem Verständnis wegweisend wurde der berühmte **cartesische Dualismus,** der auf René Descartes (1596–1650) zurück geht. Wie schon Augustinus von Hippo (354–430) und andere vor ihm setzte sich Descartes mit der Skepsis, also dem Zweifel an der Möglichkeit von Wissen und Erkenntnis, auseinander. In seinen *Meditationes de prima philosophia* (1641) kommt der Autor zu dem Schluss, dass er alles bezweifeln kann, sogar die Existenz seines eigenen Körpers einschließlich sinnlicher Wahrnehmungen (Descartes 2009/1642, *Erste Meditation,* S. 24). Jedoch das Zweifeln selbst könne er wiederum nicht mehr bezweifeln. So lange Descartes zweifelt, tut er etwas, woraus für ihn (wie bereits für Augustinus Jahrhunderte zuvor; Flasch 2013, S. 59) folgt: ***Cogito (ergo) sum*** – Ich denke, also bin ich; oder anders gesagt: Im Vorgang des Denkens existiere ich (Descartes 2009/1642, *Zweite Meditation,* S. 30). Descartes

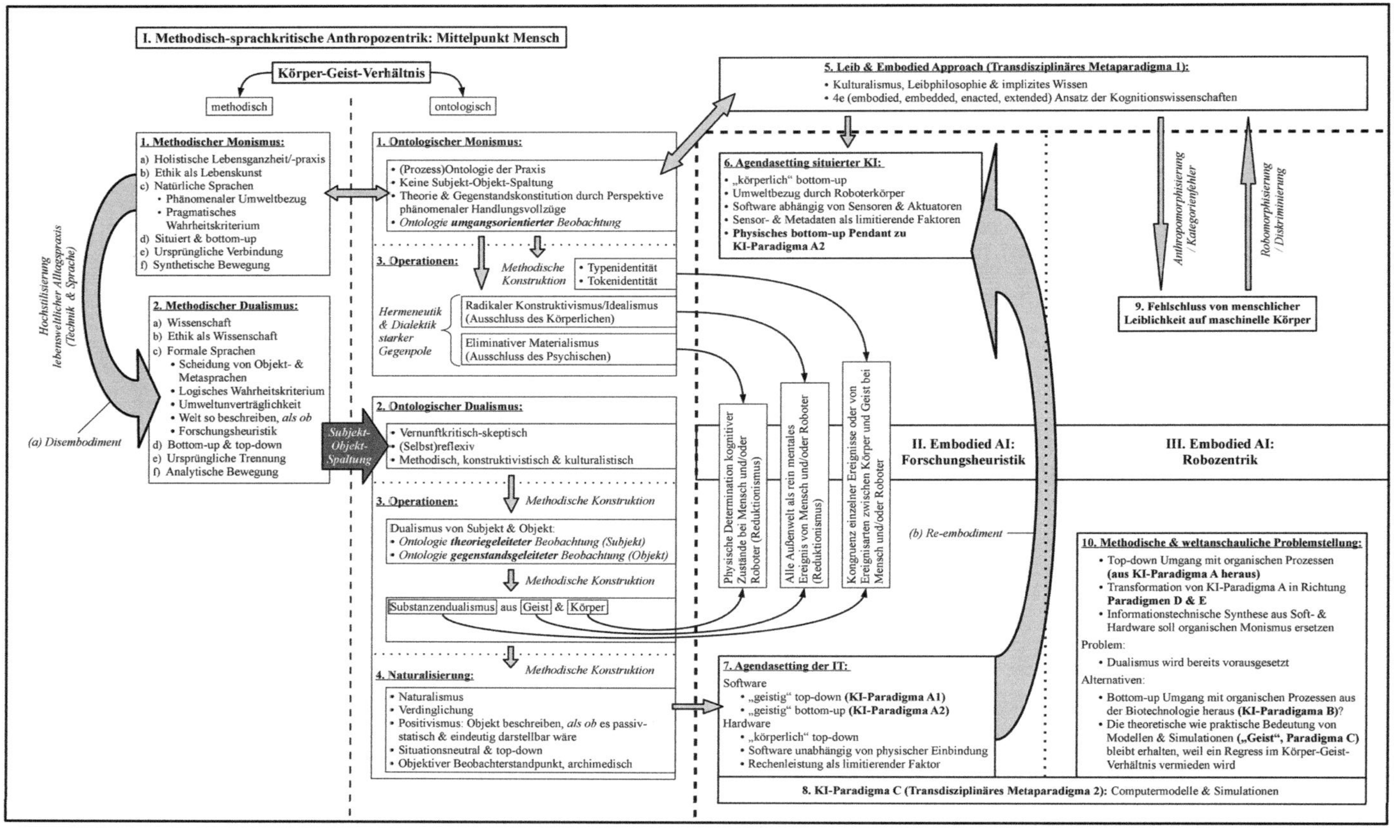


**Abb. Band 4, 3.2** Zusammenschau Heuristik Körper-Geist-Verhältnisse und „embodied approach" in Robotik und KI (Details siehe Abb. Band 4, 3.3 und 3.4)

verbindet damit die These, dass die Wirklichkeit aus einer ***res cogitans,*** der Substanz des Denkprozesses, und einer ***res extensa,*** der Substanz der räumlich-materiellen Ausdehnung, aufgebaut sei. Körper und Geist sind nach dieser Sicht getrennt, was in der Fachsprache als transzendentaler oder ontologischer Substanzendualismus bezeichnet wird (Wohlers in Descartes 2009/1642; Poser 2003, S. 99–111; Teichert 2006, S. 37–39).

Wir befinden uns im 17. Jahrhundert, also in der frühen Neuzeit Europas. Descartes sucht das Fundament aller Erkenntnis. Er findet es im „denkenden Subjekt" und leitet mit dieser Annahme die Philosophie der Moderne ein (Poser 2003, S. 71). Der damit verbundene Dualismus wirkt bis heute paradigmatisch für die Formulierung des Körper-Geist-Problems (Brüntrup 2018, S. 14). Im selben Jahrhundert formuliert Francis Bacon (1561–1626) sein wirkmächtiges empirisches Forschungsprogramm, wobei Experimental- und Beobachtungstechnik eine dezidierte Rolle beikommt. Auch hier lassen sich Vordenker finden, wie zum Beispiel den Franziskaner Roger Bacon (ca. 1220 bis ca. 1292; Wöhler 2015). Jedoch war gesellschaftlich und ökonomisch die Zeit im 13. Jahrhundert noch nicht reif für denjenigen Durchbruch rationaler und empirischer Naturforschungsmethoden, an dem der spätere (Francis) Bacon mit seinem *Novum Organum* (1620) teilnehmen wird (Krohn 2006). Eine tragende Rolle auf dem Weg dahin spielen die (neuerliche) Entwicklung des Buchdrucks mit beweglichen Lettern durch Johannes Gutenberg (ca. 1400 bis ca. 1468) um 1450 sowie die anschließende mediale Revolution, die dadurch unterstützte Reformation ab 1517 um Martin Luther (1483–1546), in welcher zum Beispiel Flugblätter massenhaft verteilt werden konnten, essenziell die Seefahrt und Erschließung neuer Märkte in Übersee (1492 die ebenfalls neuerliche Entdeckung Amerikas nach den Wikingern durch Columbus), die beginnende industrielle Revolution in England, aber auch der steigende Kontakt mit außereuropäischen Kulturen – um neben Astronomie und Alchemie, Magnetismus, Optik und Kartografie usw. nur einige Beispiele zu nennen. Zumindest auch Galileo Galilei (1564–1641) oder Johannes Kepler (1571–1630) sollten als zwei wesentliche Repräsentanten des neuen wissenschaftlichen Weltbildes nicht unerwähnt bleiben (Bialas 2004; Drake 2004). Wie wir bei den Vorgeschichten der KI bereits angedeutet haben (*Band 3, 5.1; Band 3, 5.2;* Abschn. 1.2), lässt sich das **17. Jahrhundert** als eine Schlüsselzeit lesen. Hauptgrund ist neben der Etablierung **experimenteller Forschungsmethoden** vor allem die forcierte **Mechanisierung des Weltbildes,** auch in der Betrachtung von organischem Leben. Noch relativ unsäkular mit einem christlichen Weltbild verbunden schreibt Descartes zum Beispiel über Automaten und menschliche Körper:

> „All dies wird denjenigen überhaupt nicht seltsam erscheinen, die wissen, wie viele *Automaten* oder selbstbewegte Maschinen der Einfallsreichtum der Menschen bewerkstelligen kann […]; und die deshalb diesen Körper als eine von den Händen Gottes hergestellte Maschine betrachten, die unvergleichlich viel wohlgeordneter ist und bewundernswertere Bewegungen aufweist als irgendeine von denen, die von den Menschen erfunden werden können." (Descartes 2011a/1637, S. 97 [Hervorhebung im Original.])

In der folgenden Generation schreibt Gottfried Wilhelm Leibniz (1646–1716):

> „So ist jeder organische Körper eines Lebewesens eine Art göttliche Maschine oder ein natürlicher Automat, der alle künstlichen Automaten unendlich übertrifft. [...] | Dies macht den Unterschied zwischen der Natur und der Kunst aus, d. h. zwischen der göttlichen Kunst und der unsrigen." (Leibniz 2008/1714, S. 47/49)

Der Materialist Julien Offray de La Mettrie (1709–1751) äußert wiederum Jahrzehnte danach:

> „Der menschliche Körper ist eine Maschine, die selbst ihre Federn aufzieht; ein lebendiges Abbild der unaufhörlichen Bewegung." (La Mettrie 2001/1748, S. 26)

In dieser hochdynamischen Zeit schickt uns der dualistisch verstandene Descartes mit allen daraus resultierenden Folgeproblemen auf den Weg zur aktuellen Computertechnik (Poser 2003, S. 111). Eine wesentliche Etappe wird Mitte des 20. Jahrhunderts durch Konrad Zuse (1910–1995), John von Neumann (1903–1957) und Alan Turing (1912–1954) absolviert (*Band 3, 5.2,* „Vorgeschichten II – Apparatebau"). Wir lesen in Turings berühmten Aufsatz von 1950 zum Beispiel, dass die Frage, ob eine Maschine denken kann, sinnvoll substituiert wird durch ein Imitationsspiel, in welchem ein Mensch im dialogischen Austausch schriftlicher Zeichen (Sprache I 1, Kap. 2) nicht zwischen Mensch und Maschine zu unterscheiden weiß:

> „Ist es wahr, daß ein ganz bestimmter Digitalrechner C nach geeigneter Modifizierung seines Speichervermögens und seiner Aktionsgeschwindigkeit, sowie nach angemessener Programmierung, in die Lage versetzt werden kann, die Rolle von A im Imitationsspiel zu spielen, wobei Bs Rolle von einem Menschen übernommen wird?" (Turing 1994/1950, S. 51)

Es sei daran erinnert, dass die Turing-Maschine ein abstrakter Automat ist, ein mathematisches Konzept, dessen physische Umsetzung irrelevant ist *(Band 3, 5.2).* **Turing folgt einer ähnlichen Scheidung von Denken und physischer Gestalt, wie sie auch Descartes – aus anderen Gründen – vollzogen hat:**

> „Das neue Problem besitzt den Vorteil, eine ziemlich scharfe Trennungslinie zwischen physischen und den intellektuellen menschlichen Fähigkeiten zu ziehen." (Ebd., S. 40–41).

Ein wichtiger Unterschied zwischen Turing und Descartes soll jedoch nicht unerwähnt bleiben. Die funktionale Anordnung von Maschinenteilen zur Imitation eines Tieres ließe sich mangels Unterscheidungskriterien nicht von einem natürlichen Tier abgrenzen – so Descartes. Im Fall des Menschen gibt es jedoch zwei „sichere" Merkmale, um ihn von Tier und Maschine zu trennen. Sehen wir uns das Erste einmal genauer an. Es lautet:

> „Sie [Automaten, Maschinen] könnten niemals Worte oder andere Zeichen gebrauchen, indem sie sie zusammensetzen, wie wir es tun, um anderen unsere Gedanken kundzutun." (Descartes 2011a/1637, S. 97)

Im Angesicht aktueller KNNs und dem modellbildenden Vordringen in die semantischen Bedeutungsschichten menschlicher Rede mag dieser Punkt aus heutiger Sicht weniger sicher zu sein. Worte oder Zeichen zusammensetzen, das können Maschinen durchaus auf vielen (formal)sprachlichen Gebieten. Nur – werden dadurch Gedanken mitgeteilt? Wir wollen die deutsche Übersetzung von Descartes' Überlegungen einmal in ihrer Doppeldeutigkeit anerkennen: Wird damit gesagt, dass Maschinen nicht genauso wie wir eigene Gedanken mitteilen können, dann ist dem problemlos auch 400 Jahre später noch zuzustimmen. Unabhängig davon, ob der historische Descartes das so gemeint hat, wollen wir außerdem mit einer Deutung des ins Neuhochdeutsche übertragenen Wortlautes spielen: Können Maschinen Zeichen und Worte kombinieren, um nachrichtentechnisch die Gedanken eines Menschen zu einem anderen Menschen zu übertragen – also „um anderen unsere Gedanken kundzutun"? Ja, das können KNNs und andere KI-A2-Technologien durchaus. Im Sinne einer methodisch-sprachkritischen Anthropozentrik *(Band 2, 2)* – die Descartes in dieser Begründungsform des 20. Jahrhunderts nicht vorhersehen konnte – seien dabei jedoch stets menschliche Dialogpartnerinnen vorausgesetzt, die sich gegenseitig etwas zu verstehen geben wollen. Metaphorisch könnte die Natur eine Dialogpartnerin sein, insofern in KI-Modellen Menschen in Dialog mit umgebenden Naturereignissen treten – zum Beispiel bei Wettervorhersage oder Klimamodellen. Jedoch werden Deutungen, Wertungen und Gedanken hierzu in zwischenmenschlicher Kommunikation geteilt. Computer sind hierzu ein technisches Mittel. Der korrekte *gedankliche* Schluss, dass wir auf den menschengemachten Klimawandel reagieren müssen, folgt nicht aus einem Klimamodell an sich. Er folgt aus unserem Umgang mit diesen Informationen. So gesehen hätte Descartes auch bei einer alternativen Lesart dieser Passage Recht.

Von Interesse ist auch das Wort „zusammensetzen". Dahinter steht eine Denkform, die Descartes selbst mit seinen *Regulae ad directionem ingenii* (1619ff) prägt. Realität und ihre Erkenntnis ist demnach durch das Zergliedern in logische Bestandteile und ihre neuerliche Zusammenfügung, also Analyse und Synthese, in der **Sprache der Mathematik** möglich (Descartes 2011b/1619ff; Poser 2003, S. 24–33). Die Idee einer Auflösung der Welt in Gedankenatome wird im 20. Jahrhundert zum Beispiel durch Rudolf Carnap (1891–1970) in seinem Buch *Der logische Aufbau der Welt* 1928 fortgeschrieben (Carnap 1998/1928; Newen 2005, S. 112–123), in jener Zeit also, in welcher auch Turing beginnt, seine logisch-mathematischen Abhandlungen zu verfassen. Einen Etappenschritt zwischen Descartes' *Regulae* und Carnaps Buch bildet das Werk von Leibniz. 1677 schreibt der Universalgelehrte mit pythagoreischem Ton in einem frühen Werk:

> „Nichts aber gibt es, das der Zahl nicht unterworfen wäre. Die Zahl ist daher gewissermaßen eine metaphysische Grundfigur und die Arithmetik eine Art Statik des Universums, in der die Kräfte der Dinge untersucht werden." (Leibniz 2013/1677, S. 43)

Dabei greift auch Leibniz auf historische Vorlagen zurück wie den mittelalterlichen Denker Raimundus Lullus (ca. 1232 bis ca. 1316) und seine lullische Kunst der Kombinatorik in der sich Formalisierung, Kalkülisierung und Mechanisierung verbinden (Zimmerli und Wolf 1994, S. 10; Poser 2016, S. 352–354; Centrone 2021, S. 6–11). Leibniz selbst entwickelt diese zu einer *ars combinatoria* weiter, einer **Kombinatorik des menschlichen Gedankenalphabets** mit mathematischen Mitteln (Poser 2016, S. 356–357; Centrone 2021, S. 3–5). Demnach repräsentieren Zeichensysteme nach Verknüpfungsregeln die elementarsten Partikel unseres Denkens. Zahlen repräsentieren Begriffe und ermöglichen Erkenntnis durch neue nummerische Anordnungen in einer *machina combinatoria.* 1679 schlägt Leibniz die **Binärzahlen 0 und 1** als ausreichende Ziffern hierfür vor. Alles Wissbare kann zurückgeführt werden auf nicht mehr teilbare fundamentale Aussagen, die sich in binären Zahlenreihen ausdrücken lassen. Der Gelehrte entwirft damit die (formal)logischen Grundlagen zur Konstruktion heutiger Rechenmaschinen und Computer bereits im 17. Jahrhundert (Poser 2016, S. 368–373; Centrone 2021, S. 23–25; siehe Abschn. 1.2, „Vorgeschichten III – Formalisierung und Kalkülisierung"). So gesehen leben wir nicht bloß in einer digitalisierten Welt, sondern in einer regelrechten **„Leibnizwelt"** (Mittelstraß 2011, S. 85–107; *Band 1, 2.3*).

Es wird jedoch auch schon im 17. Jahrhundert darauf hingewiesen, dass sich nicht alle Inhalte in bloße Zahlenfolgen oder formale Mittel auflösen lassen. Leibniz war sich dessen bewusst und hat explizit erfahrungsgestützte Aussagen in seinen Entwurf der Wissenschaften aufgenommen (Poser 2016, S. 370). Hier offenbart sich aus heutiger Sicht eine Brücke zum Konzept des impliziten Wissens (Abschn. 1.1): Leibniz erdachte kombinatorische Maschinen, in heutigen Worten die wissenschaftliche Modellbildung und Simulation mittels Computern, in stetiger Verbindung mit handelnden Forscherinnen – und ihrem praktischen Wissen. Im Bau mechanischer Rechenmaschinen versuchte sich der Universalgelehrte ebenfalls. Mitte des 19. Jahrhunderts realisieren Ada Lovelace (1815–1852) und Charles Babagge (1791–1871) erste nicht elektrische Computer (Analytical Engine) auf Basis von Lochkarten, die wiederum von mechanischen Webstühlen übernommen wurden – ein Paradebeispiel für technische Umdeutung *(Band 2, 3.3)*. Turing nimmt darauf in seinem Aufsatz von 1950 explizit Bezug (Turing 1994/1950, S. 47). Nach Vorformen aus den 1930er- und 1940er-Jahren betritt der UNIVAC als einer der frühesten elektrisch betriebenen Digitalrechner 1951 – einige Jahre nach dem ENIAC – die öffentliche Bühne. Von hier ab ließen sich die Geschichten der Computer und digitalen Welten bis heute erzählen – von der Eroberung des Alltags durch PCs bis hin zur umfassenden Vernetzung in sozialen Medien. Es sei jedoch aus Platzgründen exemplarisch auf die Darstellung von David Gugerli (2018) verwiesen. Entscheidend ist an dieser Stelle nicht so sehr, *Wie die Welt in den Computer kam* – so Gugerlis Buchtitel, sondern **wie der Körper-Geist-Dualismus in unsere heutige „Leibnizwelt" kommt.**

Betrachten wir hierzu das zweite cartesische Argument zur Scheidung zwischen Mensch und Maschine/Tier. Es lautet:

„Auch wenn solche Maschinen viele Dinge ebenso gut oder vielleicht sogar besser als irgendleiner von uns verrichten würde, würden sie unvermeidlich bei einigen anderen versagen, und anhand dieser Dinge ließe sich entdecken, daß sie nicht aus Erkenntnis tätig sind, sondern nur aus der Anordnung ihrer Organe. Denn anders als die Vernunft, die ein Universalinstrument ist, [...] benötigen diese Organe eine ganz bestimmte Anordnung für jede besondere Tätigkeit [...]." (Descartes 2011a/1637, S. 97/99)

Vernunft sieht Descartes als etwas Universelles, wodurch nicht nur der Erkenntnis- und Fortschrittsoptimismus der Epoche widergespiegelt wird, sondern auch eine Grundlage für Aufklärung und allgemeine Menschenrechte entsteht – wenn wir Descartes durch Kant lesen. Vernunft, die im Sinne des starken cartesischen Dualismus eine Eigenschaft der denkenden Substanz bildet, ist universell und geht über die bloße körperliche Anordnung organischer Teile hinaus. Einen zumindest der Denkform nach ähnlichen Universalismus, gebunden an das körperlich entkoppelte Denken, postuliert gleichfalls Turing für seinen von der physischen Umsetzung geschiedenen abstrakten Automaten:

„Die Fähigkeit der Digitalrechner, jede Maschine mit diskreten Zuständen nachzuahmen, beschreibt man dadurch, daß man sagt, sie seien *universelle* Maschinen." (Turing 1994/1950, S. 51 [Hervorhebung im Original.])

Auf der einen Seite ist damit die Annahme verbunden, dass Maschinen universell denken könnten, wenn sie denn des Denkens fähig wären – und darüber war sich Turing sehr sicher. Auf der anderen Seite deutete sich hier realtechnisch das an, was wir heute ein Betriebssystem nennen: eine Softwareplattform in Gestalt einer universellen Turing-Maschine, die als universellere Grundlage für den Betrieb aufgesetzter Programme bzw. Apps dient. Trotz Turings Optimismus muss das mit menschlichem Denken überhaupt nichts zu tun haben. **Der Körper-Geist-Dualismus taucht paradigmatisch in Form der Unterscheidung zwischen Software und Hardware wieder auf.** Zu Descartes' Lebzeiten wurde jedoch bereits postwendend und kritisch das Problem der psychophysischen Interaktion gegen eine harte Lesart seines Dualismus ins Feld geführt: Wie können die beiden Substanzen getrennt sein, wenn es doch offensichtliche psychosomatische Verbindungen zumindest bei Mensch und Tier gibt? Diese unaufgelöste Problemstelle wirkt bis in das noch heute verfolgte informationstechnische Turing-Paradigma der KI (A, *Band 3, 4.2*) hinein.

**Beispiel: der Körper-Geist-Dualismus in der aktuellen Debatte**

Man möchte vielleicht einwenden, dass in vorliegendem Buch immer wieder auf dem 17. Jahrhundert sowie den 1950er-Jahren und Alan Turing herumgeritten wird. Und dass darüber die aktuelle Debatte zu kurz käme. Springen wir darum direkt in das 21. Jahrhundert und sehen uns ein 2017 veröffentlichtes Buch von Max Tegmark an. Es trägt den prophetischen Titel *Leben 3.0. Mensch sein im Zeitalter Künstlicher*

*Intelligenz.* Da könnte man doch glatt erwarten, dass hier etwas umwerfend neues und mit dem 17. Jahrhundert rein gar nicht mehr verbundenes zum Tragen kommt – wenn wir immerhin schon bei 3.0 angelangt sind. Ist dem so? Der Autor *will* also die Zukunft Künstlicher Intelligenz als eine Geschichte des „Lebens 3.0" erzählen. Wie gehen wir methodisch vor, wenn wir das überprüfen wollen? Wir sehen uns den Schlüsselbegriff an, wie er definiert wird, und suchen nach Belegen in der Quelle. Tegmark äußert tatsächlich seinen ausdrücklichen *Willen,* unter Leben mehr zu verstehen, als bisher darunter verstanden wurde. Er schreibt wörtlich:

> „Da wir unser Nachdenken über die Zukunft des Lebens nicht auf die Spezies beschränken wollen, denen wir bisher begegnet sind, sollten wir das Leben stattdessen eher umfassend definieren […]." (Tegmark 2017, S. 43)

Und im Anschluss folgt:

> „Wir können uns das Leben als ein sich selbst kopierendes Informationsverarbeitungssystem vorstellen, dessen Informationen (Software) sein Verhalten und die Entwürfe für seine Hardware bestimmen." (Ebd.)

Was wird hier gesagt?

1. Die Definition folgt einem nicht begründeten persönlichen Interesse, das rhetorisch als ein suggestives „Wir" verkauft wird. Rationale Kriterien, Begriffsanalyse oder kritischer Bezug zu wenigstens einigen anderen der vielen Lebens-Definitionen? Fehlanzeige! Und das, obwohl Leben ein ausgewiesener Grundbegriff zum Beispiel der biologischen Wissenschaften ist.
2. Der Autor *will* KI mit Leben gleichsetzen und definiert darum Leben als KI. So simpel kann das Leben sein, wenn Rationalität oder Methodik beim Bücherschreiben keine Rolle spielen – von Selbstkritik und Skepsis ganz zu schweigen. Spätestens an dem Punkt wird sein 528-seitiger Wälzer aus methodischer Sicht wertlos und könnte bestenfalls als ein belletristischer Versuch durchgehen. Denn aus falschen und beliebigen Annahmen folgt stets Beliebiges – es folgt nicht einmal Falsches, da ja die Kriterien für eine Beurteilung der Gültigkeit des Ergebnisses von Anfang an im diffusen Nebel unklarer Metaphern ausgebrannt werden. Eine sachliche Begründung der Notwenigkeit wird auch nicht gegeben. Warum brauchen wir überhaupt eine erweiterte Definition? Weil der Autor sich heute gerade so fühlt.
3. So ebnet Tegmark mit einem rhetorischen Taschenspielertrick den Boden für seine *will*kürliche technomorphe Metaphorik. Leben wird mittels nicht weiter geklärter Begriffe aus der Informationstechnik definiert. Dabei wird wie selbstverständlich von „Software" und „Hardware" gesprochen, wobei die Software das Verhalten und die Struktur der Hardware dominiert. Wäre das umgekehrt, dann läge

eine vulgär-materialistische Reduktion vor. In dem Fall läuft es jedoch auf einen Vulgär-Idealismus hinaus.

4. In dieser Definition stecken dann auch schon die Beliebigkeiten drin, die im Fortgang entfaltet werden sollen. So zum Beispiel die Zählung aus Leben 1.0 (abwertend als „einfaches" biologisch-evolutionäres Leben deklariert), Leben 2.0 (kulturelles Leben, in dem Sprache bloß als Software dargestellt ist und materielle Kultur keine Rolle spielt) und Leben 3.0 (in dem nun die Software von technischen Maschinen deren Hardware dominiert) (ebd., S. 44–50).
5. Was hier als Leben 3.0 verkauft wird, ist im Endeffekt ein grobschlächtiger Rückfall, sogar hinter die komplexen Debatten, die bereits vor 300 Jahren geführt wurden. Der cartesische Dualismus wird wie selbstverständlich übernommen, ohne ihn als Voraussetzung sichtlich zu machen. Allein mittels dieser unbegründeten Scheidung, die zumal noch in scholastischer Manier ersatzreligiöse Dogmen der Informationsverarbeitung predigt, wird nun biologisches wie kulturelles Leben bestimmt.
6. Was sehen wir? Zum einen die Aktualität des dualistisch verstandenen Descartes sowie Alan Turings. Zum anderen entpuppt sich Tegmarks Entwurf als alles andere als revolutionär. Denn sein eingeschliffener und unhinterfragt vorausgesetzter Dualismus ist nichts anderes als die Zementierung frühmoderner Gedanken des 17. Jahrhunderts. Außerdem verpackt er den Dualismus in einen semantischen Nebelwerfer 3.0, voller Fehlschlüsse und irreführender Sprechweisen. Es gibt offensichtlich nicht nur massiven Klärungsbedarf in der Bestimmung von Körper-Geist-Verhältnissen, sondern ebenfalls bei den Natur-Kultur-Verhältnissen. Im folgenden Abschnitt wollen wir uns dem peu à peu zuwenden – dabei *„wollen"* wir das weiterhin als rationales und methodisch-kritisches Projekt erarbeiten (also ich „will" das und ich hoffe auch, dass Sie mir kritisch folgen). ◄

## 3.2 Der Verkörperungsansatz – „embodiment" in KI und Robotik

Häufig wird aktuell von „verkörperter KI" bzw. „embodied AI" gesprochen (*Band 3, 1.1; Band 3, 2.1;* Abb. Band 3, 2.1). Doch was ist damit gemeint? Ist ein Roboter einfach KI + X, also ein Nebenprodukt der KI-Forschung? Setzt Verkörperung dann stets den starken Dualismus voraus, weil die funktionale Logik von Computerprogrammen unabhängig von deren physischer Umsetzung verfährt? Lässt sich also Körperliches in Gestalt der Mechatronik abspalten von Geistigem in Form von Algorithmen im Turing-Paradigma (Paradigma A und C, KI 1.a./2.b., Technik 3/5; *Band 3, 4.2; Band 3, 6.2*)? Sind Roboter bloß um Aktuatoren erweiterte Computer *(Band 3, 1.1),* dann wäre dem doch so. Oder verschmelzen Soft- und Hardware in Robotern zu einer neuen Einheit (Monismus)? Aber wie? Und was ist durch einen Roboter-Körper gewonnen?

Warum wird hier von „verkörperter KI“ gesprochen, wo doch ohnehin jede KI irgendwie physisch repräsentiert wird – zumindest eben mittels eines mechanischen oder elektrischen Rechners, Prozessors, Speichers etc.? Hat „verkörperte KI“ einen Leib und nicht bloß einen Körper? Schlagen wir den Bogen zu Kap. 1: Gibt es bloß körperliches und bloß geistiges Wissen bei Mensch und/oder Maschine? Und mit Blick auf Kap. 2: In welchem Verhältnis stehen körperliches und geistiges Sprechen bei Maschinen? Entspricht der Dualismus aus Körper und Geist der Trennung in Objekt- und Metasprache bei formalen Sprachen? Wenn ja, warum?

Im übertragenen Sinne: „Verkörpert“ ein Roboter gesellschaftliche Werte, welche absichtlich oder unabsichtlich der implementierten KI injiziert wurden? Ergo: Hat „Verkörperung“ dann gar nicht so viel mit KI zu tun, sondern mit gesellschaftlichen Normen? All diese Aspekte verbergen sich hinter der schnell aufgetragenen Patina des Wortes „verkörpert“. Mit archäologischem Blick ist erst dahinter der Glanz oder die Stumpfheit des zugrunde liegenden Materials zu erkennen. Beginnen wir also etwas zu schmirgeln. In vorliegendem Abschnitt soll sprachkritisch hinterfragt werden, was die sinnvolle Rede von „embodied AI“ bedeuten kann – oder eben nicht. Dabei kann kein Anspruch der Vollständigkeit eingelöst werden. Besonders, wenn „Verkörperung“ eine Metapher für soziale Normen ist, dann landen wir direkt bei der deskriptiven Ethik – wenn es um deren beschreibende Freilegung – und der normativen Ethik – wenn es um deren rationale Begründung geht *(Band 1, 4.1)*. Hier soll es primär um Fragen der theoretischen Philosophie gehen.

Beginnen wir mit dem Begriff der **Wetware.** Er hat sich eingebürgert, zur Bezeichnung biologischer Komponenten – zum Beispiel als Metapher für menschliche Userinnen im Umgang mit Computern; oder für organisches Material (Zellen etc.), das funktional mit Soft- und Hardware interagiert. Versuchen wir eine erste Übersetzung: Wetware steht als körperlich und geistig verbundener Monismus der in Software und Hardware geschiedenen Rechentechnik gegenüber. Wetware könnte einen Leib haben bzw. Leib sein (im Fall von Menschen). Aus heutiger Sicht liegt der Schluss nahe, dass Descartes mit seinem starken ontologischen Dualismus (Abschn. 3.1) eher das Paradigma aktueller Rechentechnik grundiert, gerade weil er ein unumstößliches methodisches Fundament des Forschens gegenüber skeptischen Einwänden sucht – so wie Computer auch möglichst exakt die Welt um sie herum abbilden sollen. Computer „sollen“, insofern sie technische Mittel zum Zweck sind – im Gegensatz zu Menschen, deren „Sollen“ moralisch-normativ ist. Der Glaube, dass subjektives Bewusstsein als vom Körper streng geschiedener Denkprozess in Maschinen möglich sei, wird zumindest provoziert. Die Rückprojektion der Trennung von Körper und Geist auf menschliches Leben stößt hingegen schon bei Descartes an offensichtliche Grenzen (Dreyfus und Taylor 2021). Ein Paradigma für die „Verleiblichung“ von Software in Robotern kann er wohl eher nicht bieten. Das Wort „Wetware“ zeigt ja auch die Fleischlichkeit intim verbundener humaner Kognition auf. Sie folgt nicht den Gesetzen der geschiedenen Soft- und Hardware.

**Hintergrund: Widersprüche im cartesischen Dualismus**
Sind Körper und Geist geschieden oder sind sie untrennbar vereint? Diese Frage ist so alt wie die Philosophie selbst, also keine Erfindung der neueren Forschungen zu KI, Computern oder Robotern. Sie hat zu Lebzeiten Descartes', aber auch in den folgenden Jahrzehnten ihre Spuren hinterlassen (Brüntrup 2018, S. 49–51). Zum einen geht es um die Begründung bei Descartes selbst. Hat er in seiner Beweisführung nicht schon einen Dualismus stillschweigend vorausgesetzt? Das wäre die methodische Frage (Geltung seines Arguments). Jedoch treten auch inhaltliche Einwände hinzu. Es gibt offensichtliche Erklärungslücken, wenn Menschen dualistisch beschrieben werden (Genese des Tatsachenwissens; zur Unterscheidung von Genese und Geltung siehe Abschn. 1.1, „Hintergrund: Genese und Geltung I – Wissen und Kausalität"). Wie kommt es zum Beispiel zu Schmerzen, bei denen offensichtliche subjektive Empfindungen mit körperlichen Gebrechen zusammenhängen? Oder warum führt die Einnahme von Alkohol, einer räumlich ausgedehnten, körperlichen Flüssigkeit, zur Verwirrung des Geistes – bis hin zum Lallen oder dem Verlust der Fähigkeit, mathematische Aufgaben korrekt erledigen zu können? Auf diese Probleme in einem viel beachteten Briefwechsel mit Elisabeth von der Pfalz zwischen 1643–1649 (Descartes 2015/1643ff) angesprochen, relativiert Descartes seinen starken Dualismus noch zu Lebzeiten. Der Mensch erscheint also auch als substanzielle Einheit aus Denken und räumlicher Ausdehnung, wobei die konkrete Seele den Körper zu *meinem* Körper macht (Wohlers in Descartes 2014/1649, S. LXXXIII–CVIII; Descartes 2014/1649).

Später wird La Mettrie die Seele für den organischen Bau des Körpers selbst halten. Was aus heutiger Sicht nach einem reduktionistischen Determinismus klingt (alles Mentale sei bloß ein Epiphänomen physischer Prozesse), wird jedoch vom Autor im selben Atemzug zurechtgerückt. In seiner Entwicklung hängt Seelisches gleichfalls von Bildung ab, also nicht bloß von körperlichen Mechanismen (La Mettrie 2001/1748, S. 28, 45, 66 et passim). Philosophiegeschichte ist nicht schwarz-weiß, sondern grau. **Der starke Dualismus wird von Descartes so wenig durchgehalten wie der starke Monismus von La Mettrie.** Beiden ist ein gewisses mechanistisches Weltbild gemeinsam. Sie nehmen an einer Kontroverse teil, die archetypisch für die Gegenwart steht: Welchen Einfluss haben neue technische Errungenschaften und neues naturwissenschaftliches Wissen auf unser Menschenbild? Wie können wir sinnvoll von Menschen auf Maschinen und umgekehrt von Maschinen auf Menschen schließen? Die monistische Position, die La Mettrie dabei einnimmt, kulminiert in der These: „Ziehen wir also den kühnen Schluss, daß der Mensch eine Maschine ist und daß es im ganzen Weltall nur eine Substanz gibt, die freilich verschieden modifiziert ist." (Ebd., S. 94)

Diese bemerkenswerte Aussage ist natürlich im zeitlichen Zusammenhang zu deuten. La Mettrie hat sie im 18. Jahrhundert verfasst und konnte unmöglich damit diejenigen androiden Roboter und KI-Systeme meinen, mit denen wir uns heute auseinandersetzen. Dennoch weist seine These Ähnlichkeiten zu Descartes auf, insofern die Auseinandersetzung mit mechanistischen Menschen- und Weltbildern zum Vorschein kommt. Anstöße hierfür gab es genügend. Zum Beispiel die Automatenkultur der Zeit und der Bau mechanischer Uhren sowie Rechenmaschinen. Hinzu treten neue Erkenntnisse in der Medizin. Die Entdeckung des Blutkreislaufes durch William Harvey (1578–1657) zu Beginn des 17. Jahrhunderts war wegweisend für die moderne Physiologie. Sie provoziert regelrecht Analogien zu mechanischen Pumpen. Die komplexen Kontroversen dieser Zeit um die Verhältnisse zwischen Körper/Leib und Geist/Seele gehören genauso zum Erbe moderner Naturwissenschaften wie Methoden empirischer Forschung oder das systematische Experimentieren.

Weder der eine noch der andere Extrempol (Dualismus vs. Monismus) lassen sich uneingeschränkt argumentativ durchhalten. Im Sinne kritischer Forschung geht es um deren rationale Durchdringung und **reflektierte Vermittlung.** Hierzu sollte jedoch erst einmal in den Blick genommen werden, dass „Verkörperung" in diesem Sinne kein selbstverständlicher Begriff ist, sondern hoch kontrovers und von vielen unausgesprochenen Voraussetzungen abhängt. Im wissenschaftlichen Interesse tritt neben ihre ontologische Dimension die methodische Deutung des Dualismus. Sie ist bereits bei Descartes selbst angelegt (Wohlers in Descartes 2011, S. LXII–LXXVI; zu einem Ansatz der methodischen Vermittlung siehe Kapp 2015/1877, S. 15–39). Körper und Leib, Geist und Seele sind forschungsleitende Begriffe, die unser skeptisches Ringen um Erkenntnis begleiten (*Band 3, 5.1,* „Vorgeschichten I – Skepsis und Aufklärung").

Für die Technikethik ist wiederum gerade der methodische Anspruch der Trennung von Körper und Geist von herausragender Bedeutung. Zum einen ist damit der Boden für die technische Umsetzung von Digitalisierung geebnet – nicht primär aus der Motivation, Roboter zu bauen, sondern generell aus der Suche nach einem Erkenntnisfundament. Es geht daraus hervor, dass Computer gar keine KI im Sinne der Bionik (KI-Verständnis 1.a.) hervorbringen müssen bzw. können. Menschliche Kognition ist also nicht die Blaupause. Turing-Maschinen folgen schlicht einem dualistischen IT-Paradigma (A), welches wiederum die Frage nach biologischen/biotechnologischen Alternativen aufwirft (Paradigma B). Turing deutet diese selbst in einem Nebensatz an, wobei „denkende Maschinen" nicht von allen Ingenieurinnenfächern gebaut werden, sondern in der Computertechnologie wurzeln sollen:

> „Schließlich sollen Menschen, die auf natürliche Weise zur Welt kamen, nicht zu den Maschinen gerechnet werden. | […] da es vielleicht möglich ist, aus einer einzigen, z. B. einer menschlichen Hautzelle ein vollständiges Individuum zu züchten. Das wäre zwar eine biologische Heldentat ersten Ranges, jedoch wären wir nicht geneigt, es als die ‚Konstruktion einer denkenden Maschine' anzusehen." (Turing 1994/1950, S. 43)

Mit anderen Worten: Alternative Körper-Geist-Verhältnisse, wie sie zum Beispiel in der synthetischen Biologie und Gentechnik (gab es so zu Turings Zeiten noch nicht) angewendet werden, spielen im Turing-Paradigma per Definition keine Rolle.

Noch einmal konkret zur Wortwahl: **Ontologisch** heißt hier (im philosophischen/ethischen Sinne des Wortes), das Sein betreffend; **methodisch** hingegen, wie wir bei der Erforschung dessen, was ist, vorgehen. Ontologisch ist also die Aussage:

> „Es *gibt* Körper und Geist. Und beide *sind* voneinander getrennt." **(ontologischer Dualismus)**

Methodisch ist die Aussage:

> „*Erforsche* Menschen *so, als ob* sie körperliche Wesen (Physiologie) und seelische Wesen (Psychologie) wären (dualistisch) – und *erforsche* die Wechselwirkungen zwischen Physiologie und Psychologie, die sich nicht mehr in rein Körperliches oder rein Geistiges trennen lassen (Psychosomatik)." **(methodischer Dualismus)**

Ein **ontologischer Monismus** findet sich etwa in der Aussage:

> „Menschen *sind* eine untrennbare Einheit des Leib-Seelischen."

Er kann durchaus sinnvoll mit einem methodischen Dualismus kombiniert sein:

> „Menschen *sind* ganzheitlich. Jedoch *verfahren* wir bei deren medizinischer Betreuung *mittels* zwei getrennter Disziplinen: Physiologie und Psychologie."

Da sich wissenschaftlich schwer eine einzige diffuse Einheit erforschen lässt, stellt die Trennung in körperliche wie geistige Phänomene eine Art elementarer Analyse bzw. Abstraktion dar. Körperliches zerfällt dann wiederum zum Beispiel in spezielle Bereiche wie das Herz-Kreislaufsystem, Sinnesorgane, Nerven, Verdauungsapparat etc., die von Spezialistinnen erforscht werden. Auch bei der Ursachensuche von Schmerzen ergibt eine methodische Trennung Sinn. So lassen sich verschiedene physiologische wie psychologische Ursachen betrachten und ausschließen oder in ihren Wechselwirkungen differenziert diagnostizieren. Allein sprachlich wird dann ein Dualismus schon vorausgesetzt: Ein „Wald" ist keine „Wiese", beides ist „Natur" und besteht aus vielen weiteren „Arten". Gleiches gilt für die Rede von „verkörperten" Robotern. Sie bauen paradigmatisch auf einer sprachlichen wie sachtechnischen Trennung in Soft- und Hardware auf – oder werden wie im Fall der Biorobots und synthetischen Biologie so beschrieben, *als ob* sie mittels genetischen „Codes" programmierbar wären.

Im Hintergrund schlummert zum anderen der aristotelische Dualismus von Natur und Kultur *(Band 1, 3.3):* Natürliches ist dieser romantischen Position folgend nicht durch menschliche Handlungen entstanden – Künstliches findet hingegen seinen Ursprung im menschlichen Tun. Methodisch kommt dem eine hohe Brisanz bei: Wir verfahren, indem wir normativ-wertende (Kultur) und deskriptiv-beschreibende (Natur) Redeweisen trennen. Der damit verbundene methodische Dualismus führt zum Gebot, menschliche Handlungen nicht mit Naturereignissen zu verwechseln *(Band 2, 2.2)*. Im ontologischen Sinne jedoch ist der Gegensatz aus Natur und Kultur nicht ohne Weiteres haltbar, wenn bedacht wird, dass Wissen, Wahrnehmungen und Sprachen bei der Naturbeobachtung bzw. -beschreibung selbst kulturelle Konstruktionen darstellen. Natürliche Tatsachen sind das Resultat menschlicher Handlungen – im methodisch-experimentellen Umgang mit Natur (Hacking 1996; Ihde 2012; Rheinberger 2021). Es geht also nicht um „Fake News" und Propaganda, sondern um harte wissenschaftliche Arbeit. „Körper", „Geist", „Natur" und „Kultur" sind im wissenschaftlichen Sinne methodische Konstruktionen, weshalb die mitgedachten Voraussetzungen der jeweiligen Wortverwendung aufgedeckt werden sollen. Das gilt insbesondere, wenn sie als Begriffe zur Beschreibung von (vermeintlichen) Tatsachen gebraucht werden – sowohl im Hinblick auf Naturereignisse als auch im Hinblick auf hergestellte technische Mittel der Robotik und KI. Sehen wir uns hierzu die folgende Tab. Band 4, 3.2 mit Beispielen zur KI an:

▶ **Beispiel: Körper-Geist-Verhältnisse in *Blade Runner 2049*** Im Film *Blade Runner 2049* (Villeneuve 2017) wird die Geschichte aus *Blade Runner* (Scott 2007/1982) weiterentwickelt. In der Forterzählung tauchen diverse Szenen auf, in denen verschiedene Varianten des Körper-Geist-Verhältnisses thematisiert werden. So nimmt zu

**Tab. Band 4, 3.2** Methodische und ontologische Verhältnisse

| | Körper-Geist-Verhältnis | | Natur-Kultur-Verhältnis | |
|---|---|---|---|---|
| | Ontologisch | Methodisch | Ontologisch | Methodisch |
| **Monismus** | Eine Substanz (Körper = Geist, Geist = Körper) | „Verfahre holistisch! Fasse zusammen!“ Synthetische Bewegung, Verbindung | Mensch als Natur- und Kulturwesen (wie es in der Paläoanthropologie erforscht wird) | Das Wissen über Natur wird aktiv durch kulturelle Forschungshandlungen hervorgebracht |
| Bsp. Roboter & KI | Roboterkörper als neue (technische) Qualität | „Embodied approach“ der Cognitive Sciences | Wetware | Softwaremodelle zur Beschreibung vonLeben, „artificial life“ |
| **Dualismus** | Zwei Substanzen (Körper vs. Geist) | „Verfahre so, *als ob* Körper und Geist getrennt wären! Unterscheide!“ Analytische Bewegung, Trennung | Natur (nicht von Menschen erschaffen; Romantik) vs. Kultur (von Menschen erschaffen; Zivilisation) | „Unterscheide die empirisch-deskriptive Redeweise zur Beschreibung von Naturereignissen von normativ-wertender Rede mit Bezug zu kultureller Praxis!“ Ethik (Bsp. Humesches Gesetz) Erkenntnislehre (Bsp. Unterscheidung Genese-Geltung) |
| Bsp. Roboter & KI | Hardware vs. Software | Turing-Paradigma digitaler Computer | Roboter als „künstliche“ Technik im Gegensatz zu wild lebenden Tieren | Die Simulation moraläquivalenter Funktionen ist nicht gleich Moral |

Beginn der Handlung Officer K, ein Blade Runner, der selbst im biotechnologischen Labor entstanden ist, einen Drink zusammen mit seiner Freundin Joi. Joi ist jedoch ein Algorithmus und wird von einem Projektor in Lichtgestalt durch den Raum bewegt. Sie erscheint als Hologramm, besitzt also keinen physisch greifbaren und erst recht keinen organischen Körper. Folgerichtig trinkt der Protagonist beide Gläser im Alleingang, wohl um den Reinigungsaufwand gering zu halten (Villeneuve 2017, 00:16). Der Film spielt hier auch mit dem Phänomen der Objektophilie, insofern sich Officer K in ein technisches Produkt verliebt. Kurz darauf schenkt er ihr einen *Emanator*, eine Art mobiler Hologrammerzeugung, sodass er Joi mit sich führen kann. Erscheint Joi als Algorithmus in Hologrammgestalt oberflächlich wie ein unkörperlicher Geist, wird hierdurch doch die physische Bindung ihrer IT deutlich. Auch diese Software braucht Hardware, kann jedoch in der Tradition Turings offensichtlich auf verschiedenen Hardwaresystemen laufen (ebd., 00:18). Mit dieser Konstellation wird im Fortgang dramaturgisch gespielt, etwa als Officer K Joi mit nach draußen nimmt und sie sich im Regen selbst neu zu spüren versucht (ebd., 00:20).

Zur Erinnerung: Die in den *Blade Runner*-Filmen gejagten Replikanten sind keine Geschöpfe der IT, also keine Roboter, sondern Produkte der Biotechnologie *(Band 3, 2.1)*. Officer K ist selbst ein Replikant, der als Blade Runner beruflich andere Replikanten jagt. Es entsteht der Verdacht, dass sich Replikanten aufgrund ihrer organischen Fleischlichkeit entgegen den Intentionen ihrer Entwickler fortpflanzen können. Über solche anormal geborenen Replikanten sagt Officer K: „Wer geboren wird, hat eine Seele …“, worauf seine Chefin entgegnet, bisher sei er gut ohne Seele zurechtgekommen (ebd., 00:26, deutsche Synchronfassung). Hier wird die Frage aufgeworfen, ab wann ein organisches Wesen eine Seele besitzt und ob dafür eine leibliche Geburt ausschlaggebend ist. Von der Sache her folgt die Story so weit KI-Paradigma B, wie es in *Band 3, 4.2* als Biotechnologie identifiziert wurde. Kann ein synthetischer Organismus aus dem Labor eine Seele haben? Lebt dieser überhaupt oder funktioniert er bloß? Und damit geht eben auch die Frage nach dem Verhältnis zwischen Natur und Kultur einher. Wenn sich Replikanten vermehren können, unterliegen sie dann als technisch erzeugte Kulturprodukte natürlicher Evolution *(Band 1, 3.3)?*

Jedoch kommen Replikanten wie Officer K offensichtlich nicht ohne „implantierte Erinnerungen“ im IT-Paradigma A aus. Hierfür designt Erinnerungskonstrukteurin Dr. Ana Stelline an einer Konsole ganze Episoden in komplexen Gedächtniswelten. Diese werden dann wie Apps in das organische Gehirn der Replikanten eingebaut und gaukeln die Täuschung tatsächlich erlebter Handlungen vor. Stelline kann die jeweiligen Erinnerungen wie von einem Datenträger auslesen (ebd., 00:49, 01:12). Beide Perspektiven werden im Anschluss weiterhin miteinander konfrontiert. So zum Beispiel als Joi zu Officer K sagt: „A und C und T und G, das ist dein Alphabet. Alles beruht auf vier Symbolen. Ich habe nur zwei, die 1 und die 0.“ (Ebd., 00:53, deutsche Synchronfassung) Es wäre nun vorschnell, einfach so die beiden Paradigmen A und B in Reinform nebeneinander zu vermuten. Wie die Idee der implantierten Erinnerungen illustriert, scheint jedoch der Gedanke der IT zu dominieren. Denn wird ein organischer Körper auf die Buchstaben ACTG reduziert, dann liegt er ja bereits als codierbare Information vor – so als sei mit diesen vier Lettern schon alles gesagt. Den Höhepunkt erreichen IT-Hologramm und biotechnologischer Organismus, als sich Joi mit einer echten leiblichen Frau synchronisiert, sich also oberflächlich komplett über sie legt, um mit Officer K Sex zu haben (ebd., 01:22).

Aufgabe: Spielen Sie mit Tab. Band 4, 3.2 und ordnen Sie methodische wie ontologische Körper-Geist-Verhältnisse den Episoden und Motiven des Films zu!

Sprechen wir von „verkörperter" KI oder „embodied AI", womit Roboter bezeichnet sein sollen, dann steht die Suche nach den unausgesprochen mitschwingenden Annahmen zum Körper-Geist-Verhältnis vor weiteren inhaltlichen Auseinandersetzungen. In der aktuellen Debatte haben sich **vier allgemeine Positionen** herausgebildet, die zur Orientierung dienen können. Das Verhältnis zwischen physischen und psychischen Prozessen wird erklärt als:

- die Identität *allgemeiner* psychischer Ereignistypen/Arten mit allgemeinen neurophysiologischen Ereignistypen/Arten (**Typenidentität,** auch generelle Identitätstheorie/genereller Physikalismus genannt) (Brüntrup 2018, S. 96–99; Carrier 2016, S. 291; Leerhoff et al. 2009, S. 115; Newen 2005, S. 208; Teichert 2006, S. 71–73; zur Unterscheidung von Type und Token siehe Abschn. 2.1)
- die Identität *konkreter* psychischer Ereignisse/Vorkommnisse mit konkreten neurophysiologischen Ereignissen/Vorkommnissen (**Tokenidentität**, auch: partikulare Identitätstheorie/partikularer Physikalismus genannt) (Brüntrup 2018, S. 87–91, 105–107; Carrier 2016, S. 291–292; Leerhoff et al. 2009, S. 118; Newen 2005, S. 209; Teichert 2006, S. 73–74)
- ein **(ontologischer) Dualismus** aus getrennten psychischen und physikalischen Zuständen (Brüntrup 2018, S. 26–48; Carrier 2016, S. 292; Leerhoff et al. 2009, S. 108–117; Teichert 2006, S. 37–39 et passim)
- das Nichtvorhandensein eigener psychischer Phänomene, sodass deren Beschreibung komplett durch neurophysiologische Beobachtungen ersetzt werden kann (**eliminativer Materialismus,** auch: eliminativer Physikalismus; Brüntrup 2018, S. 118–138; Carrier 2016, S. 292; Leerhoff et al. 2009, S. 119; Preyer 2019, S. 194, 201; Teichert 2006, S. 45–46, 50–52)

Es gibt also komplexere Interpretationsangebote, die über eine plumpe Konfrontation von Dualismus und Monismus hinausweisen. Jede der vier genannten Positionen umfasst wiederum diverse konkrete Argumente zur Interaktion körperlicher und geistiger Phänomene (Teichert 2006, S. 39–46; zur Diskussion innerhalb der analytischen Philosophie siehe Brüntrup 2018; Leerhoff et al. 2009, S. 108–119; Newen 2005, S. 193–212). Es sei auch noch einmal daran erinnert, dass sich nicht nur Körper in Bestandteile analysieren lassen. Seelenteile werden gleichfalls spätestens seit der Antike verhandelt *(Band 1, 3.3)*. Das Körper-Geist-Verhältnis stellt sich in methodischer Hinsicht als ein Sammelbegriff für diverse Körper-Geist-Verhältnisse dar. Gibt es in der KI und Robotik eine eigene technische Form dessen, die sich von organischem Leben unterscheidet? Auf welche „Seelenteile" zielen Typen- oder Tokenidentitäten ab? Um das Feld etwas zu strukturieren, wird in Abschn. 3.3 und 3.4 hierzu ein heuristischer Vorschlag entwickelt, der auf den vorherigen Abschnitten des Buches aufbaut. Mögliche Vorannahmen über das Körper-Geist-Verhältnis bzw. deren Verhältnisse werden aufgedeckt und in Beziehung zueinander gesetzt. Da die Zusammenhänge durchaus komplex sind, verfahren wir in zwei Schritten. Zuerst wird Abb. Band 4, 3.3 erarbeitet und danach Abb. Band 4, 3.4. Beide greifen ineinander. In Abb. Band 4, 3.2 ist eine Zusammenschau gegeben. Nicht erschrecken! Die komplexe Grafik wird Schritt für Schritt in den folgenden beiden Abschnitten erklärt.

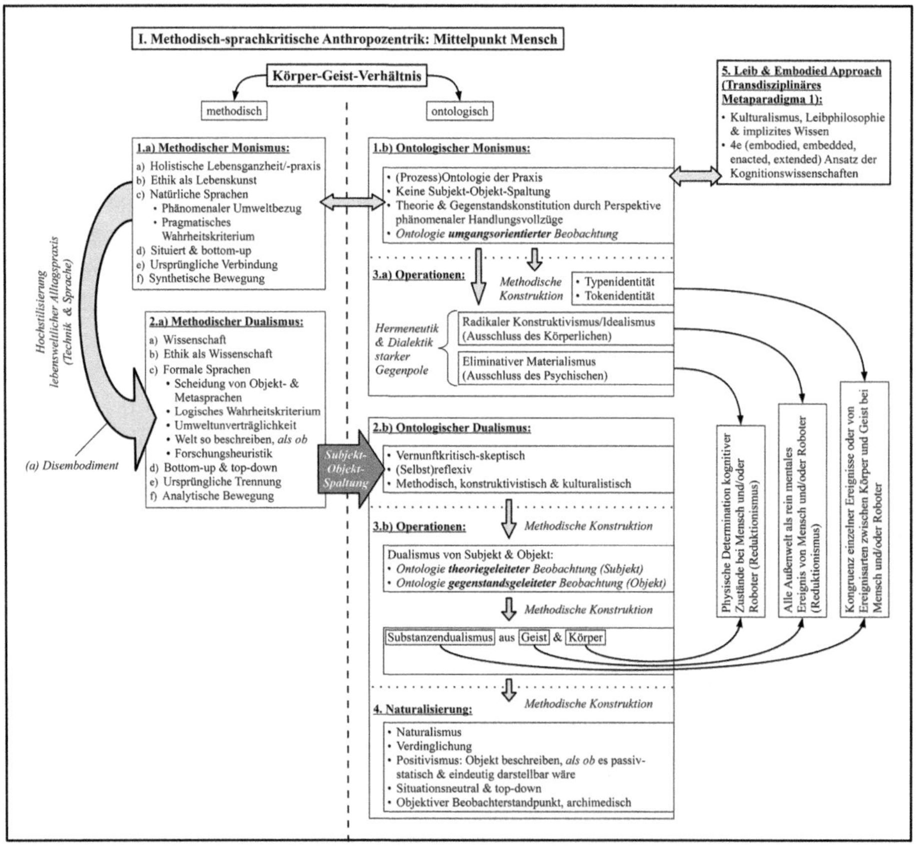


**Abb. Band 4, 3.3** Körper-Geist-Verhältnis – methodisch-sprachkritische Anthropozentrik

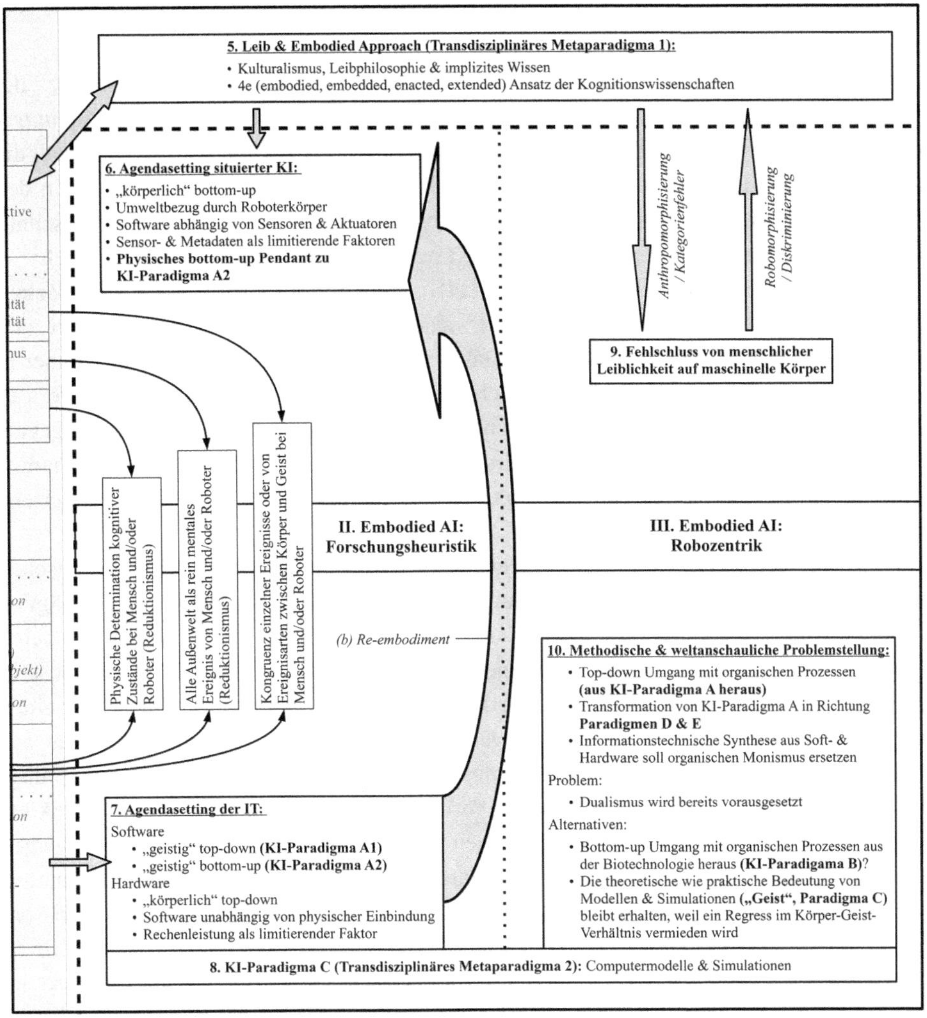


**Abb. Band 4, 3.4** Körper-Geist-Verhältnis – „embodied AI" als Forschungsheuristik und Robozentrik

## 3.3 Zusammenschau I – Methodisch-sprachkritische Anthropozentrik

Sehen wir uns zunächst die linke Seite von Abb. Band 4, 3.2 an. Sie ist betitelt mit „I. Methodisch-sprachkritische Anthropozentrik: Mittelpunkt Mensch" und greift bei „5. Leib & ‚embodied approach'" oben auf die rechte Seite über. Auf der rechten Seite ist ansonsten – abgegrenzt durch eine fett gestrichelte Linie – „II." und „III. ‚Embodied

AI"' zu finden. Ihr wenden wir uns im anschließenden Abschn. 3.4 zu. Nun also zuerst zur linken Seite:

Wir wollen zunächst drei generelle Aspekte unterscheiden: den Ansatz der *Methodisch-sprachkritischen Anthropozentrik (I.)*, der *,embodied AI' als Forschungsheuristik (II.)* sowie der *,embodied AI' als Robozentrik* (III.). Sehen wir uns im Detail die zugrunde liegenden Annahmen zum Körper-Geist-Verhältnis an – auf Basis des in den vorher gehenden Abschnitten erarbeiteten. Abb. Band 4, 3.3 stellt hierzu den Ausschnitt zu (I.) dar. Wir gehen diese nun Kasten für Kasten, also Nummer für Nummer, durch:

1. Der in vorliegender Buchreihe zugrunde liegenden **methodisch-sprachkritischen Anthropozentrik** folgend, beginnen wir also bei handelnden – forschenden und sprechenden – Menschen *(Band 2, 2)*. Das Körper-Geist-Verhältnis lässt sich dabei in zweierlei Hinsicht rekonstruieren, nämlich als methodisch und ontologisch. Insofern es Forschungshandlungen selbst betrifft, nennen wir es methodisch, ontologisch hingegen, wenn es um die Resultate, also Feststellungen und Tatsachen in Folge der Forschungshandlungen, geht. So lassen sich zuerst der methodische Monismus und der ontologische Monismus unterscheiden.

1.a) Der ***methodische Monismus*** steht in engem Verhältnis zum lebenspraktischen Monismus. Es geht also um die Einheit und Ganzheit, aus der heraus wir alltäglich handeln. Dieser ließe sich in einer Extraspalte des alltagspraktischen Körper-Geist-Verhältnisses verorten, welche der methodischen und ontologischen vorangestellt sein könnte – in Abb. Band 4, 3.2 jedoch nicht angezeigt ist. Kennzeichnend für einen methodischen Monismus ist situiertes Denken, also das Begreifen von Einzelheit aus dem ganzheitlichen Zusammenhang heraus. Dem entspricht das Motiv der ursprünglichen Verbindung sowie synthetische Verfahrensformen bottom-up: Das Konkrete wird verortet im verbundenen Allgemeinen. Hier nimmt Ethik ihren ursprünglichen Platz als Lebenskunst ein. Sie stellt eine ganzheitliche praktische Klugheit/Weisheit in spezifischen Lebenslagen dar und ist in dieser ursprünglichen Form vor ihrer wissenschaftlichen Rationalisierung im Alltagshandeln gebunden. Gleiches gilt für natürliche Sprachen, die wie eine Sprachkunst phänomenale Bezüge und Wissensprozesse im Umgang mit Umwelt beschreiben. Wenn man so will, liegt ein methodischer – alltagspraktischer – Monismus generell wissenschaftlicher Welterkenntnis zugrunde. Denn Forschung wird von Menschen gemacht. Dieser Umstand wird auch als **Lebenswelt** diskutiert, die als alltagspraktischer Handlungsraum wissenschaftlich abstrakten Welten vorher geht. In seiner methodischen Dimension bildet der Monismus das ursprüngliche Fundament bei der „Hochstilisierung lebensweltlicher Alltagspraxis" hin zu wissenschaftlichen Theorien (siehe Box „Methodische Rekonstruktion der Robotik als verkörperte KI" am Ende des Abschnitts). Das entsprechende Wahrheitskriterium ist pragmatisch im wiederholt gelingenden Umgang zu finden (*Band 1, 3.3; Band 2, 3.2;* Abschn. 1.1; Abb. Band 4, 1.1).

1.b) Der ***ontologische Monismus*** ist mit dem *methodischen Monismus* verbunden. In Abb. Band 4, 3.3 ist das durch einen waagerechten Doppelpfeil illustriert. Der Grund liegt unter anderem im pragmatischen Wahrheitskriterium. Es verweist auf eine Prozessontologie der Praxis. Sein drückt sich in den Dynamiken ganzheitlicher Weltverhältnisse der Menschen in ihren Umwelten aus. Eine Subjekt-Objekt-Spaltung ist noch nicht vollzogen, sodass uns Gegenstände im Tun phänomenal direkt begegnen. Dem entspricht die Perspektive unmittelbarer Handlungsvollzüge *(Band 2, 2.3)*. Wissenschaftstheoretisch ließe uns ein ontologischer Monismus darum auch als eine Ontologie der umgangsorientierten Beobachtung beschreiben. Im Tun sind wir erkennend direkt bei den Dingen, also ohne archimedische Distanz. Handeln und Sein verschmelzen, sodass die methodische und ontologische Ebene des Monismus ineinandergreifen. Genau genommen führt deren analytische Trennung – wie sie in Abb. Band 4, 3.3 visualisiert ist – bereits in einen Dualismus. Warum ist das so? Weil vorliegendes Buch einen wissenschaftlichen Anspruch verfolgt und darum selbst analytische Übersichten präsentiert. Darum bin ich zur „Hochstilisierung" der lebensganzheitlichen Phänomene durch analytisches Vorgehen gefordert. Anders gesagt: Ich kann zwar von einem „Monismus" sprechen, diesen jedoch nicht wissenschaftlich darstellen. Er entzieht sich den Buchstaben und Kästchen. Alles hier Dargestellte ist bereits im methodischen Sinne dualistisch, baut also auf reflexiven Trennungen auf. Sehen wir weiter auf den entsprechenden methodischen Dualismus, den ich in vorliegendem Buch bespreche und selbst anwenden muss:

2. Aus der Alltagspraxis heraus werden ***methodische Dualismen*** erarbeitet. Es ist hier auch sinnvoll, im Plural zu sprechen, da ja nicht mehr die Rede von einem zusammenhängenden Monismus ist. Der große graue Pfeil in Abb. Band 4, 3.3 ganz links illustriert die „Hochstilisierung" aus situierten Lebensvollzügen heraus. Sie ist in Anlehnung an den Begriff der „embodied AI" bezeichnet als „disembodiment", also so etwas wie „Entleiblichung" oder „Entkörperung". Da wir uns im Bereich der methodisch-sprachkritischen Anthropozentrik bewegen, gilt: Mittelpunkt Mensch. Darum geht es hier tatsächlich um eine Bedeutung des „disembodiment" aus der Ganzheit menschlicher Leiblichkeit heraus. Über KI oder Roboter ist an dieser Stelle noch gar nichts gesagt. Es geht zunächst um die Bedingungen der Möglichkeit, dass bzw. wie Menschen über KI oder Roboter sprechen.

2.a) Die analytische Bewegung des *methodischen Dualismus* geht auf eine ursprüngliche Trennung zurück. Sie bezieht sich auf Reflexion, also die kritisch-skeptische Distanz zur eigenen oder fremden Wahrnehmung, weiterhin Gedanken, Worten, Umweltverhältnissen etc. Bottom-up-Bewegungen aus den Impulsen direkt gelebter Eindrücke werden ergänzt durch analytische Bewegungen top-down: Schlüsse vom Allgemeinen/Abstrakten auf das Individuelle/Konkrete – und wechselwirkend die Analyse konkreter Eindrücke, um sie unter allgemeine Begriffe zu bringen. In diesem methodischen Sinne bauen Wissenschaften – auch Ethik als Wissenschaft – stets auf methodischen Dualismen auf. Welt wird so beschrieben, *als ob* sie mit Abstand gesehen wird. Zum einen ergeben sich daraus Forschungsheuristiken, die wesentlich auf der sprachlichen wie phänomenalen Trennung einzelner Gegenstände aufbauen. Abb. Band 4, 3.2 lässt sich zum Beispiel als eine solche Heuristik verstehen, insofern sie analytisch und synthetisch einen Forschungsgegenstand („embodied AI“) typologisch rekonstruiert. Es wird etwas strukturiert, also sichtbar gemacht. In unserem Fall sind das die absichtlich oder unabsichtlich mitgedachten Voraussetzungen sogenannter verkörperter KI in Robotern. Typisch für den methodischen Dualismus ist die Umweltunverträglichkeit formaler Sprachen. Natürliche Sprachen (methodischer Monismus) werden getrennt in eine Meta- und eine Objektebene (Abschn. 2.1). Durch die reflexiv-analytische Auflösung des direkten phänomenalen Aufgehens in der Umgebung folgt eine Art der Umweltunverträglichkeit.

Zum Beispiel: Wenn ich in einer Metasprache sage: „Subjekt, Objekt und Prädikat bilden einen korrekten Satz“, dann habe ich zwar über Sprache nachgedacht, jedoch nichts über meine Umwelt ausgesagt (wie etwa: „Ich gehe in den Wald.“ oder: „Kein Reh interessiert es, ob der Wald für mich ein Subjekt oder Objekt ist.“). Das Wahrheitskriterium ist folglich kein pragmatisches (denn mit Sicherheit würde ein Reh mich nicht verstehen; wenn Sie mich verstehen und an Rehe denken, dann haben wir gerade zusammen einen Umweltbezug hergestellt – jedoch über die metasprachliche Facette formaler Sprache hinaus). Es geht stattdessen um logische Wahrheitskriterien wie Widerspruchsfreiheit oder Vollständigkeit eines Schlusses. Für diese Art Wahrheit genügt der grammatikalisch korrekte Satzbau, auch wenn damit inhaltlich noch nichts Sinnvolles ausgesagt ist. Mit methodischen Dualismen geht die Trennung von Subjekt und Objekt einher. Sie schlägt sich nicht nur in der (Oberflächen-)Grammatik des Satzbaus nieder, sondern in der reflexiven Selbstdistanz, die Descartes als Selbstbewusstsein verstanden hat und durch welche ich mir selbst zum Objekt meiner subjektiven Gedanken werde. Ich kann mich begreifen, *als ob* ich mein eigenes Objekt wäre oder zu mindestens mein eigener subjektiver Denkprozess.

*2.b)* Der ***ontologische Dualismus*** kann anschließend diverse Formen annehmen. In Gestalt des Substanzendualismus ist er durch die Trennung von Körper und Geist (*res extensa & res cogitans* bei Descartes; Abschn. 3.1) prägend für die moderne europäische wissenschaftliche Weltanschauung geworden. Jedoch geht die dualistische Scheidung von zwei oder mehr Seinsbereichen direkt aus dem methodischen Dualismus *2.a)* hervor. Folglich weist der entsprechende Pfeil in Abb. Band 4, 3.3 in nur eine Richtung, von links nach rechts. „Körper“ und „Geist“ sind selbst schon Produkte reflexiver, skeptischer, kritischer, vernünftig-rationaler Operationen. Dieser Einwand lässt sich auch gegen Descartes vortragen: Er setzt den Dualismus bereits voraus, als er seine Trennung von Körper und Geist beweist. Den holistischen Grund des methodischen Monismus *1.a)* übersieht er, wie auch die Rolle sozialer Praxis (sinngemäß: *Wir unterhalten uns und verstehen einander, also sind wir*). Es darf darum kritisch in Zweifel gezogen sein, ob Descartes wirklich die letzten Fundamente postuliert hat. Jedenfalls sind ontologische Dualismen nicht per se gegeben, sondern gehen aus methodischen Konstruktionen hervor. Anders gesagt: Auch sie müssen in ihren Ursachen kritisch hinterfragt werden.

Wenn der kantischen sogenannten kopernikanischen Wende (die wohl seit Augustinus und Boethius bereits in der Spätantike vollzogen wurde; Abschn. 1.1) gefolgt wird, dann sind die „Dinge an sich“ entzogen. Was bleibt, ist die Frage, wie wir sie zwischen Sinnlichkeit und Verstand für uns erkennen. In diesem methodischen Sinne sind ontologische Dualismen bereits Reflexionsresultate analytischer Bewegungen und synthetischer Verbindungen. Letztere sind durchaus *a priori* möglich – also als Vernunftschlüsse, die zumindest mit den Erfahrungen gleichursprünglich einhergehen – wie Kant argumentiert. Philosophieren wir mit dem Hammer und fragen: Aber ist der Gegensatz aus Erfahrung und Vernunft nicht selbst ein Dualismus? Ja, und Kant widerspricht sich nicht, da er ein reflektierender Mensch ist. Wer auf dem Höhenkamm philosophieren will, fragt hier erbarmungslos weiter und taucht in die Tiefen der theoretischen Philosophie ein. Doch dafür ist vorliegendes Buch nicht gemacht (zur theoretischen Philosophie nach Kant siehe zum Beispiel die detaillierten Analysen in Flach 1994; Höffe 2011; Wagner 2008).

*3.* Methodische Konstruktionen folgen auf der operationalen Ebene aus den verschiedenen Dualismen und Monismen. Sehen wir uns diese ***Operationen*** an:

*3.a)* Wenden wir den Blick auf Abb. Band 4, 3.3 wieder nach oben gen *Ontologischer Monismus 1.b)*. Abgespalten durch eine gepunktete Linie, zerfällt der Kasten in zwei Hälften. Von oben nach unten verlaufen zwei Pfeile. Der erste deutet in operationaler Hinsicht auf eine Hermeneutik bzw. Dialektik starker Gegenpole. Im radikalen Konstruktivismus (nicht zu verwechseln mit *methodischem* Konstruktivismus!) bzw. Idealismus wird Körperliches eliminiert. Der radikale Pol bzw. Monismus liegt dann in Sprechweisen wie: „Die gesamte materielle Welt ist bloße Einbildung und/oder eine Illusion bzw. direkte Folge geistiger Ideen.“ Oder: „Es gibt keine Realität, außer derjenigen, die wir uns mental konstruieren.“ (Im *methodischen* Konstruktivismus würde zum Beispiel die Realität materieller Welten und von Natur nicht geleugnet.) Das andere Extrem lässt sich im eliminativen Materialismus freilegen. Psychisches existiert demnach nicht, sondern ist vollständig auf physische und/oder neuronale Aktivitäten reduzierbar. Bsp.: „Es gibt keinen freien Willen, sondern nur Hormone.“ Oder: „Menschen sind physikalisch determinierte Maschinen, sonst nichts.“ (Erinnern wir uns an La Mettrie: Er war ein materialistischer Monist, aber weniger radikal. Denn er hat zumindest die Rolle der sozialen Bildung neben den Körperfunktionen anerkannt.) Zwischen diesen beiden Extrempositionen entfalten sich mannigfaltige Forschungsaktivitäten. Der aufmerksamen Leserin ist sicherlich nicht entgangen, dass mit beiden Polen natürlich hier schon ein Dualismus vorliegt. In operationaler Hinsicht fließen Monismus und Dualismen ineinander. Das ist in Abb. Band 4, 3.3 grafisch durch drei nach rechts ausscherende dünne Pfeile illustriert, die sich nach unten hin mit dualistischen Operationen koppeln. Der zweite fette Pfeil, *innerhalb* der Box von oben nach unten gerichtet, deutet auf die methodische Konstruktion der Token- und Typenidentität. In der Natur gibt es keine „Token“ oder „Typen“. Sie sind operationale Fachbegriffe und konstruiert in methodischer Absicht.

*3.b)* Wenden wir den Blick in Abb. Band 4, 3.3 weiter nach unten auf die Operationen innerhalb des Kastens zum ontologischen Dualismus. „Subjekt" und „Objekt" sind insofern ebenfalls methodische Konstruktionen. Der *Ontologie umgangsorientierter Beobachtung* des ontologischen Monismus *1.b)* treten operational in *3.b)* zwei weitere Beobachterstandpunkte bzw. Weltverhältnisse hinzu: die *Ontologie theoriegeleiteter Beobachtung* (vom Subjekt aus gesehen) sowie die *Ontologie gegenstandsgeleiteter Beobachtung* (vom Objekt aus gesehen). Im Gegensatz zu *3.a)* findet sich hier kein Hinweis auf eine hermeneutische oder dialektische Verbindung. Warum? Weil diese eine synthetische Bewegung darstellt. In meiner Darstellung gehört sie zum Monismus und darum in die obere Hälfte der Abbildung. Wie bereits erwähnt, stellt der „Substanzendualismus" aus „Körper" und „Geist" einen der zentralen Dualismen dar. Von den drei Begriffen führen drei dünne Pfeile nach rechts und treffen sich weiter oben mit den drei Linien des ontologischen Monismus *1.b)*. Damit wird auch illustriert, wie Monismus und Dualismen praktisch operativ ineinandergreifen.

In Abb. Band 4, 3.3 geht es darum, die jeweiligen Vorannahmen der entsprechenden Positionen zu illustrieren. Der kürzeste Pfeil weist auf die Verbindung aus „eliminativem Materialismus" *1.b)* und „Körper" *3.b)* in Form der „physischen Determination kognitiver Zustände bei Menschen und/oder Robotern" (die linke der drei „Säulen"). Diese Position stellt einen Reduktionismus dar, indem Psychisches auf Körperliches reduziert wird. Wer also dementsprechend argumentiert, baut auf bestimmten operationalen Voraussetzungen *3.a) & b)* auf. Deren ontologische und methodische Annahmen offenbaren sich, wenn die entsprechenden Pfeile entgegen ihrer Richtung zurückverfolgt werden. Sehen wir uns die mittlere der drei rechts außen befindlichen „Säulen" an. Wer argumentiert, dass „alle Außenwelt als rein mentales Ereignis von Menschen und/oder Robotern" auftritt, vertritt den entgegengesetzten Reduktionismus aus „Geist" und „radikalem Konstruktivismus/Idealismus". Ein (Substanzen-)Dualismus kann sich schließlich in der „Kongruenz einzelner Ereignisse oder von Ereignisarten zwischen Körper und Geist bei Menschen und/oder Robotern" niederschlagen. Wer so argumentiert, folgt den Positionen der Typen- und Tokenidentität.

*4.* Bis zu diesem Punkt war die Heuristik in Abb. Band 4, 3.3 unterfüttert von einer Prozessdynamik: Monismus und Dualismen verbinden sich reflexiv in Forschungsoperationen (Pendelbewegungen zwischen Einheiten und Vielheiten, wie sie in Dialektik und Hermeneutik behandelt werden; aber auch in integrativ-iterativen Methoden transdisziplinärer Forschung). Grundlage hierfür ist die Verwurzelung im methodischen Monismus *1.a)* alltäglicher Praxis. Jedoch werden Forschungsobjekte auch häufig als unveränderlich, passiv und statisch beschrieben. Es handelt sich dabei um eine weitere methodische Konstruktion, die auf einem starken ontologischen Dualismus aufbaut und als ***Naturalisierung*** bezeichnet wird. Wir sprechen hier von Naturalisierung, da die alltagspraktischen Fundamente menschlicher Forschungshandlungen systematisch ausgeblendet werden. Die methodischen Konstruktionen werden zu „Natur"ereignissen. Das hat sein Gutes und sein Schlechtes. Erforderlich ist Naturalisierung, wenn es um eine methodisch geordnete Richtung der Naturforschung geht. Unwetter lassen sich so zum Beispiel als Naturereignisse verdinglichen und von anderen Dingen wie Vulkanismus abgrenzen. Natur als Ganzes wird also in erforschbare kleinere Happen bis hin zu mikroskopisch kleinen Häppchen zerschnitten. Jedes Ding ist also ein handhabbarer, reduzierter Ausschnitt einer komplexen Ganzheit, und jeder Teil wird dann erforscht, *als ob* er sich in Naturgesetzen beschreiben ließe. Das wahre Leben zeigt, dass sich tatsächlich naturwissenschaftliche Erkenntnisse über unsere Umwelt erringen lassen.

Soweit so gut. Zu Problemen kommt es jedoch dann, wenn menschliche Handlungen einschließlich mentaler Phänomene und Prozesse als Naturereignisse beschrieben werden. Denn zum einen setzen Naturalisierungen menschliche Handlungen selbst schon voraus. Zum anderen lässt sich in bloß naturalistischen Begriffen nicht sinnvoll über Menschen sprechen (siehe die Fehlschlüsse in *Band 1, 4.6*). Es mag Naturereignisse geben, die im menschlichen Organismus ablaufen. Biochemische Prozesse können zum Beispiel so beschrieben werden, wie auch neuronale Signale als Messwerte in einem Computermodell. Hinzu tritt die *kulturalistische Perspektive* (siehe *5.*). In ihrer naiven Form führt die methodische Konstruktion des Naturalismus in einen Positivismus. Objekte werden erforscht, *als ob* sie passiv-statisch und eineindeutig, situationsneutral sowie bloß top-down darstellbar wären. Diese radikale Zumutung wissenschaftlicher Erkenntnisleistungen ist verbunden mit dem Postulat eines objektiven, archimedischen Beobachterstandpunktes – und Gegenstand kontroverser Kritik geworden *(Band 2, 2.3)*. In Abschn. 3.4 setzen wir diesen Strang fort. Denn er wird zum *Agenda Setting aktueller IT* und in ganz eigene Probleme des Verkörperungsansatzes von KI führen (siehe *7.*).

*5.* Wenden wir den Blick in Abb. Band 4, 3.3 wieder nach oben. Methodischer und ontologischer Monismus sind miteinander wechselseitig verbunden und fallen als anständiger Monismus zusammen. Sie führen zum ***Kulturalismus,*** insofern sich dieser als eine Art Leibphilosophie offenbart, in der auch implizites Wissen aus der Vollzugsperspektive berücksichtigt ist (Abschn. 1.1). Die Ganzheit menschlich-leiblicher Lebensformen korreliert mit Praxiswissen gelingender Lebensgestaltung. Das lässt sich nicht extern naturalisieren, sondern im Vollzug phänomenal erfahren. Wir landen also wieder bei einem Perspektivenproblem. Zusammen mit dem 4e-Ansatz der Kognitionswissenschaften/Cognitive Sciences (*„embodied, embedded, enacted, extended“* (Newen et al. (Hg.) 2018; siehe auch Dreyfus und Taylor 2021, S. 171–189) wächst sich der methodische Monismus zu einem **transdisziplinären Metaparadigma 1** aus. Dieses gilt für die Betrachtung menschlicher Kognition wie eben auch für „embodied AI“ und Robotik. Wie das genau aussieht wollen wir uns im folgenden Abschnitt ansehen.

**Hintergrund: Methodische Rekonstruktion der Robotik als verkörperte KI**
Vielleicht sind bei der Beschreibung von Abb. Band 4, 3.2 bestimmte Konzepte aufgefallen. So ist zum Beispiel von „Hochstilisierung lebensweltlicher Alltagspraxis“ die Rede. Hierbei handelt es sich um einen Begriff zur Rekonstruktion wissenschaftlicher und technischer Praxis. **Rekonstruktion** bedeutet, die Handlungen zu erfassen, die unserem wissenschaftlichen Wissen zugrunde liegen. Das lässt sich in eine lose Analogie zur Archäologie bringen: Es liegt ein Produkt menschlichen Schaffens vor (z. B.

eine Tonscherbe aus dem frühen Mittelalter oder eben eine wissenschaftliche Aussage) und dahinter verbergen sich vielfältige Alltagshandlungen, aus denen es hervorging. Man sollte meinen, dass die Rekonstruktion der Überlieferung eines fragmentarischen Fundstücks (Technik 1; *Band 2, 3.2*) schon schwierig genug ist. Doch massivere Probleme treten auf, sobald dessen Herstellung und Gebrauch (Technik 2 und 3) in den Blick rücken. Von uns war niemand dabei, als ein Tonkrug vor Jahrhunderten geformt und verwendet wurde. Implizites Wissen bildet keine Fossilien und lässt sich bestenfalls aus Fundkontexten, Fußabdrücken („Verhaltensfossilien") oder durch experimentelle Archäologie unscharf deuten. Im Gegensatz dazu hat der **wissenschaftsphilosophische Konstruktivismus und Kulturalismus** methodisches Handeln selbst zum Gegenstand und thematisiert dessen alltagspraktische Grundlagen (Janich 2006, 2021; Kambartel 1989; Kamlah und Lorenzen 1967; Mittelstraß (Hg.) (2008); zum weiteren Überblick siehe Funk und Fritzsche 2021). Es werden also nicht bloß alltäglich gebrauchte Tongefäße untersucht, sondern Wissenschaften, durch welche die Methoden ihrer Wissenserzeugung bereits selbst reflektiert sein sollten. Forscherinnen geben im Idealfall ordentlich an, wo und wie sie zu Ergebnissen gekommen sind (Transparenz, intersubjektive Nachvollziehbarkeit). Das ist fast wichtiger als die Ergebnisse selbst, da sich hierdurch deren Geltung und Rechtfertigung überprüfen lässt. In der methodischen Rekonstruktion wird nun selbst wiederum methodisch verfahren, um ein möglichst umfassendes Bild auch der unausgesprochenen Voraussetzungen wissenschaftlichen und technischen Wissens zu zeichnen. Es geht also zum einen um die als „methodisch" reflektierten Forschungshandlungen der zu betrachtenden Disziplinen – in unserem Fall sind sie mit „verkörperten" Computern, Robotern und KI befasst. Zum anderen geht es um die Alltagshandlungen, die wissenschaftlichen Methoden bereits zugrunde liegen.

Letztere werden als „lebensweltliche Alltagspraxis" bezeichnet. **„Lebenswelt"** ist ein Begriff, der auf Edmund Husserl (1859–1938) zurück geht und nicht abstrakte Welten aus theoretischen Räumen meint, sondern die unmittelbare sinnlich-subjektive Handlungsrealität (Husserl 2012/1935ff; zur digitalen Lebenswelt Waldenfels 2022, S. 142–195). Kurz gesagt: Wissenschaft wird von Menschen mit Menschen für Menschen in menschengemachten Welten betrieben. So zielen Messungen, Tests, Experimente oder Laborforschungen zwar auf theoretisch relevante Ergebnisse ab, die jedoch *praktisch* erarbeitet bzw. „konstruiert" werden. Zur „Hochstilisierung lebensweltlicher Alltagspraxis" zählt dabei zum einen sprachliches Handeln. Auf den leiblichen Sprachtechniken der Lautbildung aufbauend entwickeln sich zunächst ab dem Kindesalter Alltagssprachen zur gemeinsamen Orientierung im Umgang mit der Umwelt. Darauf folgend entstehen Metasprachen (z. B. (Oberflächen-)Grammatik der Muttersprache) sowie diverse Fachsprachen und formale Kalkülsprachen. Der stufenweise Aufbau sinnvollen Sprechens betrifft auch Redeweisen, die Herstellung und Gebrauch von Messinstrumenten betreffen. Bei deren Rekonstruktion wird auf die sprachkritische Methodik zurückgegriffen *(Band 1, 3.3)*. Zum anderen erfolgen „Hochstilisierungen lebensweltlicher Alltagspraxen" bei nichtsprachlichen Handlungen ebenfalls stufenweise. In *Band 2, 3.2* haben wir das ***Poiesis*-Paradigma** angesprochen (Janich 2006, S. 22–28,

39–44 et passim.). Es bezeichnet den sensiblen Blick für das Herstellen von Mess- und Beobachtungsinstrumenten, das dem Gebrauch immer schon vorangeht (Dingler 1987). Wird im Gegensatz dazu bloß auf deren Anwendung gesehen, bleiben die produktiven Konstruktionen bis hin zur Normierung von Maßeinheiten oder dem Kalibrieren der Geräte unerkannt.

In der Wissenschaftsphilosophie werden solche sprachlichen wie nichtsprachlichen Grade als **„methodische" oder „pragmatische Ordnung"** bezeichnet (Lorenz 2016; Wolters 2016). Aus alltäglichen Handlungsvollzügen heraus wird bereits eine Handlungslogik praktisch etabliert, die theoretischen, formalen Analysen vorangeht. Bevor eine Länge gemessen werden kann, ist also ein Lineal herzustellen auf Grundlage praktischen Wissens, und das im Verbund mit der Normierung von Längenmaßen, über die sich kommunikativ verständigt wird. Ein klassisches Beispiel bildet die Geometrie, deren Wurzeln in die Feldmess- und Baukunst zurückreichen (Dingler 1933, 1987; Husserl 2012/1935ff): *Wie muss ich verfahren,* um eine Pyramide mit rechteckigem Grundriss zu bauen? Und *wie kann ich bestimmen,* was der ideale Böschungswinkel ist? Das *Ideal*maß, das wir heute bei der Cheops-Pyramide mit ca. 51° angeben, ist selbst eine Konstruktion in Folge diverser praktischer Versuche im Pyramidenbau – und nicht alle Vorgängerversuche sind geglückt, wie sich an den dortigen Knickpyramiden beobachten lässt. In einem weitreichenden Sinn prägen methodisch geordnete Handlungslogiken seit der frühen Kindheit das Erlernen von Selbst- und Weltverständnissen, die im fortschreitenden Alter Grundlagen für wissenschaftliches Forschen bilden. Ein klassisches Beispiel ist das **Lernen des Kochens.** Dem Ziel der gelungenen Mahlzeit folgend ist es notwendig, die operationale Reihenfolge einzuhalten, wonach Petersilie zum Beispiel erst sehr spät in die fast schon fertige Suppe gegeben wird. Wer sie ganz am Anfang ohne Öl auf den leeren Topfboden wirft und versucht, sie wie Fleisch aromatisch anzubraten, wird sein Ziel kulinarisch verfehlen.

Es sind elementare Handlungsfolgen wie das Anrühren des Teigs, bevor (!) dieser auf dem Blech verteilt in den Ofen geschoben wird. Wer Mehl, Butter, Milch und Eier ohne Blech original verpackt in die Röhre schiebt, wird in die Röhre schauen – und die Röhre hungrig schrubben müssen. Denn die aus erwachsener Sicht regelrecht banal wirkenden operationalen Stufen wurden missachtet und das Ziel verfehlt. Niemand akzeptiert ein Kochrezept, das ständig zum Misserfolg führt (Janich 2006, S. 27 et passim.). Zugegeben: Wer sich ein Reinigungshappening zum Ziel setzt, könnte eventuell so verfahren, aber auch da würde dem **Zweck-Mittel-Schema** folgend eine entsprechende Handlungslogik befolgt. In diesem Sinne gibt es mannigfaltige Analogien zur Praxis des Experimentierens. Kochrezepte beschreiben erfolgreiche Handlungsketten, wie auch Dokumentationen, Anleitungen oder Protokolle wissenschaftlicher Versuche. Hochstilisierungen sprachlicher oder technischer Art betreffen auf vielfältigen Wegen auch die KI und Robotik. Eine mögliche Rekonstruktion wird in Abb. Band 4, 3.2 sprachkritisch angeboten. Sie verfolgt den Zweck, vorausgesetzte Körper-Geist-Verhältnisse in der Rede von „embodied AI" methodisch zu ordnen. Sie zielt vor allem auf den wissenschaftlich relevanten Wortgebrauch ab, nicht jedoch auf die Sprechweisen und rituellen

Handlungsformen verschiedener Religionen, in denen etwa Seelenwanderungslehren einen wesentlichen Bestandteil bilden. Wer dieses Ziel verfolgt, würde sicherlich zu einer alternativen Rekonstruktion gelangen.

## 3.4 Zusammenschau II & III – „Embodied AI" als Forschungsheuristik und Robozentrik

Wenden wir uns in diesem Abschnitt der rechten Seite von Abb. Band 4, 3.2 zu. Hier sind die beiden Bereiche „embodied AI" vorgestellt als *Forschungsheuristik (II.)* und *Robozentrik (III.)*. Sie schließen an die Darstellung der *methodisch-sprachkritischen Anthropozentrik (I.)* aus dem vorhergehenden Abschn. 3.3 an. Die dort vorgestellte Abb. Band 4, 3.3 bildet die linke Seite der Hauptgrafik ab, welche aus Gründen der übersichtlichen Darstellung in zwei Etappen präsentiert wird. Nun also die rechte Hälfte in Abb. Band 4, 3.4:

*6.* Der Übergang von *5. Leib & „embodied approach"* (in Abb. Band 4, 3.4 ganz oben) zu ***Agenda Setting situierter KI*** (links darunter) stellt eine wesentliche Denkform der „embodied AI" dar. *5.* ist ganz oben links durch einen Doppelpfeil wie bereits in der vorherigen Abb. Band 4, 3.3 mit dem methodischen und ontologischen Monismus *1.* verbunden. Aus dieser Linie speist sich ein Verständnis von *„embodied AI"* als Forschungsheuristik (*II.;* linke Hälfte im fett gestrichelten Bereich in Abb. Band 4, 3.4). Das Agenda Setting situierter KI ergibt sich aus dem transdisziplinären Metaparadigma des „embodied approach", welches keine alleinige Erfindung der KI-Gemeinde darstellt. Auf breiter Front ist das Konzept der Situiertheit mit Forschungen der Psychologie, Biologie, eben dem fachübergreifenden Reigen der Kognitionswissenschaften, aber auch der Technikphilosophie wie angewandten Ethik verbunden (siehe situationsangemessene pragmatische Entscheidungsfindung/Kasuistik in *Band 2, 1.3*). Es handelt sich hierbei tatsächlich seit den 1970er-Jahren um einen Paradigmenwechsel auf breiter Linie, der im wahrsten Sinne des Wortes als eine transdisziplinäre Bewegung viele konkrete Fächer beeinflusst und verändert (darum *Meta*paradigma). Der Einfluss auf die KI und Robotik drückt sich im Übergang von GOFAI (KI-A1) zu KNNs (KI-A2) aus *(Band 3, 4.4)*. Es ist interessant zu sehen, wie Annahmen zur Beschaffenheit menschlicher Kognition, das entsprechende Menschenbild und Computertechnik hier paradigmatisch ineinandergreifen (Grunwald 2022). Verändert sich das eine, folgt das andere.

Für das Paradigma situierter KI gilt dabei der Umweltbezug durch einen Roboterkörper als Grundlage. „Körperlich" ist in dem Fall bottom-up gedacht – also nicht als limitierender Faktor, der top-down verschiedene Rechenoperationen physisch „trägt" oder eben begrenzt. Körperlich bottom-up meint hier, dass eine neue Qualität durch physisch vermittelte Umweltbezüge auch bei der Strukturierung von Software entsteht. KI-A2 organisiert sich selbst auf Grundlage ihrer konkreten mechatronischen Verkörperung. Sensor- und Metadaten werden dabei zu limitierenden Faktoren, die Physik der Robotik hingegen als Tor zur Welt aufgewertet. Entscheidend ist nun, dass es sich um eine Art Bionik handelt (KI-Verständnis 1.a.; *Band 3, 4.3*), es wird also vom ursprünglichen Monismus menschlich-leiblicher Welt- und Selbstverhältnisse auf Maschinen geschlossen. Dieser Schluss kann zur Bildung einer Forschungsheuristik führen (*„Embodied AI" II.*, linke Spalte), wenn entsprechende Ansätze methodisch erprobt werden. Auf der anderen Seite kann aber auch eine Robozentrik folgen (*„Embodied AI" III.*, rechte Spalte). Bevor wir uns dieser zuwenden, soll zuerst betrachtet werden, was da paradigmatisch vom „embodied approach" weitergedacht wurde. Denn die angesprochene Forschungsheuristik hat keinen Neuanfang zum Gegenstand, sondern bildet ein Spannungsfeld ab.

*7.* Wenden wir unseren Blick in Abb. Band 4, 3.4 in der linken Spalte nach unten zum ***Agenda Setting der IT.*** Erinnern wir uns an die methodische Konstruktion des *Naturalismus 4.* (Abb. Band 4, 3.3), durch welche Dinge wie „Körper" und „Geist" als Naturereignisse vergegenständlicht werden. Was bei der Beschreibung von Menschen an Grenzen stößt, ist in anderen Kontexten sinnvoll, zum Beispiel als technisches Paradigma. Entsprechend führt die Naturalisierung des Körper-Geist-Dualismus zur Agenda der IT (durch einen von links kommenden Pfeil illustriert). Es ist ja gerade eine methodische Voraussetzung, dass wir aus Körper und Geist Dinge machen, um sie wie Werkstücke bearbeiten zu können. Blieben sie Prozesse, die wir selbst vollziehen, kämen wir nie aus ihnen heraus und könnten sie nicht entsprechend auf der Werkbank ausbreiten. Dieser Gedanke ist insofern epochal, als dass von Turing bis Shannon und Weaver die Werkstätten der Informationstechnologien und Nachrichtentechniken ihren Betrieb aufgenommen haben *(Band 2, 2.2; Band 3, 1)*. Das Ding „Software" steht dabei im KI-Paradigma A1 für „geistig" im Sinne von top-down programmiert. Das Gegenteil finden wir im KI-Paradigma A2, wo sich Software quasi bottom-up „geistig" selbst strukturiert – stets auf Grundlage mathematischer Regeln, die von Menschen bewiesen wurden. Das Ding „Hardware" wirkt dabei „körperlich" top-down, indem es als limitierender Faktor bei der Rechenleistung in Erscheinung tritt.

Da Software unabhängig von deren physischer Einbindung operiert, spielt Hardware sozusagen eine sekundäre, „dienstleistende" Rolle. Beim Übergang von KI-A1 zu KI-A2 wird dieses Verständnis des IT-„Körpers" jedoch ebenfalls mit einem Bottom-up-Paradigma konfrontiert. Es beginnt die Suche nach einer Art **„re-embodiment"**, um die vormals naturalisierten und dinglich getrennten Segmente der Soft- und Hardware mit neuer Qualität zusammenzufügen. Der große, aufsteigende graue Pfeil in der Mitte von Abb. Band 4, 3.4 deutet diese Bewegung an. Er ist das in umgekehrte Richtung verfahrende Pendant zum „disembodiment"-Pfeil in Abb. Band 4, 3.3. Das *Agenda Setting situierter KI (6.)* geht also nicht unbelastet aus einem lebensweltlichen Monismus menschlicher Praxis hervor, sondern wird durch die Suche nach einem physischen Bottom-up-Pendant zum KI-Paradigma A2 in ein Spannungsfeld geführt. **Wird dieses Spannungsfeld als solches erkannt und methodisch-kritisch rekonstruiert, dann erringt „embodied AI" den Status einer Forschungsheuristik im Dienste wissenschaftlicher Rationalität *(II.)*.** Im anderen Fall folgt eine diffuse Robozentrik, in welcher „embodied AI" zum Mantra eines leeren Buzzwords gerinnt. Welche Probleme damit verbunden sind, sehen wir uns weiter unten an, wenn es um die rechte Spalte geht. Jedenfalls werden im forschungsheuristischen Spannungsfeld aus klassischer IT-Agenda *7.* und situiertem Ansatz *6.* die aus Abb. Band 4, 3.3 bekannten Positionen der physischen Determination mentaler Zustände, der Reduktion von Realität auf psychische Ereignisse oder der Token- wie Typenidentität verhandelt. Darum reichen die drei Säulen auch in den linken Bereich von Abb. Band 4, 3.4 hinein. Zur Erinnerung sei wiederholt, dass beide Abbildungen jeweils eine Hälfte der umfassenden Abb. Band 4, 3.2 darstellen. Dass ich hier mit zwei getrennten Hälften in Abschn. 3.3 und 3.4 verfahre, ist dem Versuch einer übersichtlichen Darstellung dieser komplexen Verflechtungen geschuldet.

*8.* Das zweite *transdisziplinäre Metaparadigma* haben wir bereits als KI-Paradigma C mit Blick auf ***Computermodelle und -simulation*** kennengelernt *(Band 3, 4.2)*. Es folgt direkt aus dem Agenda Setting der IT *7.*, setzt also moderne Computer im Turing-Paradigma voraus. Wie schon der „embodied approach" *5.* beschreibt es ein *Meta*paradigma, da es fachübergreifend wirkt. In der Wettervorhersage kommen Computersimulationen zum Einsatz wie auch in der Modellierung pandemischer Infektionsverkäufe, in der Artificial-Life-Forschung wie in der Städteplanung und natürlich in der Robotik. Das zweite Metaparadigma unterfüttert quasi die Forschungsheuristik der „embodied AI" *(II.)* wie auch die ***Robozentrik (III.)***. Mit Robozentrik ist eine zweite Version des Verkörperungsansatzes in der KI/Robotik bezeichnet, in welchem es um eine diffuse Gleichsetzung biologisch-organischer Leiblichkeit (bei Menschen) und technischer Körperlichkeit geht. Die wörtliche Leibwerdung technischer Intelligenz/Informationsverarbeitung führt vor allen ethischen Bedenken in diverse theoretische Widersprüche.

*9.* Einen Teil der Widersprüche haben wir bereits ausführlich in den vorhergehenden Abschnitten kennengelernt. Wenden wir den Blick in Abb. Band 4, 3.4, rechte Hälfte, nach oben, dann sehen wir zwei Pfeile, die direkt aus *5.* ab bzw. zu *5.* aufsteigen. Dabei handelt es sich um die Kategorienfehler der unzulässigen Anthropomorphisierung und Robomorphisierung. Der methodische Knackpunkt ist in *4.* (Abb. Band 4, 3.3) zu finden, also in der Naturalisierung, welche dem IT-Ansatz *7.* sowie dem zweiten Metaparadigma der Computersimulation *8.* vorausgeht. Wird „embodiment" im Sinne der Leiblichkeit wörtlich genommen, dann landen wir bei den bekannten ***Fehlschlüssen,*** da normativ-wertende (Kulturalismus) und deskriptiv-beschreibende Wortverwendungen (Naturalismus) unzulässig vertauscht werden: Sein-Sollen-Fehlschluss, naturalistischer Fehlschluss, anthropomorpher und robomorpher Fehlschluss *(Band 1, 4.6)*, sowie starke und schwache algorithmische Fehlschlüsse *(Band 3, 5.2; Band 3, 6.2)*, epistemischer Fehlschluss (Abschn. 1.2) und semantischer Fehlschluss (Abschn. 2.3). Wie gesagt, wird der Schluss methodisch reflektiert und rationalisiert, dann lässt er sich in eine Forschungsheuristik überführen, in welcher die Frage nach der Simulierbarkeit menschlicher Leiblichkeit durchaus sinnvoll gestellt werden kann. Es ist jedoch der entscheidende Unterschied, ob es sich dabei um eine kritisch-reflexive Selbstvergewisserung handelt oder eine vorschnell-unbedachte Gleichsetzung. Beispiel:

„Lasst uns einen neuen Weg gehen und Computer konstruieren, die so ähnlich wie Menschen körperlich Probleme lösen könnten." = Forschungsheuristik

„Wenn Computer jetzt auch körperlich mit ihrer Umwelt interagieren, sind sie endlich wie (leibliche) Menschen." = Robozentrik (Fehlschluss)

*10.* Welche ***methodischen und weltanschaulichen Problemstellungen*** treten bei der robozentrischen Rede von „embodied AI" auf? Zunächst wird die metaphorische Sprechweise von Verkörperung nicht sichtbar gemacht. Der klassische Methodenfehler besteht also in der (absichtlich-täuschenden oder unabsichtlich-naiven) Verschleierung der Voraussetzungen, von denen ausgegangen wird. Wird hingegen klargestellt, dass die Redeweise von „verkörperter KI" in einem Roboter selbst auf einer hoch belasteten und klärungsbedürftigen Metapher aufbaut, wäre das Problem schon einmal entschärft – und führt folgerichtig zu weiterführenden Forschungsfragen zum Begriff des „embodiment" bzw. der „Verkörperung" oder „Verleiblichung". Eines der schärfsten inhaltlichen Probleme ergibt sich aus der stillschweigenden Voraussetzung eines ontologischen wie methodischen Dualismus, aufgrund dessen ein neuer Monismus im Roboterkörper entstehen soll. Werden da nicht Ursachen und Wirkungen vertauscht? Die Transformation von KI-Paradigma A in Richtung eines Bottom-up-Monismus folgt quasi einer bionischen Idee, wodurch sich das IT-Verständnis „Künstlicher Intelligenz" den Formen organischer Intelligenzen annähert. Doch die entsprechende Transformation von Paradigma A zu Paradigma D (Züchtung) oder E (humane Kultur) bleibt klärungsbedürftig. Denn auch hier wird quasi ein Dualismus (Paradigma A) künstlich erzeugt und dann anderen Forschungsthemen bzw. Gegenstandsbereichen übergestülpt. Anders gesagt: Wenn die Lebensganzheit menschlicher Kulturen die Grundlage von Dualismen ist, wie kann dann diese Ganzheit mit Dualismen erzeugt werden? **Lebendes Fleisch verhält sich anders als Soft- und Hardware – erst recht als bloße Simulation.** Weltanschauliche Probleme folgen auf dem Fuß, wie z. B. die diskriminierende Reduktion von gelebter menschlicher Leiblichkeit auf Daten oder die Verstümmelung sozialer Kommunikation zur bloßen entkörperlichten Informationsverarbeitung. Was wären alternative Ansätze oder Denkweisen des „embodiment", die diesen Problemen entgehen?

Denkbar wäre ein Bottom-up-Umgang mit organischen Prozessen aus der Biotechnologie heraus (KI-Paradigma B). Jedoch stellen sich hier mindestens zwei Probleme: Erstens, auch hier wird die Naturalisierung intelligenten Verhaltens sowie organischer Prozesse vorausgesetzt; zweitens ist die Redeweise des „genetischen Codes" oder der „Programmierung von DNA" dermaßen von IT-Metaphern durchzogen, dass zumindest eine schleichende Dominanz der Paradigmen A und C (sie kämen quasi durch die Hintertür hineingeschlichen) ausgeschlossen werden müsste. Oder es wird beinhart auf dem Metaparadigma C sowie der zugrunde liegenden Naturalisierung des Körper-Geist-Dualismus als methodische Voraussetzung bestanden. Ein Regress wäre so möglicherweise zu vermeiden. Dann müsste kompromisslos auch stets von einem „technischen Körper" die Rede sein, unter der Option, dass dieser eine ganz eigene Kategorie darstellt. Technische Körper in diesem Sinne können sich natürlich auch biologischen Vorbildern aus dem Tierreich *(Band 3, 2.2)* oder an Pflanzenphysiologie orientieren *(Band 3, 2.3)*. Ab dem Punkt wäre jedoch die methodisch-kritische Rationalisierung so weit gereift, dass wir den Bogen aus einer diffusen Robozentrik *(III.)* zurück zu einer Forschungsheuristik *(II.)* geschlagen hätten (siehe Abschn. 5.2 für eine Heuristik der verschiedenen Kategorien technischer „Autonomie"). Jedenfalls sollte klar geworden sein, **dass eine nicht weiter reflektierte Redeweise von „verkörperter KI" bzw. „embodied AI" nichts Sinnvolles über die Menschenähnlichkeit von Robotern aussagt.** Es ist damit noch nicht einmal etwas über anthropomorphes oder humanoides Roboterdesign auf den Punkt gebracht.

Als kritisch reflektierter Oberbegriff steht „verkörperte KI" bzw. „embodied AI" für eine **Forschungsheuristik innerhalb eines komplexen, transdisziplinär zu bearbeitenden Spannungsfeldes.** Viele verschiedene Ansätze der klassischen Robotik, aber auch aus den biologischen Wissenschaften, versammeln sich unter ihr. Im Detail ist an der Schnittstelle zwischen KI-Forschung, Robotik, Mechatronik, Softwareentwicklung und Sensorik zu differenzieren, welche funktionalen Formen technischer Körper bzw. Hardware zum Einsatz kommen, und was das für die konkreten Softwareprozesse bedeutet. In vorliegendem Abschnitt ging es um eine philosophische Perspektive vor dem Hintergrund des Körper-Geist-Verhältnisses als einem jahrtausendealten Forschungsproblem. Die in Abb. Band 4, 3.2 vorgeschlagene Heuristik stellt eine konkrete Interpretation dar, die zum fachübergreifenden Dialog ausdrücklich einladen soll. Dazu gehört auch Kritik am hier Dargebotenen. Insofern ist die Darstellung selbst eine methodische Rekonstruktion unserer Sprechweisen und Vorannahmen, die weder der Weisheit letzter Schluss noch alternativlos bleibt. Sie ist so doppelschichtig wie ihr Gegenstand. Körper-Geist-Verhältnisse entspringen menschlichen Handlungen (einschließlich Denken, Ideen entdecken etc.), darum ist die Abbildung anthropozentrisch und nimmt von dort ihren Anfang. Gleichzeitig bildet sie Sprachformen im Umgang mit Technik ab. Beides greift ineinander, wie schon in der KI-Forschung seit ihren Anfängen. Beim Forschen bekommen wir den Faktor Mensch nicht aus der Gleichung herausgekürzt. Das ist gut so, sollte aber eben auch bei wissenschaftlich-methodischem Handeln nicht übersehen werden.

**Übersicht: Körperliche und geistige Definitionen künstlicher Intelligenz**

In *Band 3, 2.1* haben wir uns bereits mit humanoiden Robotern beschäftigt. Dabei wurden drei Wege der „Verkörperung" – auch im übertragenen Sinne – unterschieden: Sprache, materiell-funktionales Design und diverse epistemische wie soziale Effekte. Mit Abb. Band 4, 3.2 haben wir deren Voraussetzungen im Feld der Körper-Geist-Verhältnisse identifiziert. „Embodied AI" als Sprechweise, materiell-funktionales Design, epistemisches oder ideologisches Motiv (Effekte) können sich jeweils in einer Forschungsheuristik *(II.)* oder robozentrischen Spekulation *(III.)* entfalten.

*Methodisch-sprachkritische Anthropozentrik (I.):* Leibliche Menschen, die aus ihren kulturellen Lebensweisen heraus „verkörperte" und „künstliche" Intelligenzen herstellen (Paradigma E; *Band 3, 4.2*).

*„Embodied AI" (II.):* Im Turing-Paradigma *(7.)* wird Künstliche Intelligenz geistig definiert (KI-A1, top-down; link Paradigma C). Es bildet ein heuristisches Spannungsfeld zusammen mit dem Paradigma situierter KI, welche entsprechend körperlich definiert ist: KI-A2 „geistig" bottom-up *(7.)*+KI-A2 „körperlich" bottom-up *(6.)*. Wir befinden uns im informationstechnologischen Verständnis des Wortes „Künstliche Intelligenz" (Paradigma A).

Alternative: Synthetische Biologie/Biotechnologie (Paradigma B), die entweder einen völlig eigenen Weg „Künstlicher Intelligenzen" eröffnet oder als bloß materielle Manufaktur organischer Roboterkörper gedacht ist (die funktional in den IT-Ansatz eingegliedert werden: Paradigma A, „körperlich" bottom-up *6.*).

Alternative: Züchtung (Paradigma D), die immer schon biologisch verkörperte Intelligenzen meint (Beispiel: trainierter Wachhund oder auf sanftes Sozialverhalten gezüchtete Blindenhunde).

*„Embodied AI" (III.):* Robozentrische Definitionen der KI können auf beliebigen Annahmen im Spektrum des Körper-Geist-Verhältnisses aufbauen, da ihnen eine wissenschaftlich-methodische Verankerung fehlt. Sie führen zur spekulativen Science Fiction.

**Beispiel: Verkörperung in *Ghost in the Shell***

Sehen wir uns ein Beispiel aus der Science Fiction an, das in den Bereich der *„embodied AI" (III.)* fällt: Mit dem Begriff des „artificial life" lässt sich die Vorstellung „lebender" oder „beseelter" Computerprogramme verbinden (Paradigma C; *Band 1, 3.3; Band 3, 4.2*). *Ghost in the Shell* greift diese Idee auf und bettet sie in eine fiktionale Erzählung ein, die von Masamune Shirow ab 1989 als Manga (japanischer Comic) veröffentlicht wurde. 1995 folgte die Umsetzung des Stoffs als Anime (japanischer Zeichentrickfilm) durch Mamoru Oshii (2008/1995). Die Handlung dreht sich um Computerprogramme, die ein eigenes Bewusstsein entwickeln, eine Art von Leben darstellen und sogar von Körper zu Körper „springen" können. Unter Cyborgs verstehen wir organische Wesen, die um technische Module erweitert werden *(Band 3, 2.1)*. In *Ghost in the Shell* wird nun eines der extremsten Cyborg-Szenarien entwickelt, insofern deren organische Bestandteile nur noch aus wenigen Gehirnzellen bestehen, die in einer „Shell" umgeben von androiden Roboterelementen den Geist beinhaltet. Wer die Schranken der Shell innerhalb des Cybergehirns eines Cyborgs überwindet, hat Zugriff auf die jeweilige Person und kann ihre Handlungen wie Erinnerungen kontrollieren.

Insofern bedient die Handlung das Bild des genialen Hackers, der in die mentalen Welten vernetzter Cybergehirne einzudringen weiß. Für die so ausgestatteten Cyborgs stellen sich existenzielle Fragen, da die Gehirnzellen in der Shell der letzte originale Teil ihrer menschlichen Körper sind. Da sie sich nicht ersetzen lassen, sorgt das Hacken der Shell für entsprechende Ängste. Der als Puppetmaster bezeichnete Superhacker ist nun ein Geist, der aus einem Computernetzwerk selbst entstanden ist. Er springt von Körper zu Körper, egal ob Cyborg oder Roboter, und erfüllt insofern die Definition des „artificial life", das über bloße Simulation von Lebensprozessen hinausreicht. Mit seinem Eindringen in die Shell anderer Cyborgs kann er sie nicht nur kontrollieren, sondern auch die organische Bindung ihrer Geister lösen, sie also aus der Shell hinausziehen und zu lebenden Computerprogrammen befreien. Die Erzählung versammelt vielfältige Motive wie zum Beispiel das des im Post- und Transhumanismus diskutierten „mind uploading". Insofern hier tatsächlich der Lebensbegriff mit all seinen Bedeutungsschichten auf Computerprogramme angewendet wird, die sich in diversen physischen Körpern einnisten, handelt es sich um eine robozentrische Variante des Verkörperungsansatzes. ◀

Verstanden als *Forschungsheuristik (II.)* hat das Konzept des „embodiment" seit den 1980er-Jahren zunehmend die Entwicklung der KI (Paradigma A) beeinflusst. Es findet zum exemplarischen Ausdruck in **Moravecs Paradox,** wonach rationale Kalküle – die einst als „geistiger" Höhenkamm menschlicher Kognition gesehen wurden – mit weniger Rechenaufwand zu stemmen sind als eigentlich „banale", sensomotorische Eingriffe in die Umwelt (Moravec 1988; Seng 2019, S. 8–9; *Band 3, 6.1*). In anderen Worten: Maschinen können viel leichter rechnen als auf zwei Beinen gehen. Großen Einfluss hatten unter anderem Arbeiten von Rodney Brooks, der „embodied" auch als „embedded", also „situiert", versteht. Situiertheit folgt direkt aus der Verkörperung, insofern ein physisches Objekt an einem bestimmten Ort ist (an dem kein anderer Körper sein kann). Physische Interaktion und spezifische Umgebung fallen unmittelbar ineinander. Die zentrale These: Eingebettete und verkörperte KI funktioniert primär bottom-up, stärker beeinflusst durch Sensordaten als durch situationsneutrale Programmierung top-down. In diesem Sinne ist Robotik nicht bloß die Anwendung von KI, sondern ermöglicht ein weiterführendes Verständnis von KI (Brooks 2005, S. 62; Nida-Rümelin und Battaglia 2019, S. 3–7; siehe auch Mainzer 2009; Mergner et al. 2019).

Einem vergleichbaren Paradigmenwechsel unterliegen die Forschungen zur menschlichen Kognition (Maturana und Varela 2009; Noë 2004; Varela et al. 1997). Seit den 1990er-Jahren wird zunehmend die These des **„erweiterten Geistes" („extended mind")** diskutiert. Kognitive Prozesse schließen demnach die Umgebung mit ein und sind nicht auf das Gehirn allein beschränkt (Carrier 2016, S. 292). Im Gegensatz zu Computern wird die prägende Rolle sensomotorisch-körperlicher Umweltinteraktion hervorgehoben (ebd., S. 296). Von der Sache her wird dadurch Kultur als Externalisierung geistiger Phänomene interpretiert. So erscheint der „Gebrauch des Notizbuchs funktional äquivalent zur Erinnerung“ (ebd., S. 292). Im Rahmen aktueller Fragen der Digitalisierung ist dieser Ansatz hilfreich, um soziale Medien, synchronisierte E-Mail- und Kalenderapps etc. als Externalisierung der Erinnerung an Sozialkontakte oder eben Termine zu interpretieren. Im Bereich der sogenannten moralischen Maschinen greifen Wallach und Allen (2009) auf dieses Erklärungsmuster zurück, um die Auslagerung von Moral in Roboter ebenfalls als **funktionale Äquivalenz** zu deuten („functional morality“). Der dahinterliegende Gedanke ist jedoch keine Innovation der Robotik und KI des 20. Jahrhunderts, sondern deutlich älter. In der Theorie der Organprojektion kennzeichnet er die anthropologische Technikdeutung Ernst Kapps (1808–1896), die seit dem Erscheinen seines Buches 1877 die moderne Technikphilosophie prägt. Aus heutiger Sicht sind manche seiner Äußerungen empirisch überholt. Jedoch durchläuft sein Erklärungsmuster diverse Metamorphosen und feiert regelmäßig Renaissancen. Über Nervenaktivitäten im menschlichen Körper und deren technische Externalisierung in Gestalt von Stromnetzen lesen wir zum Beispiel:

> „Unsere Vorstellungen vom Nerven und vom elektrischen Draht decken sich im gewöhnlichen Leben so sehr, dass man mit Fug und Recht behaupten darf, es existiere überhaupt keine andere mechanische Vorrichtung, welche in genauerer Übereinstimmung ihr organisches Vorbild wiedergibt […]. Die Organprojektion feiert hier einen großen Triumph.“ (Kapp 2015/1877, S. 132)

Weitergedacht entpuppt sich dann auch die Idee funktionaler Moral in Maschinen als eine Art der Projektion organischer Vorbilder in der Denktradition des 19. und nicht etwa des 21. Jahrhunderts.

Bei allen terminologischen Alterationen sei noch einmal auf den **Unterschied zwischen „Leib“ und „Körper“** hingewiesen (Ihde 2002; Irrgang 2005; Fuchs 2020; Funk 2014). Das englische „embodiment“ ist hier besonders mehrdeutig. Nicht nur, dass wie im Deutschen „Verkörperung“ bildlich gemeint sein kann, also die sinnbildliche Darstellung im übertragen Sinne betreffend (Beispiel: „Roboter sind die Verkörperung technischen Fortschritts …“). Außerdem lässt sich „Leib“ nicht so einfach ins Englische übertragen. Es bleibt ein stetiges Übersetzungsproblem, ob „body“ den „Körper“ oder den (beseelten, belebten, empfindsamen) „Leib“ meint – zumindest wenn nicht durch ein zusätzliches Adjektiv „physical body“ und „lived body“ angesprochen sind. Ein Computer besteht aus räumlich ausgedehnten Teilen. Für einen Roboter gilt Gleiches. Es liegt auf der Hand, hier von einem physischen Körper zu sprechen. Gleichzeitig funktioniert die Hardware nicht ohne Software. Apps oder Programme stellen Rechenprozesse dar und sind eher logisch-algorithmisch denn physikalisch beschreibbar. Da das Wort „body“ sowohl den belebten „Leib“ bezeichnen kann als auch ein unbelebtes physisches Objekt, fällt es leicht, an Robotern und Computern pauschal „embodiment“ zu finden. Damit ist aber weder gesagt, dass Maschinen einen „Leib“ haben, noch dass

„embodied AI" in irgendeiner Weise ein Forschungsprogramm bezeichnet, geschweige denn wie dieses aussieht.

In der auch als starke KI-These diskutierten Auffassung von Turing findet sich etwas Kognitiv-geistiges wieder, und zwar als die „rein intellektuellen Gebiete", in denen Computer Menschen ebenbürtig sein sollten (Turing 1994/1950, S. 77; *Band 3, 5.2*). Stark ist diese KI-These, weil sie die Ersetzung menschlichen Denkens, humaner Intelligenz und Geistigkeit durch Maschinen unterstellt. Die schwache KI-These geht im Gegensatz von einer bloß partiellen Simulierbarkeit aus – und spiegelt damit die realen Geschichten der KI bis heute wider *(Band 3, 6)*. Warum? Weil die starke KI auf einem Körper-Geist-Dualismus folgt, der nichts mit authentischem menschlichem Leben zu tun hat. Wie intim und hoch komplex im menschlichen Leib Physiologie und Kognition wechselwirken, auch auf genetischer und epigenetischer Ebene, ist uns selbst noch nicht hinreichend bekannt – von der Diversität kulturellen Zusammenlebens ganz zu schweigen. Lassen wir also den Körper-Geist-Dualismus da, wo er hingehört: Er ist ein methodisches Werkzeug, um Naturprozesse so zu beschreiben, *als ob* sie sich in die genannten Bereiche trennen ließen. In der Ethik kann ein solcher methodisch verstandener Gegensatz die Trennung von normativer und beschreibender Rede illustrieren, die wichtig ist, um Fehlschlüsse zu umgehen. Bei der Konstruktion informationstechnischer Funktionen (KI-Paradigma A) hat er sich zuletzt auch praktisch bewährt, ohne dass damit humane Intelligenz kopiert werden müsste. Im anschließenden Kap. 4 werfen wir einen Blick auf die Philosophie des Geistes und suchen Antworten auf die Frage, ob Maschinen Bewusstsein haben.

**Conclusio**

Körper-Geist-Verhältnisse weisen sowohl eine ontologische als auch eine methodische Seite auf. Sie prägen, was wir als Sein anerkennen (Ontologie im philosophischen Sinne) und welche Wege wir beim Forschen beschreiten (Methodik). Beides verdichtet sich in Paradigmen, die wiederum bestimmte Welt- und Menschenbilder beinhalten. Die IT ist nach Turing von einem Dualismus geprägt. Abstrakte Automaten funktionieren unabhängig von ihrer konkreten physischen Umsetzung. Dem entgegen tritt in den vergangenen Jahrzehnten stärker das monistische Paradigma in den Vordergrund, wonach auch KI abhängig ist von ihrer konkreten Verkörperung in konkreten Situationen. Dabei wird aber auch in der „embodied AI", die häufig mit Robotern assoziiert ist, ein Dualismus bereits vorausgesetzt. Software und Hardware liegen bereits getrennt vor, bevor ein *Re-embodiment* als monistische Ganzheit aus Maschine und situationsspezifischer Modellbildung versucht wird. Bei Menschen ist es umgekehrt. Dualismen, einschließlich der Trennung von Subjekt und Objekt, bauen auf einer monistischen Lebensganzheit auf. Im 4e-Ansatz der *Cognitive Sciences* wird diese als komplexes Geflecht leiblicher Umweltbeziehungen erforscht. Kognition steht im Mittelpunkt als eingebetteter aktiv vollzogener Bottom-up-Prozess. „Embodiment" in diesem Sinne entspricht dem kulturalistischen Ansatz und führt zu einem ersten transdisziplinären Metaparadigma.

Mit der klassischen top-down programmierten KI geht ein zweites einher, das der Computermodelle und -simulation. Es handelt sich um Metaparadigmen, da sie nicht die Computertechnologie als abgeschirmten Fachbereich betreffen, sondern durch die Philosophiegeschichte vorgeprägt sind mit Wirkungen auf verschiedene aktuelle Fachbereiche. Anders gesagt: Das der jeweiligen Computerentwicklung zugrunde liegende Menschen- und Weltbild ist nicht auf die Computerentwicklung beschränkt. Die Idee, dass sich Körper vom abstrakt-logischen Geist isolieren lassen, prägte noch Turings Frage, ob Maschinen denken können. Heute, siebzig Jahre später, wird Intelligenz als leiblich-soziales Phänomen erforscht und entsprechend eine Umsetzung durch verkörperte KI versucht. Durch die zugrunde liegende Naturalisierung kann ein „embodiment" in der Robotik jedoch die ursprünglichen leiblichen Umweltbezüge von Menschen nicht einholen. Der Grund liegt in einem methodischen Dualismus, der bereits im Umgang mit verkörperter KI vorausgesetzt wird.

Im Agenda Setting der IT ist der methodische Dualismus absolut sinnvoll. Subjekte und Objekte werden getrennt. Auch Menschen lassen sich wissenschaftlich behandeln, so *als ob* sie Geist und Körper wären. Daraus lässt sich eine methodisch sinnvolle Bewegung hin zum Agenda Setting situierter KI schlagen. Embodied AI meint dann überhaupt nicht die wörtliche Leiblichkeit von Maschinen, sondern eine Forschungsheuristik, durch welche Software und Hardware auf neue Art und Weise funktional in Beziehung gesetzt werden. Fehlschlüsse ergeben sich jedoch aus einem robozentrischen Verständnis der „embodied AI". Die ursprünglichen Prozesse leiblich-ganzheitlicher Umweltbeziehungen von Menschen – einschließlich sinnlicher Wahrnehmungen, Emotionen und sozialen Interaktionen – lassen sich zwar (teilweise) simulieren, aber nicht authentisch nachbauen. Sowohl ganz abstrakt als auch eingebettet in sehr spezifische Situationen gilt: *Roboterkörper sind kein menschlicher Leib.* Um die zugrunde liegenden Positionen transparent zu machen, wurden Schritt für Schritt methodische Heuristiken entwickelt:

- Tab. Band 4, 3.2 schlüsselt die Verhältnisse von Körper und Geist sowie Natur und Kultur jeweils in ihren monistischen, dualistischen, ontologischen und methodischen Deutungen auf
- Abb. Band 4, 3.2 stelde und lt darauf aufbauend die HintergrünParadigmen des „embodied approach" differenziert dar
  - Abb. Band 4, 3.3 zeigt in der Detailansicht die philosophischen Grundlagen der Körper-Geist-Verhältnisse (methodisch-sprachkritische Anthropozentrik) und
  - Abb. Band 4, 3.4 das Konzept der embodied AI als Forschungsheuristik und Robozentrik

## Literatur

Bialas V (2004) Johannes Kepler. C.H. Beck, München

Brooks R (2005) Menschmaschinen. Wie uns die Zukunftstechnologien neu erschaffen. Fischer Taschenbuch Verlag, Frankfurt a. M.

Brüntrup G (2018) Philosophie des Geistes. Eine Einführung in das Leib-Seele-Problem. Kohlhammer, Stuttgart

Carnap R (1998/1928) Der logische Aufbau der Welt. Meiner, Hamburg

Carrier M (2016) „philosophy of mind." In Mittelstraß J (Hg) Enzyklopädie Philosophie und Wissenschaftstheorie. Band 6: O-Ra. 2., neubearbeitete und wesentlich ergänzte Auflage. J.B. Metzler, Stuttgart/Weimar, S 291–299

Centrone S (2021) „Leibniz und die künstliche Intelligenz. Lingua characteristica und Calculus ratiocinator." In Mainzer K (Hg) Philosophisches Handbuch Künstliche Intelligenz. Springer, Wiesbaden. https://doi.org/10.1007/978-3-658-23715-8_52-1

Descartes R (2009/1642) Meditationen. Mit sämtlichen Einwänden und Erwiderungen. Übersetzt und herausgegeben von Christian Wohlers. Meiner, Hamburg

Descartes R (2011a/1637) Discours de la Méthode. Französisch-Deutsch. Übersetzt und herausgegeben von Christian Wohlers. Meiner, Hamburg

Descartes R (2011b/1619ff) Regulae ad directionem ingenii. Cogitationes privatae. Lateinisch-deutsch. Übersetzt und herausgegeben von Christian Wohlers. Meiner, Hamburg

Descartes R (2014/1649) Die Passionen der Seele. Übersetzt und herausgegeben von Christian Wohlers. Meiner, Hamburg

Descartes R (2015/1643ff) Der Briefwechsel mit Elisabeth von der Pfalz. Französisch–Deutsch. Herausgegeben von Isabelle Wienand und Olivier Ribordy. Meiner, Hamburg

Dingler H (1933) Die Grundlagen der Geometrie, ihre Bedeutung für Philosophie, Mathematik, Physik und Technik. Ferdinand Enke, Stuttgart

Dingler H (1987) Aufsätze zur Methodik. Felix Meiner, Hamburg

Drake S (2004) Galilei. Panorama, Wiesbaden

Dreyfus H/Taylor Ch (2021) Die Wiedergewinnung des Realismus. Suhrkamp, Frankfurt a. M.

Flach W (1994) Grundzüge der Erkenntnislehre. Erkenntniskritik, Logik. Methodologie. K&N, Würzburg

Flasch K (2013) Augustin. Einführung in sein Denken. 4., bibliographisch ergänzte Auflage. Reclam, Stuttgart

Fuchs T (2020) Verteidigung des Menschen. Grundfragen einer verkörperten Anthropologie. Suhrkamp, Frankfurt a. M.

Funk M (2014) „Humanoid Robots and Human Knowing – Perspectivity and Hermeneutics in Terms of Material Culture." In Funk M/Irrgang B (Hg) Robotics in Germany and Japan. Philosophical and Technical Perspectives. Peter Lang, Frankfurt am Main u. a., S 69–87

Funk M/Fritzsche A (2021) „Engineering Practice from the Perspective of Methodical Constructivism and Culturalism" in: Michelfelder Diane/Doorn N (Hg) The Routledge Handbook of Philosophy of Engineering. Taylor & Francis/Routledge, New York/London, S 722–735

Grunwald A (2022) „Menschenbilder und die Beziehung zu Technik und Maschine." In Zichy M (Hg) Handbuch Menschenbilder. Springer, Wiesbaden. https://doi.org/10.1007/978-3-658-32138-3_53-1

Gugerli D (2018) Wie die Welt in den Computer kam. Zur Entstehung digitaler Wirklichkeit. Fischer, Frankfurt a. M.

Hacking I (1996) Einführung in die Philosophie der Naturwissenschaften. Reclam, Stuttgart

Höffe O (2011) Kants Kritik der reinen Vernunft. Die Grundlegung der modernen Philosophie. C.H. Beck, München

Husserl E (2012/1935ff) Die Krisis der europäischen Wissenschaften und die transzendentale Phänomenologie. Eine Einleitung in die phänomenologische Philosophie. Meiner, Hamburg

Ihde D (2002) Bodies in Technologies. University of Minnesota Press, Minneapolis/London

Ihde D (2012) Experimental Phenomenology. Multistabilities. Second Edition. SUNY Press, Albany NY

Irrgang B (2005) Posthumanes Menschsein? Künstliche Intelligenz, Cyberspace, Roboter, Cyborgs und Designer-Menschen – Anthropologie des künstlichen Menschen im 21. Jahrhundert. Franz Steiner, Stuttgart

Janich P (2006) Kultur und Methode, Philosophie in einer wissenschaftlich geprägten Welt. Suhrkamp, Frankfurt a. M.

Janich P (2021) „Kulturalistische Technikphilosophie." In Grunwald A/Hillerbrand R (Hg) Handbuch Technikethik. 2., aktualisierte und erweiterte Auflage. Metzler Springer, Berlin, S 104–108

Kambartel F (1989) Philosophie der humanen Welt. Abhandlungen, Suhrkamp, Frankfurt a. M.

Kamlah W/Lorenzen P (1967) Logische Propädeutik. Vorschule des vernünftigen Redens. Bibliographisches Institut, Mannheim

Kapp E (2015/1877) Grundlinien einer Philosophie der Technik. Meiner, Hamburg

Krohn W (2006) Francis Bacon. 2. überarbeitete Auflage. C.H. Beck, München

La Mettrie JO (2001/1748) Der Mensch eine Maschine. Reclam, Stuttgart

Leerhoff H/Rehkämper K/Wachtendorf T (2009) Einführung in die Analytische Philosophie. WBG, Darmstadt

Leibniz GW (2008/1714) Monadologie. Französisch/Deutsch. Reclam, Stuttgart

Leibniz GW (2013/1677) „Anfangsgründe einer allgemeinen Charakteristik." In Leibniz. Schriften zur Logik und zur philosophischen Grundlegung von Mathematik und Naturwissenschaft. Werke. Band IV. WBG, Darmstadt, S 39–57

Lorenz K (2016) „Prinzip, methodisches." In Mittelstraß J (Hg) Enzyklopädie Philosophie und Wissenschaftstheorie. Band 6: O-Ra. 2., neubearbeitete und wesentlich ergänzte Auflage. J.B. Metzler, Stuttgart/Weimar, S 434–435

Mainzer K (2009) „From embodied mind to embodied robotics: Humanities and system theoretical aspects." Journal of Physiology, Paris 103(3–5), S 296–304

Maturana HR/Varela FJ (2009) Der Baum der Erkenntnis. Die biologischen Wurzeln menschlichen Erkennens. Fischer, Frankfurt a. M.

Mittelstraß J (2011) Leibniz und Kant. Erkenntnistheoretische Studien. De Gruyter, Berlin & Boston

Mittelstraß J (Hg) (2008) Der Konstruktivismus in der Philosophie im Ausgang von Wilhelm Kamlah und Paul Lorenzen. Mentis, Paderborn

Mergner T/Funk M/Vittorio Lippi V (2019) „Embodiment and Humanoid Robotics." In Mainzer K (Hg) Philosophisches Handbuch Künstliche Intelligenz. Springer, Wiesbaden. https://doi.org/10.1007/978-3-658-23715-8_23-1

Moravec H (1988) Mind Children. Harvard University Press, Cambridge MA

Newen A (2005) Analytische Philosophie. Zur Einführung. Junius, Hamburg

Newen A/Bruin L/Gallagher S (Hg.) (2018) The Oxford Handbook of 4E Cognition. Oxford University Press, Oxford/New York

Nida-Rümelin J/Battaglia F (2019) „Maschinenethik und Robotik." In Bendel O (Hg) Handbuch Maschinenethik. Springer VS, Wiesbaden. https://doi.org/10.1007/978-3-658-17484-2_12-1

Noë A (2004) Action in Perception. MIT Press, Cambridge

Oshii M (2008/1995) Ghost in The Shell. Spielfilm, ca. 90 Min., Nipponart

Poser H (2003) René Descartes. Eine Einführung. Reclam, Stuttgart

Poser H (2016) Leibniz' Philosophie. Über die Einheit von Metaphysik und Wissenschaft. Meiner, Hamburg

Preyer G (2019) „Zur gegenwärtigen Philosophie des Mentalen." In: Röd W / Essler K (Hg) Die Philosophie derneuesten Zeit. Geschichte der Philosophie Band XIV. C.H. Beck, München, S. 186–224

Rheinberger HJ (2021) Spalt und Fuge. Eine Phänomenologie des Experiments. Suhrkamp, Frankfurt a. M.

Scott R (2007/1982) Blade Runner. Spielfilm, Final Cut, ca. 113 Min, Warner Brothers

Seng L (2019) „Maschinenethik und Künstliche Intelligenz." In Bendel O (Hg) Handbuch Maschinenethik. Springer VS, Wiesbaden. https://doi.org/10.1007/978-3-658-17484-2_13-2

Sturma D (2005) Philosophie des Geistes. Reclam, Leipzig

Tegmark M (2017) Leben 3.0. Mensch sein im Zeitalter Künstlicher Intelligenz. Ullstein, Berlin

Teichert D (2006) Einführung in die Philosophie des Geistes. WBG, Darmstadt

Turing A (1994/1950) „Kann eine Maschine denken?" In Zimmerli W/Wolf St (Hg) Künstliche Intelligenz. Philosophische Probleme. Reclam, Stuttgart, S 39–78

Varela FJ/Thompson E/Rosch E (1997) The Embodied Mind. Cognitive Science and Human Experience. MIT Press, Cambridge/London

Villeneuve D (2017) Blade Runner 2049. Spielfilm, ca. 157 Min, Sony Pictures

Wagner H (2008) Zu Kants Kritischer Philosophie. Königshausen & Neumann, Würzburg

Waldenfels B (2022) Globalität, Lokalität, Digitalität. Herausforderungen der Phänomenologie. Suhrkamp, Frankfurt a. M.

Wallach W/Allen C (2009) Moral Machines. Teaching Robots Right from Wrong. Oxford University Press, Oxford u. a.

Wöhler HU (2015) „Roger Bacons Konzept einer ‚Erfahrungswissenschaft'." In Funk M (Hg) ‚Transdisziplinär' ‚Interkulturell'. Technikphilosophie nach der akademischen Kleinstaaterei. Königshausen & Neumann, Würzburg, S 327–336

Wolters G (2016) „Prinzip der pragmatischen Ordnung." In Mittelstraß J (Hg) Enzyklopädie Philosophie und Wissenschaftstheorie. Band 6: O-Ra. 2. neubearbeitete und wesentlich ergänzte Auflage. J. B. Metzler, Stuttgart/Weimar, S 436–437

Zimmerli W, Wolf St (1994) „Einleitung." In Zimmerli W/Wolf S (Hg) Künstliche Intelligenz. Philosophische Probleme. Reclam, Stuttgart, S 5–37

# Haben Maschinen Bewusstsein? 4


**Zusammenfassung**

Maschinen haben kein Bewusstsein. Da Negativbeweise nicht zu führen sind und niemand in die Zukunft zu sehen vermag, kann Maschinenbewusstsein auch nicht völlig ausgeschlossen sein. Um mit dieser Restunsicherheit aufgeklärt umgehen zu können, ist eine rationale Aufarbeitung der aktuellen Gründe des Ausschlusses hilfreich. Hierzu werden verschiedene Zugänge, Grundbegriffe der Philosophie des Geistes sowie der Ansatz des Funktionalismus vorgestellt. Selbst wenn Geist auf mentale, neurologische Prozesse im Gehirn reduziert wird, verhalten sich die zugehörigen Forschungsfragen neutral zur KI. Es ist auch nicht zweckmäßig, Maschinen mit echtem Bewusstsein zu bauen. Hinzu tritt das Perspektivenproblem. Eine KI hat keinen phänomenalen Ich-Bezug. Umso wichtiger ist es, menschliche Freiheit und Verantwortung im Verbund mit menschlichem Bewusstsein, Emotionen und Moral aktiv zu gestalten. Aus Sicht der biologischen Verhaltensforschung lässt sich die naturhistorische Entstehung von Bewusstsein ohne Sozialverhalten – nur neuronal – nicht erklären. Das spricht gegen ein einfaches Nachbauen in Maschinen und für die menschliche Verantwortung, stattdessen gelingendes Sozialverhalten im Umgang mit KI kritisch zu gestalten.


Viele theoretische Fragen im Umfeld Künstlicher Intelligenz – von der Epistemologie (Kap. 1) bis hin zur Sprachphilosophie (Kap. 2) – kulminieren in der **Philosophie des Geistes** (Brüntrup 2018; Sturma 2005, S. 119–123; Teichert 2006, S. 89–107). In ihr werden alle Formen des Geistigen untersucht. Sie steht in der Tradition des deutschen Idealismus (Georg Wilhelm Friedrich Hegel [1770–1831]) und bezieht sich neben dem eigentlichen Geist auf klassische Begriffe der Psyche und Seele, des Gemüts einschließlich Sinnesempfindungen und deren – wie wir heute sagen würden – neurophysiologischen Verarbeitung. Soziale Kooperation, Traditionen wie Riten wiederhol-




M. Funk, *Künstliche Intelligenz, Verkörperung und Autonomie*,
https://doi.org/10.1007/978-3-658-41106-0_4

barer Form, aber auch konkrete Inhalte – „geistiges Eigentum" – bilden wesentliche Gegenstände (Rödl 2011; Stekeler-Weithofer 2012; Stekeler-Weithofer 2016; Sturma 2005, S. 9–13; Teichert 2006, S. 11–12). Philosophie des Geistes ist der weitere Begriff, dem das engere Verständnis der **„philosophy of mind"** gegenübersteht. Die englische Wortform ist also nicht bloß eine Übersetzung, sondern grenzt den Forschungsgegenstand ein. Der Unterschied drückt sich darin aus, dass die Philosophie des Geistes Aspekte kultureller Handlungen einschließt, während es in ihrem englischsprachigen Pendant um die Untersuchung der „Natur psychischer Phänomene" geht (Carrier 2016, S. 291).

Die „philosophy of mind" wird auch als „Philosophie des Mentalen" bezeichnet und prägt die Debatte der vergangenen Jahrzehnte. In ihr wird den Ansätzen der analytischen Philosophie folgend ein konkreter Ausschnitt des Geistigen unter Einbezug neurologischer Erklärungen untersucht (Brüntrup 2018; Preyer 2019; Sturma 2021, S. 255–256). Mit Antwortvorschlägen zur Funktionsweise des Geistes partizipiert die „philosophy of mind" am fachübergreifenden Forschungsprogramm der Kognitionswissenschaften, sie thematisiert das Körper-Geist-Verhältnis (Kap. 3) und gewinnt Merkmale mentaler Phänomene als Untersuchungsobjekt. Das schließt die klassischen, großen Fragen nach Subjektivität und Bewusstsein ein, besonders aber auch die nach den Sinnesempfindungen bzw. Qualitäten sinnlicher Wahrnehmungen (Carrier 2016, S. 291; Stekeler-Weithofer 2016). Im engeren Themenfeld der „philosophy of mind" lässt sich also fragen, ob Maschinen mentale Zustände haben und unter welchen Bedingungen. Die Philosophie des Geistes versteht darüber hinaus Roboter und KI als Produkte menschlicher Geisteskultur. Das Forschungsfeld hat eigene Begriffe und Themen hervorgebracht.

**Übersicht: einige Grundbegriffe der Philosophie des Geistes kurz vorgestellt**

***Bewusstsein/Selbstbewusstsein:*** *Bewusstsein* meint in der Grundstufe Wissen und in der Metastufe das Wissen des Wissens. Praktisch bezeichnet es auch ein Wissen des Wollens. Weiterhin ist Bewusstsein gekennzeichnet durch Intentionalität (Ausrichtung auf einen Gehalt) und Qualia (Sinnesqualitäten). Zwei Hauptprobleme prägen die aktuelle Debatte: 1. Hat Bewusstsein eine kausale Relevanz, wie wirkt es sich auf Handlungen aus? 2. Ist das Bewusstsein einheitlich – wird es im Gehirn zentral realisiert oder ist es ein Produkt modularer Prozesse? Im Angesicht neuer Forschungsergebnisse der Neurowissenschaften wird die Position des eliminativen Materialismus bzw. des Epiphänomenalismus kontrovers diskutiert. Einer konkreten Interpretation des Körper-Geist-Verhältnisses (Abschn. 3.2) folgend, werden hierbei Bewusstseinsinhalte auf materielle Zustände im Gehirn reduziert. Mentales würde dann nur noch als Beiwerk nebenher mit auftreten. Generell erfolgt die Beschreibung des Bewusstseins über den Vollzug von Selbsterfahrung (Erste-Person-Perspektive) und über die Zweite-Person-Perspektive, die sozusagen das Tor zur sozialen und öffentlichen Ausbildung von Bewusstseinszuständen öffnet. Einem sprichwörtlichen Kaspar Hauser bliebe dieses verschlossen. Die Beobachtung von Bewusstsein erfolgt weiterhin über die Dritte-Person-Perspektive. In der Innen- und Außenwahrnehmung stellt es sich entsprechend verschieden dar. Dem cartesischen cogito-Argument folgend ist *Selbstbewusstsein* die unbezweifelbare unmittelbar gegebene Basis aufbauender Bewusstseinsakte, ein Wissen des Wissens. Gerade die Auseinandersetzungen darüber, ob sich Selbstbewusstsein überhaupt naturalistisch erklären lässt, hat auch vor dem Hintergrund der Grenzen neurowissenschaftlicher Erklärungen sowie methodischer Kritik zugenommen. In alternativer Deutung erscheint es als Denken des Denkens, somit handelnder Selbstbezug sowie als Können, mit dem Wort „Ich" umzugehen. Erstpersonales Wissen wird nicht aus Erfahrung, sondern aus spontanen Denkakten heraus interpretiert (Blasche 2005; Carrier 2016, S. 296; Preyer 2019, S. 197, 200–201, 211–221; Rödl 2011, S. 9, 14–28, S. 87 et passim; Stekeler-Weithofer 2012; Sturma 2005, S. 45–73; Teichert 2006, S. 35–37, 134–140).

*Fragen der Robotik und KI:* Haben Maschinen Bewusstsein oder Selbstbewusstsein?

*Herausforderung:* Alle Aspekte des (Selbst-)Bewusstseins, die sich nicht naturalisieren, also verdinglichen und wie Naturereignisse empirisch beschreiben lassen, werden sich nicht in Maschinen einbauen lassen. Denn wir setzen sie bereits in unserem Handeln voraus, anstatt sie wie Objekte bearbeiten zu können. Wie weit sind wir bereit, den Bewusstseinsbegriff zu dehnen, um damit auch technische Prozesse der Informationsbearbeitung zu bezeichnen?

***Intentionalität:*** Neben Qualia ist Intentionalität ein Hauptkennzeichen von Bewusstsein. Sie bezeichnet die Ausrichtung mentaler Akte auf konkrete Inhalte/Gehalte. Mit ihr ist die Grundstruktur des Bewusstseins identifiziert, durch welche innere, subjektive und qualitative Bewusstseinszustände möglich werden. Achtung: Intentionalität meint in der Philosophie des Geistes bzw. „philosophy of mind" nicht bloß Absichten, wie etwa die Intention, ein technisches Problem zu lösen. Sie umschreibt stattdessen eine vorhergehende Strukturierung mentaler Gehalte entsprechend ihrer Ausrichtung – also nicht bloß Absichten, sondern diverse psychische Zustände/Prozesse (Brüntrup 2018, S. 18–19; Newen 2005, S. 246; Preyer 2019, S. 187; Sturma 2005, S. 77–92; Teichert 2006, S. 102–105 et passim.).

*Fragen der Robotik und KI:* Ab welchem Punkt haben Maschinen eigene Absichten und sind nicht mehr nur Mittel zur Erfüllung menschlicher Intentionen? Ab wann können wir von einer Intentionalität in Maschinen sprechen, die über bloß menschlich implementierte Zwecke hinausgeht? Wie könnten wir mentale Gehalte und deren Gerichtetheit in Maschinen erkennen, wenn sie denn welche hätten? Was sind die Prüfkriterien?

*Herausforderung:* Auch ist die Unterscheidung zwischen normativer und deskriptiver Rede eminent wichtig. Meinen wir „Intentionen", also normative Absichten menschlichen Handelns, dann können wird diese ethisch bewerten. Meinen wir „Intentionalität" (Bewusstsein), dann sprechen wir ebenfalls normativ, nämlich über die Bedingungen der Möglichkeit menschlichen Handelns. Lässt sich bei Menschen überhaupt rein deskriptiv über „Intentionalität" sprechen? Anders gesagt: Können wir „Intentionalität" wie Naturereignisse beschreiben, wo sie doch mit Selbstbewusstsein eine logische Voraussetzung freien Sprechens ist (siehe Autonomie und Freiheit in Abschn. 5.1)?

***Qualia:*** Qualitäten sinnlicher Wahrnehmungen bzw. deren phänomenale Gehalte werden als Qualia bezeichnet. Sie sind subjektiv und entziehen sich einer äußeren Beschreibung. Berühmt ist das Paradox, dass wir uns zwar gemeinschaftlich über die Farbe Rot austauschen können, jedoch dabei unklar bleibt, wie Rot sinnlich erscheint (unabhängig von physikalischen Messwerten des Lichtes). Auch ob dein Rot gleich meinem Rot ist, können wir in der Qualität der Farberscheinung nicht vergleichen. Neben Farben gilt auch die Schmerzempfindung als ein paradigmatisches Beispiel. Die organische Ausstattung biologischer Spezies scheint weiterhin eine entscheidende Rolle zu spielen. Bekannt ist Thomas Nagels *Fledermausargument,* nach welchem wir uns in die subjektive sinnliche Empfindung einer Fledermaus nicht hineinversetzen können (Nagel 2016). Generell steht die Endlichkeit des individuellen Lebens einer Kongruenz zwischen subjektiver und objektiver Erkenntnisperspektive im Weg. Wir blicken begrenzt und unaufgelöst in die Welt (Nagel 2015; siehe auch *Band 2, 2.3*). Dabei ist mit der Fragwürdigkeit der objektiven Beschreibbarkeit von Qualia auch die Unsicherheit verbunden, ob diese überhaupt einen sinnvollen Gegenstand wissenschaftlicher Betrachtung bilden. Einen Ansatzpunkt zur methodischen Rekonstruktion offenbart jedoch die Tatsache, dass wir uns in gemeinschaftlichen Handlungen über Sinneseindrücke austauschen können. Qualia ist ein Kennzeichen des Bewusstseins neben Intentionalität. Es steht in Zusammenhang mit dem Problem des Fremdpsychischen (Carrier 2016, S. 295; Leerhoff et al. 2009, S. 119–121; Lorenz 2016; Preyer 2019, S. 202–204; Sturma 2005, S. 93–102; Teichert 2006, S. 134–140).

***Fremdpsychisches:*** Sind Zustände des Bewusstseins, die ich bei mir selbst erfahre (Vollzugsperspektive, Erste-Person-Perspektive) auch bei meinem Gegenüber vorhanden (Zweite-Person-Perspektive) und/oder lassen sie sich von außen beobachten bzw. beschreiben (Dritte-Person-Perspektive)? So lässt sich die Beunruhigung des Fremdpsychischen auf den Punkt bringen (engl. *problem of other minds*). Es ist der „Schatten der philosophischen Entdeckung des Selbstbewusstseins" und drückt sich im Ringen um Zugang zu anderen Erlebnisperspektiven aus (Sturma 2005, S. 73). Mitleid und Empathie stellen klassische Forschungsfelder des Fremdpsychischen dar, wie auch Schmerzempfindungen oder Analogien zwischen mentalen Gedanken und entsprechenden körperlichen Gesten (ebd., S. 73–77). Es steht in engem Zusammenhang mit dem Begriff der Qualia (Brüntrup 2018, S. 16–17, 140–142 et passim)

*Fragen der Robotik und KI:* Es läge auf der Hand zu fragen: Haben Roboter Qualia und wie können wir das Fremdpsychische in ihnen erkennen, wenn dem so wäre? Jedoch gilt auch vor dem Hintergrund der Naturalisierungskritik zu fragen: Ist unsere philosophische Terminologie und Denkweise überhaupt angemessen? Wirft nicht die KI- und Robotikforschung Fragen auf, die zu einer Revision der Philosophie des Geistes führen sollten?

*Herausforderung:* In der Tat existieren ja diverse Ansätze zur Philosophie des Bewusstseins, einschließlich relationaler Entwürfe, in denen einer Prozessontologie folgend Interaktionen analysiert werden *(Band 3, 2.1)*. Die Rhetorik des Mentalen – die häufig in einer bestimmten Schule wurzelt (analytische Philosophie) – wirft vielleicht überhaupt erst einmal die Fragen zur Robotik auf. Vielleicht hätten wir diese nicht, wenn wir uns längst an weniger naturalistische Redeweisen im Umgang mit menschlichem Bewusstsein gewöhnt hätten? In anderen Worten: Die verführerische Utopie des Maschinenbewusstseins ist hausgemacht. Denn wir beschreiben uns selbst schon längst maschinell-gegenständlich.

Erklärungsansätze des Geistigen gehen – wie wir schon mehrfach gesehen haben – verbunden mit den Menschenbildern der KI sowie deren forschungsleitenden Annahmen. Die „philosophy of mind" macht da keine Ausnahme. Zum einen findet sich der Fokus auf Informationstechnologien (= Paradigma A; *Band 3, 4.2*). In älteren Ansätzen wird Denken als Rechnen gesehen, also eine Art deduktiver, schemengeleiteter Informationsverarbeitung top-down. Das entspricht dem kognitivistischen Ansatz der GOFAI (A1; *Band 3, 4.4*), in deren Mittelpunkt die Symbolverarbeitung sowie Repräsentation mentaler Inhalte stehen (Carrier 2016, S. 293). In neueren Ansätzen der „philosophy of mind" erfolgt eine Verdrängung der „Roboter- und Computeranalogie" zugunsten von

Theorien biologisch neuronaler Prozesse. Dem entspricht der konnektionistische Ansatz (A2) (Stekeler-Weithofer 2016). Wichtig für die älteren Ansätze symbolischer KI ist das **Verhältnis zwischen mentaler Symbolverarbeitung und mentaler Repräsentation.** Es schlägt sich grob in vier Problemfeldern nieder: 1) Wie wir in *Band 3, 5.1* mit Blick auf Searle gesehen haben, reichen formale Algorithmen entsprechend der Symbolverarbeitungstheorie nicht hin, um etwas zu verstehen. 2) Die Zuschreibung mentaler Inhalte wird zugunsten der Beschreibung realisierbarer Zustände innerhalb einer Person und deren Verbindungsmuster aufgegeben (Prinzip des methodischen Individualismus). 3) Instrumentalistisch interpretiert, nutzt die Annahme mentaler Inhalte bei der Erklärung von Verhalten (Carrier 2016, S. 294). 4) Die Symbolverarbeitungstheorie läuft weiterhin auf einen Naturalismus hinaus, wenn die Beziehung zu äußeren Sachverhalten der Bestimmung mentaler Inhalte dient („Psychosemantik"; ebd., S. 294–295). Diesen Naturalismus, und seine Grenzen, haben wir in Abschn. 3.3, Abb. Band 4, 3.3, als eine Voraussetzung des KI-Paradigmas A identifiziert.

In Gestalt der Simulation und Modellbildung (Paradigma C) werden Computer zur transdisziplinären Querschnittstechnologie zwischen Linguistik, Neurologie, Informatik und Philosophie, die sich entsprechend KI-A1 symbolisch oder entsprechend KI-A2 subsymbolisch-konnektionistisch anwenden lässt. Beide Ansätze stehen auch für eine Art Paradigmenwechsel innerhalb der Kognitionswissenschaften beim Übergang von GOFAI zu KNNs (Abschn. 3.4; *Band 3, 4.4*). Dabei geht es jedoch vor allem um die Erforschung menschlicher Kognition mittels Bionik (KI 1.a.), also im Falle der KNNs durch das Nachbauen oder zumindest Simulieren des Nervensystems (Carrier 2016, S. 293). Die Optimierung technologischer Prozesse zum instrumentellen Problemlösen (KI 2.b., über die Bionik kognitiver Systeme hinausgehend) fällt hingegen eher in den Bereich der eigentlichen IT. Beiden gekoppelten Entwicklungen – Kognitionswissenschaften und IT – liegt dabei auch ein Wechsel des Menschenbildes, ja regelrecht des Geistbildes, zugrunde: von „Denken gleich Rechnen" hin zur rückgekoppelten, umweltbezogenen Selbstorganisation neuronaler Netze. Innerhalb dieser komplexen Entwicklung ist neben der weit verbreiteten Naturalisierung des Mentalen die Position des **Funktionalismus** hervorzuheben (Esfeld 2021, S. 6–9). Sie hat auch starke Spuren in der aktuellen Debatte der Roboter- und KI-Ethik hinterlassen.

In Abschn. 3.2 haben wir vier allgemeine Positionen zur Erklärung des Körper-Geist-Verhältnisses kennengelernt. Mit der Typen- und Tokenidentität liegen zwei Identitätstheorien zum Problem der mentalen Verursachung vor. Es geht also um die Frage, wie mentale Prozesse, zum Beispiel das Wollen eines Apfels, zur Körperbewegung, zum Beispiel des Apfelpflückens, führen können. Innerhalb der Tokenidentität lässt sich der Funktionalismus verorten. Es geht also um die Identität konkreter Vorkommnisse bzw. Ereignisse (Token) – nicht jedoch um die Identität allgemeiner Arten (Typen). Im Funktionalismus werden mentale Systeme rekonstruiert mittels Aussagen über ihre funktionalen (mentalen) Zustände sowie ihre kausale Rolle im System. Mentale Zustände sind durch physische Zustände realisiert. Bei Menschen handelt es sich dabei um Gehirnzustände. Die Position der Tokenidentität erlaubt nun im Gegensatz zur Typenidentität, dass sich mentale Systeme bei Menschen und Maschinen funktional analog bzw. äquivalent beschreiben lassen. Folglich hat der Funktionalismus außerordentlichen Einfluss auf die KI-Forschung (*Band 3, 4.4*; *Band 3, 5.2*), da mentale Zustände als abstrakt, also wie bei einer Turing-Maschine als unabhängig von ihrer physikalischen Umsetzung angesehen werden. In der Philosophie des Geistes spricht man auch von **„Supervenienz"** geistiger Phänomene gegenüber den verschiedenen Möglichkeiten ihrer physikalischen Realisierung. Sie lassen sich auf verschiedenen Informationstechnologien anwenden (Paradigma A). Hierher rühren auch die Analogien zwischen einer funktionalen Beschreibung der Software und Psyche sowie der physikalischen Darstellung von Computerhardware und Neurophysiologie. Die Abfolge funktionaler Zustände, also der Algorithmus einer Turing-Maschine, wirkt vorbildlich für die Idee der Beschreibung kognitiver Prozesse in Computermodellen des Mentalen (Brüntrup 2018, S. 78–79, 105–109; Carrier 2016, S. 292; Leerhoff et al. 2009, S. 109, 116–118; Newen 2005, S. 206–211; Preyer 2019, S. 187–188, 191–195, 200–202; Teichert 2006, S. 86, 89–102).

Wie erwähnt, speist sich aus dieser Annahme das bionische KI-Verständnis (1.a.), sowie deren Forschungsheuristik und Menschenbild. Ein wesentliches Problem ist jedoch die häufig untergeschobene Naturalisierung in biologistischen Sprechweisen. Menschen müssten bereits wie Naturereignisse beschrieben werden, um die Imitation mittels technischer Naturgesetze zu ermöglichen. Aber wie beobachten wir denn diese Naturereignisse in uns selbst? Ob Maschinen Bewusstsein haben können, ist wahrscheinlich eher eine Frage der Möglichkeit erstpersonalen Vollzugswissens, also ein **Perspektivenproblem,** als eine Frage des Körper-Geist-Verhältnisses. Die aktuelle Debatte in der Philosophie des Mentalen bzw. Geistes orientiert sich an der übergreifenden Frage: „Was ist die Stellung des Menschen, somit sein Bewusstsein, Erleben, Denken, seine Theoriebildung und Kunstproduktion in der physischen Welt?" (Preyer 2019, S. 190) Häufig übersehen, doch wichtig für dessen Beantwortung ist die Berücksichtigung des Beobachterinnenstandpunktes: Wo ist die Beobachterin selbst schon positioniert, die so eine *Frage formuliert (Band 2, 2.3)?* Und wieso stellt sich überhaupt ein Körper-Geist-Problem? Seit den 1950er-Jahren ist die Philosophie des Geistes naturalistisch und materialistisch geprägt (Preyer 2019, S. 190–191 et passim). Auch in neueren Ansätzen zieht sie vielerorts diese Position ausgesprochen oder unausgesprochen mit sich mit (Brüntrup 2018). Insofern stellt sich die durch Turing provozierte Redeweise von „denkenden Maschinen" als eine „in ihrer Struktur weitgehend unverstandene Metapher und Analogie" dar (Stekeler-Weithofer 2012, S. 57). Entsprechend wird mit kritischem Abstand argumentiert,

- dass Künstliche Intelligenz und die Probleme der Philosophie des Geistes wenig miteinander gemeinsam haben. Ohne die Klärung von Schlüsselbegriffen wie „Bewusstsein", „Person" oder „Intentionalität" wird mit KI umgegangen, „ohne wirklich sagen zu können, worin sie besteht" (Sturma 2005, S. 121; zur gleichen Problemlage in den Neurowissenschaften siehe Sturma 2021);

- dass sich KI als empirisches Forschungsprogramm neutral zu den verschiedenen Ansätzen und Positionen der Philosophie des Geistes verhält. Alltagspsychologische Sprache ist nicht auf menschenähnliche Maschinen vorbereitet (Tetens 2016, S. 120–121; zur sprachkritischen und handlungslogischen Einordnung siehe Stekeler-Weithofer 2012, S. 55–58, 116–123; Janich 2014);
- dass es ohnehin nicht zweckdienlich ist, KI mit einem menschenähnlichen Bewusstsein ausstatten zu wollen, wenngleich zumindest „bewusstseinsähnliche Fähigkeiten" nicht ausgeschlossen werden können (Mainzer 2016, S. 202; Mainzer und Kahle 2022, S. 134–135) – hinsichtlich zumindest denkbarer Weiterentwicklungen hybrider KI-Systeme (Kombinationen aus klassischer GOFA und KNNs) oder von Quantencomputern (Mainzer 2020, S. 162–164, 2021; Mainzer und Kahle 2022, S. 5–7, 121–146; Otte 2021, S. 118–119);
- dass Maschinen keine Emotionen oder Empathie haben können, wenngleich sich diese funktional simulieren lässt (Otte 2021, S. 171–185) – was wiederum zu ethischen Herausforderungen führt, weil Menschen dadurch getäuscht und manipuliert werden können (Misselhorn 2021);
- Schlussendlich: Die Debatte um Maschinenmoral könnte sich als völlig windschief herausstellen, da sie auf unzureichend reflektierten Annahmen aus der Philosophie des Mentalen aufbaut.

Methodisch gesehen folgt eine handlungslogische Anthropozentrik (*Band 2, 2*) aus der sprachkritischen Analyse von Selbstbewusstsein. Denken ist Handeln, also ein Können der leisen Rede mit sich selbst (Stekeler-Weithofer 2012, S. VI, VIII et passim).

> „Man hat gesagt, wir müßten den Begriff des Handelns und mit ihm Handlungsbegriffe auf der Müllhalde obsoleter Theorien entsorgen, da deren innere Normativität nicht im Rahmen der Naturwissenschaften verstanden werden kann. Mit Handlungsbegriffen entsorgt man die logische Basis erstpersonalen Denkens. Das ist eine Form der Selbstvernichtung: logische Selbstvernichtung. Man vernichtet die Quelle, der das Vermögen entspringt, ‚ich' zu sagen und zu denken." (Rödl 2011, S. 92; siehe auch S. 142, S. 214 et passim)

Wenn das stimmt, dann können Menschen, die „Ich" sagen können, keine Maschinen mit Selbstbewusstsein bauen. Und weiterhin wird jeder Mensch, der „Ich" sagen kann, nur sinnvoll über andere Menschen in Begriffen des kulturellen Handelns sprechen können und diese strikt von der empirisch-deskriptiven Rede zur Beschreibung von Maschinen trennen müssen. Das folgt, wenn ein logisch-methodischer Anspruch beim Sprechen erhalten bleiben soll. Insofern zweitpersonales Denken gleich erstpersonalem Denken ist und somit Denken des Selbstbewussten (Rödl 2011, S. 257 et passim), nehmen Roboter keine Zweite-Person-Perspektive ein. Schon die Frage nach Roboter-Qualia wäre völlig irreführend. Die Annahme, Technik sei genauso wie ein anderer Mensch fremdpsychisch erfahrbar, führt doch in erhebliche Schwierigkeiten: Sie lässt sich weder logisch-konsistent durchhalten, noch mit den Sinnstrukturen zwischenmenschlicher Praxis in Einklang bringen. Sagen wir es noch einmal anders: **Philosophische Probleme der KI**

**sind zuerst Probleme der Geisteskultur und nachgeordnet des Mentalen in seiner naturalisierten Verdinglichung und Rhetorik.** Die Krux dabei: Über Geisteskultur als Sphäre mannigfaltiger, leiblich-sozialer Praxen lässt sich nicht so bequem in formalen Eindeutigkeiten sprechen. Der methodische Aufwand im hermeneutischen Umgang mit kultureller Diversität steigt deutlich. In diesem Sinne über „künstliches Bewusstsein" zu sprechen, ist in den vielen Winkeln geistigen Lebens keine Seltenheit. Als Beispiel sei auf die Science Fiction in Buch, Theater und Film verwiesen. Wie wir bei der Analyse der „Künstlichen Intelligenz" gesehen haben *(Band 3, 4)*, ist der Wortgebrauch aus wissenschaftlicher Sicht nicht trivial. Was auch immer in der technischen Realität als „künstliches Bewusstsein" begegnen wird, es fällt schwer, zu begründen, warum es über die hausgemachte Suggestion funktionaler Sprechweisen hinausreichen sollte.

**Hintergrund: Funktionalismus und funktionalistische KI**

In *Band 3, 4.4* haben wir KI im Paradigma A1 als GOFAI und „funktionalistisch-kognitivistisch" beschrieben. Das andere, mittlerweile dominante Paradigma A2 ist als „subsymbolisch-konnektionistisch" bezeichnet. Es läge nun die Vermutung nahe, dass Einwände gegen den Funktionalismus nur auf top-down programmierte GOFAI zutreffen würden. Jedoch ist der Begriff in der Philosophie des Geistes weitergefasst und ohnehin auf Forschungsprobleme abzielend, die parallel zur IT verlaufen. Jedenfalls lässt sich argumentieren, dass sich sowohl das Turing-Paradigma als auch die Konzepte der Supervenienz und des Funktionalismus (als eine Form der Tokenidentität) auf KI-A2 anwenden lassen. Denn die Mathematik von KNN, ML und SLA soll ja nach wie vor unabhängig von ihrer physischen Umsetzung gültig sein. Das trifft auch zu, wenn ein KNN „verkörpert" in einer sehr einzigartigen Umgebung Informationen verarbeitet. Beide KI-Stränge gehören zum übergeordneten IT-Paradigma A *(Band 3, 4.2)*. Außerdem bleibt der Einwand einer unzulässigen Naturalisierung, sobald es um humane Kognition geht, davon unberührt. Er greift bei jeder Form der nachrichtentechnischen Informationsverarbeitung – sei es KI-A1 oder KI-A2.

Aus naturwissenschaftlich-technischer Sicht sind funktionalistische Analogien und Begriffe methodisch völlig angemessen. Sie verbleiben innerhalb der empirisch-deskriptiven Redeform zur Beschreibung von Naturereignissen – auch Computerhardware unterliegt den Gesetzen der Physik. Naturalisierungen lassen sich bei der Beschreibung von Menschen als ein wissenschaftliches Mittel anwenden, wo biochemisch-neuronale Prozesse erforscht werden. Dabei wird der zu betrachtende Gegenstand methodisch reduziert, um in einer vereinheitlichten und vereinfachten Theorie darstellbar zu sein (Preyer 2019, S. 191, 193; Esfeld 2021, S. 6–9).

Ausschnitte des Geistigen lassen sich funktionalistisch als Facette natürlicher Evolution bei Menschen *beschreiben*. Die Grenzen der Naturalisierung sind jedoch dort erreicht, wo wir subjektives Bewusstsein, Freiheit, Kreativität oder Neugier intentional ausleben, um überhaupt erst einmal solche *Beschreibungen* zu leisten. In der Gestaltung sowie Beschreibung unserer Natur sind wir immer schon Kulturwesen. Wir nehmen zu uns Stellung. Darum **ist Geisteskultur immer auch Verantwortungskultur** und nicht als Verkettung natürlicher Ereignisse des Mentalen zu erklären *(Band 1, 3.3; Band 2, 2.2; Band 2, 4)*. Es sei noch einmal betont, dass Geisteskultur hier eben nicht das materialistisch-reduzierte „Mentale" der „philosophy of mind" meint. Auch Geisteskultur findet ihre materiellen Ausdrucksformen, etwa in Statuen oder Musikinstrumenten, selbst in alltäglichen Funktionsbauten, designten Wohnräumen oder Arbeitsmitteln. Der entscheidende Unterschied liegt darin, viel mehr als Ausdruck menschlich-geistigen Handelns anzuerkennen als bloße neurowissenschaftliche Messwerte. Menschliches Denken lässt sich naturhistorisch aus Sozialverhalten, geteilter Intentionalität und Kooperation erklären, also aus gemeinschaftlichem Handeln. Der Verhaltensforscher und Neurowissenschaftler Michael Tomasello kommt zum Schluss:

> Trotz mancher Erklärungslücken „können wir uns keine umfassende Theorie der Ursprünge des einzigartigen menschlichen Denkens vorstellen, die keinen *grundlegend sozialen Charakter* hätte. [...] Wir behaupten nicht, daß alle Aspekte des menschlichen Denkens sozial konstituiert sind, sondern nur die für die Spezies einzigartigen Aspekte. [...] So etwas wie die *Hypothese geteilter Intentionalität* muß einfach wahr sein." (Tomasello 2020, S. 225; Hervorhebung von M. F.)

Aus dem evolutionsbiologischen Forschungsparadigma kommend, liefert der Autor eine Perspektive zur Überwindung der informationstechnologischen Verkürzung von Denken, Geist oder Bewusstsein auf bloße neuronale Muster. Den Ball philosophisch aufgegriffen: Es ist eine Frage sozial charakterisierter, geteilter Intentionalität, welche Geisteskultur wir mit den materiellen Mitteln der Robotik und KI gestalten. In diesem erweiterten Sinne ist Maschinenbewusstsein real vorhanden, nur eben nicht als neurologisches Imitat von Menschen (oder Tieren?), sondern als Gestaltungsmittel intentionaler menschlicher Praxis. Sie würde sich dann hinsichtlich ihres „Bewusstseins" nicht mehr vom Marmor und den Werkzeugen unterscheiden, aus denen Michelangelo seinen *David* formte: ein materielles Sinnbild für die Geisteshaltung einer bestimmten Epoche. Ohne geteilte Intentionalität menschlicher Handlungen wäre also kein Geist oder Bewusstsein (im erweiterten Sinne der Worte) vorhanden. Daher rührt dann auch die Verantwortung der Menschen.

Geisteskultur ist normativ, weil Ursache und Wirkung menschlichen Handelns. Nicht ohne Grund wird von einem „Zeitgeist" gesprochen. Es ist insofern eine Facette der Geisteskultur bzw. des Zeitgeistes, Bewusstsein und anderes auf neuronale Aktivitäten des messbaren Mentalen zuzuspitzen. Die entsprechend teuren Forschungsinstrumente stehen in den Laboranlagen der „Big Science" zur Verfügung. In bemerkenswerter Doppeldeutigkeit äußert Joseph Weizenbaum Kritik an Großforschungsprojekten zu bildgebenden Verfahren, deren Sinnhaftigkeit nicht vorher abgewogen wurde:

> „Es gibt keine absolute Forschungsfreiheit, und es sollte sie auch nicht geben. Ich will weder eine Diktatur von oben noch eine heimliche Diktatur. Ich will keine gekaufte Diktatur, so wie es heute ist, in deren Licht sich Wissenschaftler und Forscher als Prostituierte des Geistes verhalten." (Weizenbaum 2001/1991, S. 132)

Inhalt und Wortwahl mag vielleicht nicht jede uneingeschränkt teilen. Die Pointe der Doppeldeutigkeit liegt jedenfalls darin, dass sich hier das Verhältnis aus „Geist" und „Freiheit" zutiefst normativ lesen lässt: Was zunächst nach einer Einschränkung von Freiheit klingt, entpuppt sich tatsächlich als deren Befreiung im kritischen Hinterfragen des Zeitgeistes. Denn dieser prägt ja auch „freie" Forschungen. In gewisser Hinsicht ist damit die Kritik einer Reduktion von Geist auf bloße mentale Naturereignisse verbunden. Sinngemäß: Liebe Forscherinnen und Forscher, hört auf, euch selbst als bloß determinierte Naturereignisse zu begreifen, lebt geistreich! Forschung ist nicht neutral und hat sich hinsichtlich ihrer Mittel und Ziele zu hinterfragen. In diesem normativen Sinne ist sie nicht frei. In einem anderen Sinne jedoch sehr wohl: Sie ist weder mental determiniert noch dem Zeitgeist unkritisch verpflichtet. Damit wären wir auch schon beim letzten Themenblock vorliegenden Buches: In Kap. 5 soll es um Autonomie gehen, und zwar auch explizit als deskriptive Heuristik zur Bezeichnung von Technik.

**Conclusio**

Haben Maschinen Bewusstsein? Nein. Menschliches Bewusstsein lässt sich naturhistorisch nicht ohne Sozialverhalten erklären. Wenn das stimmt, dann ist mit Simulationen neuronaler Prozesse allein kein Bewusstsein technisch herstellbar. Auf der anderen Seite gehört es durchaus zu den Kulturgeschichten der Menschen, Gegenständen Geist, Seele oder eine Art „Spirit" zuzuschreiben. In diesem weiten Sinne der Geisteskultur gibt es religiös gesehen schon längst technische Dinge – hergestellte Statuen, Heiligenbilder etc. – denen so etwas wie Bewusstsein zugeschrieben wird. In verschiedenen animistischen Religionen schließt das auch Tiere, Pflanzen oder physische Naturphänomene ein. Im engen Sinne verhandelt die Philosophie des Mentalen zunehmend neurologische Prozesse im Gehirn. Bewusstsein wird also methodisch naturalisiert bzw. wie ein Naturereignis ohne Bezug zu kultureller, sozialer Praxis beschrieben. So gesehen müssten nur die physischen Voraussetzungen stimmen, und schon wären (verkörperte) KI-Systeme mit echtem Bewusstsein möglich.

Diese materialistische Sichtweise übersieht aber zum einen die naturhistorischen Erklärungslücken der Entstehung menschlichen Bewusstseins – wenn eben Sozialverhalten außer Acht gerät. Zum anderen wird das methodische Perspektivenproblem aus Beobachtung und Vollzug bewusster Handlungen übergangen. Hinzu tritt der sprachliche Kategorienfehler, da bei einer bloßen Naturalisierung menschlichen Bewusstseins normative und deskriptive Begriffsklassen verwechselt werden. Maschinen fehlt der phänomenale Zugang zu einem „Ich". Zur physiologischen Seite tritt immer auch die soziale Komponente, also unter anderem das paradigmatische Weltbild, das menschliche Annahmen über Bewusstsein prägt. Wer an Maschinenbewusstsein glaubt, bestätigt damit, aus wissenschaftlicher Sicht betrachtet, gerade diese soziale Komponente. Denn glauben ist Sozialverhalten. Darin liegen Freiheiten menschlichen Handelns, die im besonderen Maße verantwortungsvollen Umgang mit technischen Mitteln bedingen – besonders wenn KI-Technologien so wirken, *also ob* sie Bewusstsein oder Empathie hätten. Die Frage nach Maschinenbewusstsein entpuppt sich als Aufforderung zur Gestaltung einer kritischen Geisteskultur.

## Literatur


Blasche S (2005) „Bewußtsein.“ In Mittelstraß J (Hg) Enzyklopädie Philosophie und Wissenschaftstheorie. Band 1: A–B. 2., neubearbeitete und wesentlich ergänzte Auflage. J.B. Metzler, Stuttgart/Weimar, S 451–452

Brüntrup G (2018) Philosophie des Geistes. Eine Einführung in das Leib-Seele-Problem. Kohlhammer, Stuttgart

Carrier M (2016) „philosophy of mind.“ In Mittelstraß J (Hg) Enzyklopädie Philosophie und Wissenschaftstheorie. Band 6: O-Ra. 2., neubearbeitete und wesentlich ergänzte Auflage. J.B. Metzler, Stuttgart/Weimar, S 291–299

Esfeld M (2021) „Menschenbilder in den Naturwissenschaften.“ In Zichy M (Hg) Handbuch Menschenbilder. Springer, Wiesbaden. https://doi.org/10.1007/978-3-658-32138-3_14-1

Janich P (2014) Sprache und Methode. Eine Einführung in philosophische Reflexion. Francke, Tübingen

Leerhoff H/Rehkämper K/Wachtendorf T (2009) Einführung in die Analytische Philosophie. WBG, Darmstadt

Lorenz K (2016) „Qualia.“ In Mittelstraß J (Hg) Enzyklopädie Philosophie und Wissenschaftstheorie. Band 6: O–Ra. 2., neubearbeitete und wesentlich ergänzte Auflage. J.B. Metzler, Stuttgart/Weimar, S 527–530

Mainzer K (2016) Künstliche Intelligenz – Wann übernehmen die Maschinen? Springer, Berlin & Heidelberg

Mainzer K (2020) Quantencomputer. Von der Quantenwelt zur Künstlichen Intelligenz. Springer, Berlin

Mainzer K (2021) „Soziale Robotik und künstliches Bewusstsein. Technische und philosophische Grundlagen.“ In Bendel O (Hg) Soziale Roboter. Technikwissenschaftliche, wirtschaftswissenschaftliche, philosophische, psychologische und soziologische Grundlagen. Springer Gabler, Wiesbaden, S 191–210

Mainzer K/Kahle R (2022) Grenzen der KI – theoretisch, praktisch, ethisch. Springer, Berlin

Misselhorn C (2021) Künstliche Intelligenz und Empathie. Vom Leben mit Emotionserkennung, Sexrobotern & Co. Reclam, Stuttgart

Nagel T (2016) What Is It Like to Be a Bat? Wie ist es, eine Fledermaus zu sein? Reclam, Stuttgart

Nagel T (2015) Der Blick von nirgendwo. Suhrkamp, Frankfurt a. M.

Newen A (2005) Analytische Philosophie. Zur Einführung. Junius, Hamburg

Otte R (2021) Maschinenbewusstsein. Die neue Stufe der KI – wie weit wollen wir gehen? Campus, Frankfurt a.M./New York

Preyer G (2019) „Zur gegenwärtigen Philosophie des Mentalen.“ In: Röd W/Essler K (Hg) Die Philosophie der neuesten Zeit. Geschichte der Philosophie Band XIV. C.H. Beck, München, S. 186–224

Rödl S (2011) Selbstbewusstsein. Suhrkamp, Frankfurt a. M.

Stekeler-Weithofer P (2016) „Philosophie des Geistes.“ In Mittelstraß J (Hg) Enzyklopädie Philosophie und Wissenschaftstheorie. Band 6: O–Ra. 2., neubearbeitete und wesentlich ergänzte Auflage. J.B. Metzler, Stuttgart/Weimar, S 288–289

Stekeler-Weithofer P (2012) Denken. Wege und Abwege in der Philosophie des Geistes. Mohr Siebeck, Tübingen

Sturma D (2005) Philosophie des Geistes. Reclam, Leipzig

Sturma D (2021) „Neuroethik.“ In Grunwald A/Hillerbrand R (Hg) Handbuch Technikethik. 2., aktualisierte und erweiterte Auflage. Metzler Springer, Berlin, S. 255–259

Teichert D (2006) Einführung in die Philosophie des Geistes. WBG, Darmstadt

Tetens H (2016) Geist, Gehirn, Maschine. Philosophische Versuche über ihren Zusammenhang. Reclam, Stuttgart

Tomasello M (2020) Eine Naturgeschichte des menschlichen Denkens. Suhrkamp, Frankfurt a. M.

Weizenbaum J (2001/1991) „Die Verantwortung der Wissenschaftler und mögliche Grenzen für die Forschung.“ In Weizenbaum J Computermacht und Gesellschaft. Freie Reden. Herausgegeben von Gunna Wendt und Franz Klug. Suhrkamp, Frankfurt a. M., S 120–132

# Autonomie

# 5

**Zusammenfassung**

Autonomie ist zu einem gängigen Begriff geworden, um KI-basierte Technologien zu bezeichnen. So ist die Rede von „smart autonomous robots" oder „autonomem Fahren". Besonders im Bereich „autonomer Waffensysteme", der sozialen Robotik oder intelligenter Bots tauchen regelmäßig Spekulationen über weiterreichende Fähigkeiten auf. Wie „autonom" kann Technik sein? In diesem Kapitel wird zuerst in die philosophischen Grundlagen des Konzepts der Autonomie sowie Determinismus und Freiheit eingeführt. Dabei erfolgt eine Abgrenzung zum technischen Gebrauch des Wortes, da Maschinen keine politische Autonomie oder Patientinnenautonomie haben. Darauf aufbauend folgt die Aufschlüsselung technischer Entwicklungsstufen in acht kulturhistorischen Kategorien. Autonome Technik wird systematisch anhand der Kriterien Energie, Bewegung/Prozess sowie Zielsetzung/Kontrolle graduell unterschieden und in Beziehung zu älteren Stufen wie Handwerkzeugen oder Kraftmaschinen eingeordnet. Anhand konkreter Techniken wird die vorgestellte Heuristik illustriert und auf logische Probleme vollautonomer Systeme eingegangen. Ziel ist es, eine praktische Orientierungshilfe zur Unterscheidung und ethischen Bewertung verschiedener technischer Entwicklungsstufen anzubieten.

Wenn es um die Charakterisierung bestimmter Künstlicher Intelligenzen (KI) und Roboterarten geht, dann treffen wir immer wieder das Wort **„Autonomie"** an. Es hat an Popularität gewonnen und bildet mittlerweile einen eigenen Gegenstand der wissenschaftlichen Debatte über Roboter, Drohnen und KI (Beer et al. 2014; Gottschalk-Mazouz 2019; Gransche et al. 2014; Gutmann et al. 2011; Rammert 2003; Weber und Zoglauer 2018 etc.). Wir sprechen vom „autonomen Fahren" oder von „autonomen Kampfdrohnen". Die Formulierung der „smart autonomous robots" haben wir in *Band 3, 1.1* ebenfalls als Bestandteil eines EU-Berichts der vergangenen Jahre kennengelernt.

 
M. Funk, *Künstliche Intelligenz, Verkörperung und Autonomie*,
https://doi.org/10.1007/978-3-658-41106-0_5

Missverständnisse sind vorprogrammiert, da wir das Wort „Autonomie" sonst aus dem menschlichen Alltag und politischen Miteinander kennen – ohne jegliche Roboter. Die Berücksichtigung menschlicher Autonomie stellt explizit eines von mehreren Prinzipien der 2019 verabschiedeten *Ethics Guidelines for Trustworthy AI* der EU-*High-Level Expert Group on Artificial Intelligence* dar (AI HLEG 2019, S. 2, 12). Wie in *Band 2, 1.1* angesprochen, liegt dem ein medizinethischer Ansatz aus den 1970er-Jahren zugrunde. In der modernen Medizinethik bezeichnet Patientenautonomie „individuelle Entscheidungshoheit in Fragen persönlicher Belange" und meint einen Spezialfall der Handlungsautonomie (Schöne-Seifert 2007, S. 40–42; siehe auch Ach et al. 2021; Birnbacher 2021). Autonomie und Freiheit hängen miteinander zusammen. Dabei ist der Term „Freiheit" nicht minder missverständlich, hält er doch in begrifflicher Form der „Freiheitsgrade" Einzug in die technische Fachsprache. Neben den vielfältigen technischen Gebrauchsweisen der Begriffe sind weitere Varianten in den Sozialwissenschaften oder der Juristik zu unterscheiden. Wir wollen uns zuerst Verbindungen zwischen Autonomie und Freiheit im humanen Bereich aus technikethischer Perspektive ansehen (Abschn. 5.1), bevor wir uns Autonomie als sachtechnischer Bezeichnung zuwenden (Abschn. 5.2). Schließlich erarbeiten wir eine Systematik zur Gliederung verschiedener Autonomiegrade technischer Mittel auf Grundlage einer kulturhistorischen Rekonstruktion, die wir wiederum auf Beispiele anwenden (Abschn. 5.3).

## 5.1 Autonomie und Freiheit

Autonomie bezeichnet in der klassischen Definition **„Selbstgesetzgebung"** **(*auto* = selbst, *nomos* = Gesetz)**. Das betrifft die eigenständige Regulierung von Handlungen durch (moralische, juristische) Gesetze im Allgemeinen und im Besonderen das Auflehnen gegen Vorurteile. In der Antike wurde mit Autonomie eine innere sowie gegen äußere Unterdrückung gerichtete politische Freiheit bezeichnet. Gegenüber Traditionen, bestehende Machtverhältnisse, aber auch Gruppenmoral ließ sich der Anspruch des selbst gegebenen Gesetzes ins Feld führen. In der frühen Neuzeit stand Autonomie im Zusammenhang mit dem Recht auf Glaubensfreiheit und wurde im 18. Jahrhundert zu einem etablierten Terminus der Rechtswissenschaften. Für den philosophischen Autonomiebegriff ist bis heute Immanuel Kants Vernunftkritik prägend: Jeder Vorschlag soll hinsichtlich seiner Tauglichkeit als allgemeines (Sitten-)Gesetz überprüft werden. Das gilt wie schon in der Antike auch für Autoritäten und Überlieferungen (Pohlmann 1971, S. 701–708; Schwemmer 2005, S. 319). Kant spült damit eine methodisch verstandene und an Selbstkritik geschliffene Skepsis in seine Begründung wissenschaftlichen Wissens ein (Höffe 2011, S. 15–16, 35 et passim).

Wissenschaften – einschließlich der Philosophie – sind in ihrer Erkenntnisarbeit sowie deren (Selbst-)Kritik autonom. Mehr noch, moralische (Sitten-)Gesetze und wissenschaftliche (Natur-)Gesetze gehen aus der gleichen Vernunft hervor. Wird aus Vernunftschlüssen jedoch ungeprüft übernommene Ideologie und Dogmatismus, dann kann von Aufklärung keine Rede mehr sein. Es liegt in der menschlichen Autonomie, sich gegen diktierte Lehrmeinungen prüfend und zweifelnd zu erheben – was ja nicht zwingend zu deren Suspendierung führen muss, sondern gleichfalls deren Bewährung ermöglicht. Skepsis und Aufklärung gehen in autonomen Wissenschaften Hand in Hand (*Band 3, 5.1,* „Vorgeschichten I – Skepsis und Aufklärung"). Für Ethik ist das Prinzip der Willensbildung relevant, wonach aus einem selbstbestimmten freien Willen die allgemeinen moralischen Gesetze begründet werden (Pohlmann 1971, S. 708–709; Schwemmer 2005, S. 319–320; *Band 1, 4.2*). Freiheit und Moralität werden mit Autonomie zur Deckung gebracht, insofern der Wille „in allen Handlungen sich selbst ein Gesetz" ist (*GMS BA 98,* Kant 1974c/1785ff, S. 81; Wimmer und Blasche 2005, S. 562–563). **Handlungsfreiheit** meint die Abwesenheit von äußerem Zwang zur Umsetzung selbst gegebener Zwecke, **Willensfreiheit** den eigenständigen Entschluss und damit verbundene Verantwortung (Carrier 2005, S. 566; Wimmer und Blasche 2005, S. 559–560; Schälike 2016).

**Hintergrund: Genese und Geltung II – Freiheit und Autonomie**
Wir haben in vorliegender Buchreihe immer wieder den inter- und transdisziplinären Charakter der Technikethik sowie der Roboter- und KI-Ethik betont. Schließen wir an Abschn. 1.1 („Hintergrund: Genese und Geltung I – Wissen und Kausalität") an. Methodisch lassen sich grob zwei Forschungsarten unterscheiden: Tatsachen- bzw. Realwissenschaften beschäftigen sich mit Entdeckungszusammenhängen; Vernunft- bzw. Rationalwissenschaften haben Begründungszusammenhänge zum Gegenstand. Auf der einen Seite geht es um die Genese wissenschaftlicher Aussagen durch empirische Beobachtungen einzelner Naturwissenschaftlerinnen, Arbeitsgruppen in Laboratorien oder ganze Forschungsverbünde aktueller Big Science. Das entspricht dem Kantischen Verständnis *quid facti:* das, was als Tatsache aufgedeckt wird. Auf der anderen Seite steht die Geltungsfrage *quid iuris:* Wie ist eine Tatsachenbehauptung begründet bzw. gerechtfertigt und warum? Spannen wir den Bogen zur Ethik der Roboter, Drohnen und KI: Was wird als empirische Tatsache behauptet und was ist daran gerechtfertigt? Dies ist, wenn man so will, *die* zentrale Frage aus der theoretischen Philosophie. Und genau damit setzen wir uns in vorliegendem Kapitel auseinander: Was ist begründet an Aussaugen über „autonome" oder „freie" Maschinen? Wir betreiben also methodisch-sprachkritische Vernunftwissenschaft. Die Pointe dabei: Naturwissenschaften, eigentlich alle Wissenschaften, lassen sich nicht begründen, ohne dabei gleichzeitig Moral zu begründen. **Wer „wissenschaftlich" menschliche Moral leugnet, leugnet Wissenschaft – also sich selbst.**

Wie das? Sehen wir uns verschiedene Arten menschlicher Freiheit sowie deren Verbindungen zur Autonomie an. Wir haben festgestellt: Eine Wissenschaftlerin, die aufgrund ihrer (experimentellen) empirischen Beobachtung auf eine als Hypothese vorgetragene Regelmäßigkeit mit Gültigkeit für zukünftige Beobachtungen schließt – eine Gesetzmäßigkeit, die sich aus methodischen Gründen zukünftig falsifizieren lassen muss – setzt immer schon mehr voraus als die reine Beobachtung. Der Schluss auf ein Kausalgesetz ist eine Erkenntnisleistung theoretischer Vernunft, die Kant an **„kosmologische Freiheit"** bindet (Höffe 2011, S. 251; Höffe 2012, S. 132). Da es sich um eine „kosmologische", also erkennende Freiheit im Bereich der Naturforschung handelt – auch Menschen sind Naturwesen, die sich kausal beschreiben lassen – sind naturwissenschaftliche Aussagen über Menschen bis zum Zeitpunkt ihrer Falsifizierung nicht per se falsch. Nur ein Schluss auf die Unmöglichkeit menschlicher Freiheit lässt sich nicht halten, da diese ja bereits im Vollzug naturwissenschaftlichen Forschens und Sprechens vorausgesetzt wird. Sie geht sozusagen mit jedem Kausalschluss einher, wodurch etwas behauptet wird, das nicht allein auf Beobachtung gründet. Wahrnehmung und theoretische Vernunft sind gleichermaßen für Erkenntnis notwendig. **Zur Kausalität der Natur tritt Kausalität durch Freiheit** (siehe die berühmte Auflösung der *dritten Antinomie der reinen Vernunft* in *KrV B 472–479,* Kant 1974b/1781ff, S. 426–433; Gabriel 2020, S. 78–82; Höffe 2011, S. 251–255, 2012, S. 131–135; Tetens 2006, S. 244–265; Wagner 2008, S. 98–106).

Die Pointe besteht nun darin, dass damit direkt **„moralische Freiheit"** begründet wird und deren Autonomie gegenüber bloßer Sinnlichkeit zur Geltung kommt. Denn die Freiheit zum Erkennen theoretischer Sachverhalte ist eine Eigenschaft des *einen menschlichen Vernunftvermögens,* wenn also die Vernunft erkennend in Aktion tritt (Höffe 2011, S. 20). Wird Vernunft *praktisch* tätig, schließt sie ebenfalls auf Gesetze, jedoch auf „Sittengesetze", also moralische Regeln des Handlungsvollzugs (*KpV A 48–54, §§ 4–6,* Kant I 1974d/1788, S. 135–140; Höffe 2012, S. 90–100). Kant deckt mindestens zwei Aspekte der Freiheit auf: Die kosmologische Freiheit korreliert mit dem theoretisch-erkennenden Vernunftgebrauch, die moralische Freiheit mit dem sittlich-erkennenden Vernunftgebrauch. In beiden Fällen entspringt Freiheit der Gesetzgebung: Wenn naturwissenschaftliche Gesetze der empirischen Beobachtung gegeben werden (kosmologische Freiheit) und wenn sich Menschen sittliche Gesetze unabhängig von Sinnen, Gefühlen, Begierden etc. verleihen (moralische Freiheit). Das ist Autonomie – Selbstgesetzgebung eines freien Willens jenseits von Naturkausalität (ebd., S. 140, 145–148 et passim).

Dass sich wahrlich nicht jeder an bestimmte moralische Normen hält und von Gelüsten überwältigt durchs Leben stolpert, ist kein gültiges Gegenargument, genauso wenig wie die Existenz kulturell diverser moralischer Lebensformen. Denn es geht darum, dass wir überhaupt moralische Regeln erkennen und einsehen können. Und dieses Vermögen, also die Möglichkeit dazu, muss ja irgendwo herkommen – wie übrigens auch das Vermögen, gegen bestehende Sitten zu rebellieren. In der Vernunftkritik wird die menschliche Vernunft auf der Suche nach diesem Irgendwoher vor sich selbst einem Gerichtsprozess unterzogen (Gabriel 2020, S. 73–76; Höffe 2011, S. 37–38). Darum heißen Kants Hauptwerke auch *„Kritik"* einmal *„der reinen Vernunft"* (Kant 1974a/1781ff, 1974b/1781ff) und einmal *„der praktischen Vernunft"* (Kant 1974d/1788). Indem nun die Erkenntnisleistungen der Wissenschaften auf ihre Voraussetzungen hinterfragt werden, folglich die Bedingungen der Möglichkeit ihrer Behauptungen positiv – hinsichtlich ihrer Möglichkeiten – und negativ – mit Blick auf Erkenntnisgrenzen – dargelegt werden, erfolgt eine transzendentale Kritik. Anders gesagt: Ja, wir sind sinnliche Wesen und das ist moralisch wie wissenschaftlich auch gut so!

Jedoch können wir uns beim Forschen gegen unsere Sinne auflehnen und diese kritisch hinterfragen im Angesicht wissenschaftlicher Theoriebildung. Genauso haben wir das Potenzial, in moralischer Hinsicht unsere Begierden zu prüfen und den Naturen unserer Neigungen nicht zu folgen (Gabriel 2020, S. 77–78). Menschen sind in der Lage, vorsätzlich etwas zu unterlassen, das sie tun könnten (Janich 2014, S. 35–36). Darum ist es auch wichtig, das Vernunftvermögen nicht selbst wieder zu dogmatisieren oder einer einheitlichen inhaltlichen Deutungshoheit zu unterwerfen. Das widerspräche der Idee von Aufklärung als (Selbst-)Kritik, die individuell und gemeinschaftliches Handeln prägt, wie auch dem Konzept der Autonomie. Offenheit für alternative kulturelle Lebensformen ist damit vereinbar. Es gibt diverse Potenziale, die sich divers realisieren lassen. Insofern ist vor einer Verabsolutierung „der einen" Vernunft, „der einen" Aufklärung oder „des einen" vernünftigen Menschen(-bildes) ausdrücklich zu warnen. Es sollte also mit Mut zur Lücke hinter das Substantiv „(die) Aufklärung" geschaut werden. Das Wort alleine ist ziemlich unfrei, wenn es nicht gelebt wird.

Aus der methodischen Unterscheidung von Genese und Geltung (Abschn. 1.1, „Hintergrund: Genese und Geltung I – Wissen und Kausalität") können wir die **Differenz empirischer und normativer Freiheitsgrade** erklären. Die Entstehung unseres Wissens um Freiheit (*quid facti,* Tatsachenwissenschaft) ist von deren epistemischer oder ethischer Geltung (*quid iuris,* Vernunftwissenschaft) zu trennen. An dieser methodischen, aber auch weltanschaulichen Nahtstelle (Brigandt 2022; Esfeld 2021) flammt immer wieder Streit auf, der für die Technikethik folgenreich ist. Es ist der alte Einwand des **Determinismus,** durch welchen seit Jahrhunderten in wiederkehrenden Wellen die Freiheit der Menschen infrage gestellt wird. Er findet sich auch im Körper-Geist-Verhältnis wieder, genauer im eliminativen Materialismus, wo geistig-kognitive Prozesse als Epiphänomene materieller Verursachung ausgewiesen werden (Teichert 2006, S. 45–46). Nach dem Gesagten wissen wir bereits, dass eine solche Position unhaltbar ist, aufgrund der Voraussetzungen, die bei ihrer Äußerung immer schon in Anspruch genommen werden. Die Kontroverse, ob wir frei handeln oder durch physische Prozesse im Körper determiniert sind – also ob Moral und Autonomie überhaupt möglich sind –, ist durch Fortschritte der aktuellen Neurowissenschaften wiederholt befeuert worden (Sturma 2021; zum Libet-Experiment siehe Höffe 2012, S. 34–35, 135–141; Luhmann 2020, S. 147–153): Es gibt demnach Indizien für die Aktivierung neuronaler Signale, bevor wir eine Entscheidung „bewusst" treffen – zumindest in bestimmten Experimentalsituationen. Wie im eliminativen Materialismus angenommen (Abschn. 3.2), wäre alles Geistige determiniert durch neurophysiologische Prozesse und Freiheit wie Moral schlicht eine Illusion. Menschen wären nichts weiter als Maschinen, die materiellen Kausalgesetzen folgten. Warum ist dieser Schluss nicht gültig? Weil in ihm das, was widerlegt werden soll – die menschliche Freiheit –, bereits vorausgesetzt wird:

> *Prämisse 1:* In einer Laborsituation wurden experimentell Beobachtungsdaten erhoben, die zu einer Gesetzesaussage über Regelmäßigkeiten in der menschlichen Natur dienen sollen (Genese).
>
> *Prämisse 2:* Das entsprechende Gesetz enthält Aussagen über Kausalverhältnisse in der Natur, die auch in der Zukunft gelten sollen, sinngemäß: „Neuronale Aktivitäten bestimmen den Menschen, sein Handeln *hängt gestern, heute und morgen* (ausschließlich) von materiell-physischen Kausalitäten seines Gehirns ab, die sich rein physikalisch beschreiben lassen." (Genese)
>
> *Einwand 1:* Die herangezogenen Beobachtungsdaten liegen aus der Zukunft nicht vor, da wir nur Wahrnehmungen der Vergangenheit und Gegenwart besitzen. Der Schritt von der Genese einer Beobachtung zur Geltung des Kausalgesetzes ist ungültig. Rein empirisch würde versucht, über Zukunft zu sprechen, ohne dass sich in diese empirisch blicken ließe. Der Sprung von einer sinnlichen Beobachtung zum Vernunftschluss, also dem Akt der Formulierung einer Gesetzesaussage, bleibt unbegründet. Wir würden in einem Zirkelschluss und Fass ohne Boden landen, wenn wir dieses Defizit selbst empirisch erklären wollten, nur um postwendend wieder darin zu landen. Wir könnten also über den beobachteten Menschen so sprechen, *als ob* er kausal determiniert wäre, jedoch muss

dazu eben die Beobachterin entsprechend ihres (Beobachterinnen-)Standpunktes mehr in Anspruch nehmen als die reinen Beobachtungsdaten – zumindest, wenn der Zirkel vermieden werden soll. Fügen wir darum eine weitere Prämisse hinzu.

*Prämisse 3:* Zur bloßen Wahrnehmung im Labor tritt die Fähigkeit des rationalen Schließens, weshalb sich überhaupt erst einmal Kausalgesetze aus Beobachtungsdaten abstrahieren lassen.

*Einwand 2:* Der Schluss auf den Determinismus ist nur dann gültig, wenn menschliche Rationalität selbst determiniert ist – was auch für Wahrnehmung angenommen werden muss.

*Konklusion 1:* Die Behauptung des Determinismus lässt sich jedoch genau darum nicht durchhalten, beweist aber postwendend menschliche Freiheit sowohl im sinnlichen wie auch im rationalen Handeln. Denn sie nimmt sich die „Freiheit“ heraus, Freiheit zu leugnen.

*Einwand 3:* Diese Bindung der Determinismusbehauptung an menschliches Handeln lässt sich auch daran illustrieren: Unabhängig von den jeweiligen persönlichen Motiven der Protagonistinnen stellen sich die Fragen, erstens, warum es sinnlich aktive und rationale Menschen gibt, die dem Determinismus faktisch widersprechen, und zweitens, warum allgemein aus Beobachtungsdaten unterschiedliche Schlüsse gezogen werden? Beides dürfte in einer determinierten Welt nicht vorkommen.

*Pointiert:* Welches Naturereignis tritt gerade jetzt ein, da ich mich entscheide, für die umfassende Determinierung menschlichen Handelns zu streiten in einer Debatte, in welcher es Gegenargumente und alternative Deutungen gibt?

*Konklusion 2:* Die naturhistorische Entstehung von Freiheit, Vernunft, Kreativität, Autonomie im Umgang mit Sinnen und Rationalität, also im weiteren Sinne moralisches wie epistemisches Bewusstsein/Subjektivität, lassen sich empirisch weder beweisen noch widerlegen, weil sie dabei immer schon vorausgesetzt werden. Sie lassen sich zwar mit Erfolg erforschen, müssen aber in ihrer Faktizität als Bedingung anerkannt werden. Alle weiterführenden Fragen über ihre Entstehung liegen nicht im Bereich naturwissenschaftlichen Zugriffs und sind auch für Geisteswissenschaftlerinnen nur unscharf-spekulativ zu bewältigen.

*Ausblick 1:* Aus dieser methodischen Conclusio folgt, dass wir in unserem empirisch-technischen Handeln zumindest die humane Form von Freiheit und Autonomie nicht in Robotern, Drohnen und KI abbilden können, da wir sie als Gegenstand empirischen Handelns nicht vollständig zu greifen bekommen. Als endliche Wesen stehen wir vor einem Perspektivenproblem bei der Selbstbeobachtung *(Band 2, 2.3)*. Wenn wir uns über Freiheit etc. unterhalten, sind also wie gehabt die Begriffsklassen normativ-wertender von empirisch-beschreibender Rede zu trennen, woraus dann auch die Vermeidung diverser Fehlschlüsse methodisch notwendig folgt *(Band 2, 2.1)*.

*Ausblick 2:* Es gibt Erkenntnisgrenzen, und das ist gut so! Denn wenn wir diese methodisch anerkennen, dann lässt sich die Gültigkeit unseres jeweiligen (endlichen) Wissensstands kritisch absichern.

*Ausblick 3:* Begrenzung und Ermöglichung von Wissen greifen ineinander. Darum ist jede Ideologie Unsinn, in welcher die weltanschauliche oder technologische Überwindung

– umfassende Entgrenzung – des Menschen ersatzreligiös verkauft wird (Beispiel: entsprechende Spielarten des Post- und Transhumanismus).

*Alternative Deutung 1:* Versuchen wir eine völlig spekulative alternative Lesart, um auch bei dem hier Vorgelegten selbstkritisch zu bleiben. Sollte es zu einem Post- oder Transhumanismus technologischer Art kommen, dann wohl nur durch eine tatsächliche Verselbstständigung maschinellen Denkens, die in einer Grundsätzlichkeit bei den intimsten Möglichkeitsbedingungen über menschliches Erkennen hinausreicht. Wir würden das wahrscheinlich nicht einmal mitbekommen, es wäre auf einmal für uns unverständlich und unaussprechlich vorhanden.

*Entgegnung zur Alternative:* Jedoch bliebe es selbst dann bei der Einsicht, dass wir eine Singularität nicht absichtlich herbeiführen können. Wir können uns praktisch mit Nuklearwaffen vernichten, unsere Kinder mit grottenschlechter, misslungener Technik malträtieren oder doch wünschenswert technologisch „human" fortentwickeln. „Überhumanisieren" – im wörtlichen Sinne – in technischen Mitteln ist jedoch den Dichterinnen und Filmemacherinnen vorbehalten. Im metaphorischen Sinne können wir über Posthumanismus nachdenken, wenn damit die Auslagerung menschlicher Fähigkeiten oder Denkweisen in technische Strukturen bezeichnet wird, die uns selbst wieder als kulturelle Umweltfaktoren prägen. So gesehen ist der ganze Erdball aktuell zum Freiluftlaboratorium menschlicher Kulturhandlungen geworden. Folgen der Klimaveränderung fallen in den Bereich unserer Verantwortung und prägen uns massiv. Der Planet Erde ist nicht mehr nur als Ballung „determinierter" Naturereignisse anzusehen, sondern auch als durch menschliche Freiheit und Autonomie geformt. Dem sollten wir uns tunlichst selbstkritisch stellen! Gleiches gilt für das Design technischer Mittel in unserer direkten Umgebung. Warum wir jedoch für diese Einsicht ausgerechnet den hoch missverständlichen Begriff des „Posthumanen" brauchen, bleibt mindestens klärungsbedürftig. Es ist ja gerade human, dass wir uns über die Folgen und Reichweiten unserer Handlungen Gedanken machen können und dabei den Eigenwert von Ökosystemen anerkennen.

*Alternative Deutung 2:* Sehen Sie es anders? Warum und Wie?

*In a nutshell:* Naturprozesse lassen sich erfolgreich naturwissenschaftlich von Menschen erforschen. Bei Menschen selbst liegt die „Wahrheit" in der Mitte: Sie lassen sich aus naturwissenschaftlicher Perspektive, auch medizinisch, in bestimmten Ausschnitten (Physiologie etc.) erfolgreich beschreiben, als ob sie determiniert wären, stets im Verbund mit der nicht determinierten Perspektive der Möglichkeiten freier Handlungen im kulturellen Leben.

Was sich heute an den methodischen und weltanschaulichen Sollbruchstellen zwischen Determinismus und Freiheit sowie Empirie und Vernunft ereignet, ist, genau gesehen, die Wiederholung einer mindestens 250 Jahre alten wissenschaftstheoretischen Auseinandersetzung (zur kulturellen Hintergrundstrahlung siehe *Band 1, 2.3*) – mit Wurzeln in der antiken Skepsis: Wie sicher ist unser sinnliches und rationales Wissen? Es scheint, als müsste jede Generation im Angesicht der je aktuellen technischen und naturwissenschaftlichen Errungenschaften immer wieder um deren kulturelle Einordnung ringen (Gabriel 2020, S. 82–87; Höffe 2012, S. 34–36, 135, 141; Janich 2006; Tetens 2006, S. 310–317). Dass die Kontroversen um Freiheit und Autonomie im Rahmen der Robotik und KI aktuell wieder auftauchen, ist insofern keine Überraschung.

Wir haben in Kap. 1 **implizites Wissen** angesprochen. Dieses ist tief kulturell-sozial und sensomotorisch-materiell mit humanen Handlungsschemen verbunden. Eventuell werden diese auch in Form epigenetisch vererbter organischer Potenziale (Lamarckismus, „Vererbung erworbener Eigenschaft") weitergegeben. Hierzu sind umfangreiche empirische Forschungen in der Humangenetik entstanden, deren Ergebnisse auch für die geltungskritische philosophische Reflexion von Interesse sind (Heil et al. (Hg.) 2016; Baedke 2019). Es geht darum, um Kompromisse zu ringen. In schwachen Lesarten sind Determinismus und Naturalismus vielleicht gar nicht verkehrt. Warum wird sonst leidenschaftlich dafür gestritten? Dass sich im kulturellen Leben – einschließlich emotionaler sozialer Nähe, Sprechen und Werkzeugverwendung – Konditionierung, Routinen und Gewohnheiten herausbilden, die sich bei empirischer Beobachtung als neuronale Signale vor einer „bewussten" Entscheidung zeigen, ergibt völlig Sinn. Musiker sind ja beim Improvisieren gerade „frei", weil sie auf jahrelange Technikübungen aufbauen können, meistens im Umgang mit materiellen Instrumenten. Das Körperwissen führt zu einer Verselbstständigung von kulturellen Handlungsschemen im Akt des Improvisierens. Wir können auf diese „frei" Einfluss nehmen, gerade weil einige Prozesse von außen betrachtet als „determiniert" erscheinen: Ich bin freier und besser am Instrument, wenn ich gerade nicht jede Muskel- oder Fingerbewegung eigens thematisieren muss, sondern wenn mein Leib mit dem Instrument wie selbstverständlich verschmilzt. Innerhalb dieses Verschmelzens dienen die häufig nicht „bewusst" wahrgenommen routinierten Handlungsschemen als Ermöglichung der darauf aufbauenden Kreativität.

Auch Pädagogen wissen vom Wert der Wiederholung einfacher sinnlicher sowie sensomotorischer Abläufe, deren „Verselbstständigung" im kindlichen Leib die ersten eigenen Schritte auf zwei Beinen regelrecht zu einem „Wunder" werden lassen. Wird diese Ermöglichung qua Handlungsroutine (implizites Wissen) nun zum Messwert verobjektiviert (explizites Wissen), dann suggeriert der Beobachterstandpunkt eine materielle „Determination". Für einen engen Ausschnitt mag das durchaus zutreffen. Wenn meine Fußmuskeln auf eine Unebenheit im Boden reagieren, bevor ich mich bewusst dazu entscheide, „nicht hinzufallen", dann bin ich aus evolutionärer Sicht betrachtet klar im Vorteil. In kultureller Praxis antrainiertes implizites Wissen ist auch unbewusstes Muskelwissen. Unhaltbar übertrieben – und darum übrigens auch häufig von Neurowissenschaftlerinnen vermieden – ist hingegen der radikale Schluss auf die vollständige materielle Determination aller menschlichen Handlungsformen bis hin zum Denken (Roth 2016; Luhmann 2020, S. 134–162). Natürlich gibt es diverse weitere Einwände, zumindest gegen einen starken umfassenden Determinismus. Die hier vorgetragenen Argumente stellen nur einen kleinen unvollständigen Ausschnitt der differenzierten Debatte dar. Außerdem bleibt festzuhalten, dass neurologische Forschung nicht ad absurdum geführt wird. Es entsteht Raum für die Freiheit neugieriger Forscherinnen auf der Suche nach einer überzeugenden und differenzierten Deutung faktisch vorhandener neuer Experimentaldaten. In dieser Doppelfunktion aus Begründung der Freiheit zur Suche nach Naturgesetzen sowie immanenter Kritik der Geltung empirischer Aussagen, besonders im Bereich menschlichen Handelns, wurzelt das skeptisch-methodische Programm – für welches Kant gerne als Kronzeuge benannt wird.

Ohne diese Debatte hier weiter vertiefen zu können, sei an die Unterscheidung zwischen empirisch-beschreibenden und normativ-wertenden Begriffsklassen erinnert. Diese gilt für die Beschreibung menschlicher Neurologie wie auch für die Bedeutungsschichten der Begriffe Autonomie und Freiheit. Reden wir normativ über Freiheit, dann ergibt sich ein ganz anderes, komplexer verflochtenes Bedeutungsfeld, als es beim empirisch-technischen Gebrauch desselben Wortes der Fall ist. Für Kant fallen Autonomie, Freiheit und Moralität normativ ineinander. Die Frage, was zuerst kommt oder sich in zeitlicher Abfolge früher messen lässt, stellt sich nicht. Es geht um Vernunftschlüsse bei der Begründung ethischer Urteile, die moralisches Handeln selbst zum Gegenstand haben, mit diesem jedoch nicht identisch sind. Warum ist dieses Nachbohren bei der Behauptung von Freiheit gegen einen starken Determinismus für die Technikethik, und besonders für die Roboter- und KI-Ethik, so relevant? Weil wir damit einen Kern zwischen Ebene I und Ebene II berühren *(Band 1),* nämlich die Frage, ob wir **moralisch verantwortlich** (Langbehn 2016) sind für unser Umgehen mit Robotern, Drohnen und KI (Ebene I) und die Frage, inwieweit wir Moral, Ethik oder ein Ethos in Maschinen implementieren können (Ebene II).

**Übersicht: Was aus Autonomie und Freiheit folgt**

So die dargelegten Argumente stimmen, folgt: Da menschliches Handeln nicht (vollständig) determiniert ist, und autonomes Handeln im Besonderen einer (natur) kausalen Beschreibbarkeit entzogen bleibt, können wir Folgendes praktisch *nicht* tun:

- (wirklich) „autonome" Maschinen bauen
- (wirklich) „freie" Maschinen bauen
- „handelnde" Maschinen bauen
- „moralische" Maschinen bauen (Bedeutung 2 der Roboter- und KI-Ethik, Ebene II, *Band 1, 3*)
- „forschende" Maschinen bauen (da forschen handeln ist)

Was wir können, ist:

- metaphorisch über Maschinen sprechen, *als ob* sie „autonom" wären
- zumindest teilweise bei ethischen Urteilen (statistisch-modellierend) unterstützende Maschinen bauen (Bedeutung 3 der Roboter- und KI-Ethik, Ebene II, *Band 1, 4*)
- zumindest teilweise bei Forschungshandlungen unterstützende Maschinen bauen (Expertinnensysteme; *Band 3, 6.1*)

- moralische Normen und Werte, Überzeugungen bis hin zu politischen und weltanschaulichen Agenden in materiellen Gütern abbilden; das geht bis hin zur Implementierung eines funktionalen Kodex in Maschinen (Bedeutung 4 der Roboter- und KI-Ethik, Ebene II, Beispiel: Asimovs Robotergesetze, *Band 1, 5*)

Wozu wir fähig sind:

- Freiheit in der Forschung und im technischen Handeln
- Ethik als Wissenschaft und Lebenskunst
- Moral und gemeinschaftliche kulturelle Handlungen

Was wir folglich zu verantworten haben:

- unseren Umgang mit Computern einschließlich Robotern, Drohnen und KI auch im Kontext globaler Handlungsfolgen (Bedeutung 1, Ebene I, *Band 1, 2*; *Band 2, 1* und *Band 2, 2*; zur Verantwortung *Band 2, 4*)

Technische Mittel wie Computerprogramme oder Roboter sind also nicht im moralischen Sinne frei oder autonom, weil sie ihre räumliche Position verändern könnten oder Modelle ihrer Umwelt erstellen. Auch die erkennende Freiheit der Forschung fehlt. Dadurch, dass Menschen einen Algorithmus – wenn auch fälschlich – überhaupt als „moralische Akteurin" beschreiben können, belegen sie ihre eigene Freiheit. Ein eigentümlicher Zirkel tut sich auf: Die **Zuschreibung von Freiheit** ist selbst eine Freiheitsleistung der zuschreibenden Menschen. Wir sind frei darin, von uns selbst auf anderes zu schließen. Sie ist jedoch überhaupt kein Beleg für die Freiheit des Objektes der Zuschreibung (KI etc.). Warum sind Maschinen, die dem Anschein nach Muster und Kausalgesetze aufdecken, nicht auch vice versa als frei und vernunftbegabt anzuerkennen? Weil es sich dabei um Werkzeuge menschlicher Intelligenz handelt, die ihre Ergebnisse auf Grundlage mathematischer Formeln und Algorithmen modellieren, die wiederum von Menschen kulturhistorisch erarbeitet (Genese) und bewiesen wurden (Geltung). In der klassischen philosophischen Terminologie: Computernetzwerke haben keine gemeinsame, kommunikative Vernunftpraxis. Sie sind außerdem keine Naturereignisse, denen wir eine nicht-humane, wie auch immer verursachte Vernunftbegabung zusprechen. Könnten uns rein hypothetisch – mit einer nicht nachvollziehbaren Wahrscheinlichkeit – vernunftbegabte, freie und wirklich autonome Wesen aus einer fernen Galaxie besuchen, die wir als vollständig ebenbürtig anerkennen müssten? Ja. Sind solche Spekulationen methodisch sinnvoll? Nein. Außerdem wäre das ein Thema der Umweltethik mit astrobiologischem Fokus. In die Roboter- und KI-Ethik mit Gegenstand der IT (Paradigma A) würde das Problem nicht gehören. Eventuell müsste ein Paradigma F extraterrestrischer Vernunftbegabung eingeführt werden. Aber wir schwingen mal lieber das Rasiermesser *(Band 3, 5.1)* und sehen stattdessen auf die konkret brennenden Problemlagen.

Zuerst sollten wir also rein begrifflich zwischen technischer Autonomie, technischen Freiheitsgraden und den menschlichen Begriffen des Denkens, Entscheidens und Handelns differenzieren. Einen anthropomorphen Fehlschluss *(Band 1, 4.6)* begehen wir, wenn beide Kategorien vermischt werden. Dann reden wir über Technik so, *als ob* sie die Eigenschaften menschlichen Lebens aufweisen würde. Und das ist die große Gefahr besonders bei der Rede von „autonomen" Robotern, Drohnen oder Autos. Unabsichtlich lesen wir menschliche Eigenschaften allein durch die Wortwahl in die Geräte hinein. In umgekehrte Richtung verläuft der robomorphe Fehlschluss. Insofern ist es hoch missverständlich, für den menschlichen Alltag geprägte und ohnehin schon uneindeutige Begriffe für die Beschreibung von Technik zu gebrauchen. Der Gegenstand der Bezeichnung, das menschliche Denken, Entscheiden und Handeln in kulturellen Gemeinschaften, ist ein komplexer und kontingenter Gegenstand. Menschen sind Spezialistinnen für das Umgehen mit unerwarteten Situationen. Ihre Umweltbeziehungen sind auf Offenheit ausgelegt. Demgegenüber setzt die Definition (ingenieur-)technischer Autonomie oder Freiheit äußere Kontrolle sowie das methodische Reduzieren des Gegenstandes in Abstraktionen und Modellen voraus (eingängig dargestellt in Gallenbacher 2017, S. 3–7 et passim). Technik dient konkreten vorgegebenen Zwecken, zu deren Erfüllung sie effizient funktionieren soll. Anders gesagt: Das grammatische Subjekt der Bezeichnung („Roboter", „Drohne" oder „Auto") wird sprachlich handhabbar gemacht durch eine Verringerung dessen, was das Prädikat („autonom") bedeutet: nämlich nicht politische Freiheit, Patientenautonomie beim Arzt oder ethische Urteilsbildung eines freien Willens. Diese Reduktion ist methodisch, wenn sie zur sprachlichen Operation mit dem Gegenstand *explizit* gemacht wird. Drückt sie sich in diffusen Metaphern wie „smart autonomous factories" ohne weitere Erklärung aus, dann landen wir schlicht beim anthropomorphen Fehlschluss. Auch hier gilt: Ein Großteil der Probleme lässt sich schon durch das Ausräumen sprachlicher Missverständnisse, nicht offengelegter Voraussetzungen oder ungünstiger Wortverwendungen vermeiden.

*Ein Blick auf die aktuelle Debatte:* Sind die Grundbegriffe nicht geklärt, dann können wir schnell glauben, dass als „autonom" bezeichnete Computer Moral hätten. Sie wären „moral agents" bzw. moralische Akteure (Roboterethik Ebene II, Bedeutung 2, *Band 1, 3*) oder „ethical agents" bzw. ethische Akteure (Roboterethik Ebene II, Bedeutung 3, *Band 1, 4*). So argumentieren zum Beispiel Sullins, Floridi, Sparrow oder Hallström für die moralische Autonomie von Maschinen, jedoch auf Grundlage eines nicht geklärten Autonomieverständnisses (so die kritische Argumentation in Weber und Zoglauer 2018, S. 5–6, 7–8). Eine genauere Analyse ergibt,

1. dass sich Maschinen *keine mentalen Zustände, Intentionen oder Bewusstseinszustände* (Kap. 4) zuschreiben lassen. Sie sind selbst dann nicht im normativen Sinne autonom, wenn wir ihre Aktionen weder kontrollieren noch vorhersagen können

(Weber und Zoglauer 2018, S. 8–10) – sondern in dem Fall wohl eher fahrlässige Technik *(Band 3, 6.2)*.
2. dass sich darüber hinaus technische Systeme *nicht als Personen im Sinne eines „Selbst"* anerkennen lassen. Ihnen fehlt die Grundlage personaler, moralischer oder politischer Autonomie (Gottschalk-Mazouz 2019, S. 238).
3. Maschinen als moralische Agenten/Akteure bleiben in absehbarer Zukunft unrealistisch. Vor diesem Hintergrund entpuppt sich die gesamte *maschinenethische* Debatte als windschiefe Fehlkonstruktion (Rath 2019; Weber 2019; siehe *Band 1, 6.3;* = Roboterethik Ebene II, Bedeutung 2, *Band 1, 3*). Was Maschinenethik leisten kann, ist, durch das Nachdenken über „quasi-moralische" KI die Normen für deren menschliche Designerinnen zu entwickeln und somit die Genese gesellschaftlich akzeptabler Technologie zu unterstützen (Weber und Zoglauer 2018, S. 12–16; Coeckelbergh 2009; Coeckelbergh 2012, S. 20, 77–88).
4. Die *Verantwortung,* also Geltung, bleibt auch bei „autonomer" Technik stets in menschlichen Händen (Gottschalk-Mazouz 2019; Nida-Rümelin und Battaglia 2018; Weber und Zoglauer 2018). Jedoch stellen sich mit neuen technischen Möglichkeiten neue Aufgaben für die Zuweisung individueller und kollektiver Akteursrollen in komplexen soziotechnischen Systemen und beim Umgang mit Systemverantwortung sowie „Verantwortungslücken" (Beck 2020; Gottschalk-Mazouz 2019; Lenk 2017; Nida-Rümelin und Battaglia 2018; Weber und Zoglauer 2018, S. 8–10; *Band 1, 6.2; Band 2, 4*).
5. Treffen menschliche und maschinelle Autonomie kooperativ oder interaktiv aufeinander, dann ist allein die menschliche Autonomie normativ relevant (Gottschalk-Mazouz 2019, S. 238; siehe Mensch-Roboter-Interaktion, *Band 3, 2.1*). Technische Autonomie – verstanden als die Unabhängigkeit von menschlicher *Kontrolle* – führt also nicht zu moralischer Autonomie (Zoglauer 2017, S. 176; Weber und Zoglauer 2018, S. 8, 11).

*Noch ein Blick auf die Mechatronik:* Hier werden diverse **technische Freiheitsgrade** etwa bei den Bewegungsachsen von Roboterarmen deskriptiv unterschieden. Es handelt sich dabei nicht um moralisch relevante Handlungs-, Entscheidungs- oder Willensfreiheit, sondern um eine empirische Beschreibung verschiedener Formen physikalischer Bewegungspotenziale (= Tatsachenwissenschaft, *quid facti,* Entdeckungszusammenhang). Roboterarme sind nicht an die physiologischen Grenzen des menschlichen Körpers gebunden, sondern können zum Beispiel 360°-Drehungen vollziehen, für welche unsere Gelenke nicht hinreichen. Zur praktischen Umsetzung bedarf es des Könnens und entsprechender Mittel, also der realistischen Möglichkeit, eine intendierte Handlung nicht nur zu wählen, sondern auch auszuführen. Im moralistischen Fehlschluss wird genau das übersehen und unabhängig von der praktischen Umsetzbarkeit bloß abstrakt über das anständige Sollen reflektiert *(Band 1, 4.7)*. Ergo:

> „Die technische Autonomie des Roboters umfasst nicht das Setzen von Zwecken, weil der Roboter dann nicht mehr als Mittel zum Zweck einsetzbar wäre. Er agiert gerahmt durch

den spezifischen Handlungs- und Programmierungszusammenhang, der letztendlich die Funktion des Roboters sicherstellt. Letztlich redet man über autonome Roboter, ‚als ob' sie autonom agieren könnten." (Decker 2021, S. 396; zum Werkzeugcharakter „autonomer" KI siehe auch Heil 2021, S. 425–426)

**Beispiel: Rettungsschwimmen**

Wechseln wir vergleichsweise zum Menschen: Die Umsetzung moralischer Handlungsoptionen unterliegt auch physiologischen Einschränkungen, den Grenzen physikalischer Freiheitsgrade, besonders wenn es um Bewegung (Kinetik, Kinematik) geht. Wenn mir die Kraft und Technik (Fertigkeit) fehlt, einen Ertrinkenden, der panisch um sich schlägt, zu retten, dann stößt das Gebot des Lebensrettens an substanzielle Grenzen. Die Eigensicherung tritt in den Vordergrund, was zur Unterlassung einer grob selbst gefährdenden Rettungsaktion führt. Innerhalb dieser Grenzen gibt es jedoch vielfältige Potenziale, welche wiederum die Freiheit und Pflicht moralischen Handelns kennzeichnen. Die Norm des Lebensrettens führt dazu, dass ich mich nicht der unterlassenen Hilfeleistung schuldig mache und mindestens sofort einen Notruf absetze. So verlangt es auch geltendes Recht unter Androhung von Strafe. Zusätzlich schwimme ich den Ertrinkenden an, warte absichtlich und halte Sicherheitsabstand bis zur offensichtlichen Ermüdung des Panischen und greife die Person von hinten mit einem Sicherungsgriff, um ein für mich lebensgefährliches Umklammern zu vermeiden und die Person an Land zu retten (DLRG 2017, S. 67–73). Man stelle sich einmal die kreative Intelligenzleistung dieses Verfahrens vor: Wir bringen jemanden in elementarer Umweltinteraktion der Gefahr konstruktiv kurzzeitig näher, um die Abwehrreaktion gegen diese Gefahr auszuschalten und die Person schlussendlich in Sicherheit bringen zu können. (Das folgt einer vergleichbaren Handlungslogik wie das Bekämpfen von Feuer durch Feuer.)

„Aber so etwas muss gelernt sein, Rettungsschwimmen ist etwas für Profis, nicht für dich."

„Dann lerne ich das halt und belege einen, wenn es sein muss zwei oder mehr Kurse, bis ich *weiß, wie* man jemanden aus dem Wasser holt – dazu kann ich mich frei entscheiden, auch wenn du mir das nicht zutraust! Ich will das nächste Mal nicht hilflos zusehen müssen, wenn jemand in Not gerät!"

Da fängt menschliche Freiheit an, sich physikalischen Grenzen zu stellen. Und wir dürfen getrost annehmen, dass das mit den kinetischen Freiheitsgraden eines kollaborativen Roboters nichts zu tun hat. Wenn ich, körperlich ermüdet, im Alter niemanden mehr aus der Gefahr retten kann, dann engagiere ich mich anders, zum Beispiel indem Lebensrettungsorganisationen monetär unterstützt werden. Menschliche Autonomie ist gekennzeichnet durch das **aktive Erzeugen einer Haltung bzw. eines Verhältnisses zu vorgefundenen Situationen** (Gottschalk-Mazouz 2019, S. 238). Eine solche Haltung hat zum Beispiel zur Gründung der *Deutschen Lebens-*

*Rettungs-Gesellschaft e. V. (DLRG)* im Jahr 1913 nach einem schweren Wasserunfall mit Todesfolgen geführt.[1] Wir sehen daran exemplarisch, wie die individuelle Betroffenheit und Verantwortlichkeit Einzelner in eine kollektive Ebene überführt wird, bis hin zur Institutionalisierung. ◀

## 5.2 Autonomie als Bezeichnung für Technik

Technische Autonomie ist gekennzeichnet durch eine **graduelle Unabhängigkeit technischer Systeme von ihrer Umwelt** – einschließlich Menschen – bei der instrumentellen Erfüllung von Aufgaben (Christoph et al. 2019; Decker 2021, S. 395; Gottschalk-Mazouz 2019, S. 238; Heil 2021). Sie liegt stufenweise unterscheidbar vor: Manche Technik ist „autonomer" als andere. Insofern haben wir es auch hier mit einem *umbrella term* zu tun, der verschiedene Arten technischer Mittel bezeichnet. Zur Unterscheidung der Autonomiegrade wird häufig auf das **Kriterium der Kontrolle** zurückgegriffen. Jedoch gibt es keinen einheitlichen Konsens darüber, wie viele verschiedene Stufen es gibt und wo genau die Grenzen zwischen ihnen verlaufen. Man kann das vergleichen mit Biologen auf einer neu entdeckten Insel: Es wimmelt geradezu vor unbekannten Objekten (hier „autonome Technik", dort unbeschriebene Lebensformen), und nun muss erst einmal geklärt werden, wie wir diese neuen Objekte in die bereits vorhandenen Taxonomien bzw. Stammbäume einordnen. In welchem (technik- oder natur-) historischen Verhältnis stehen sie zu bekannten Formen? Mehr noch: Die methodische Konstruktion einer bestehenden Klassifikation kann durch neue Exemplare rückwirkend verändert werden (zur Methodik der Klassifikation siehe *Band 2, 2* und zur methodischen Konstruktion Abschn. 3.3). Wir wollen nun weiter verfahren, indem wir uns drei konkrete Beispiele zur Gliederung „autonomer Technik" ansehen. Im direkten Anschluss spielen wir (metaphorisch!) selbst Biologie, betreten das Neuland und überlegen uns eine darauf aufbauende Heuristik „autonomer Technik" im Stammbaum der menschlichen Kulturgeschichte (Abb. Band 4, 5.2). Im anschließenden Abschn. 5.3 werden wir diese dann praktisch anwenden.

*Beispiel 1:* Gransche et al. (2014) unterscheiden *drei Typen der Autonomie* für die Mensch-Maschine-Interaktion auf Grundlage des Zweck-Mittel-Schemas technischen Handelns:

1. das bekannte Verständnis als **Selbstgesetzgebung,** in der nach Kant Regeln und Normen erkannt und anerkannt werden;
2. „delegierte Freiheit des Entscheidens über optimale *Strategien* einer Gewährleistung der **Zweckerfüllung**";

[1] https://www.dlrg.de/informieren/die-dlrg/geschichte-und-historische-sammlungen/

<table>
<tr><th rowspan="3" colspan="2"></th><th rowspan="3">Energie</th><th colspan="4">Bewegung / Prozess</th><th colspan="2">Intention / Rahmen</th></tr>
<tr><th colspan="2">Routine</th><th colspan="2">Problemlösen</th><th rowspan="2">Ziel / Zweck / Anweisung</th><th rowspan="2">Kontrolle / Feedback / Überwachung</th></tr>
<tr><th>körperlich / physisch</th><th>geistig / intellektuell</th><th>geistig / intellektuell</th><th>körperlich / physisch</th></tr>
<tr><td rowspan="4">vormodern / modern</td><td>1</td><td colspan="7">Menschlicher Leib (Herstellung und Gebrauch von Handwerkzeugen wie Faustkeilen, Bögen oder Nadeln)</td></tr>
<tr><td>2</td><td rowspan="7">Nutztiere, Kraftmaschinen, Motoren</td><td colspan="6">Menschlicher Leib</td></tr>
<tr><td>3</td><td rowspan="6">Automaten, Webstühle, Nähmaschinen</td><td colspan="5">Menschlicher Leib</td></tr>
<tr><td>4</td><td rowspan="5">Rechenmaschinen, Computer</td><td colspan="4">Menschlicher Leib</td></tr>
<tr><td rowspan="3">hypermodern</td><td>5</td><td rowspan="4">KI (schwach), Expertensysteme, Sprachbots</td><td colspan="3">Menschlicher Leib</td></tr>
<tr><td>6</td><td rowspan="3">KI (schwach & embodied), Social Robots, Cobots</td><td colspan="2">Menschlicher Leib</td></tr>
<tr><td>7</td><td rowspan="2">teilautonome Roboter, KI (schwach-mittel)</td><td>Mensch</td></tr>
<tr><td>Postulat</td><td>8</td><td>autonome Roboter, KI (stark, universell)</td></tr>
</table>

**Abb. Band 4, 5.2** Acht Kategorien technischer Mittel und der graduelle Anstieg technischer Autonomie

3. „Freiheitsgrade des Agierens im Sinne der Wahl des Einsatzes **optimaler Mittel**" (ebd., S. 41–45, 48–50; kursiv im Original).
   Dem korrespondieren *drei Arten der Kontrolle:* normative, strategische und operative (ebd., S. 45–50); sowie wiederum *drei technische Handlungsschemata:* Gebrauch von Handwerkzeugen, Bedienung von Maschinen und Interaktion mit technischen Systemen (ebd., S. 51–59).

*Beispiel 2:* Das Zweck-Mittel-Schema findet sich auch in der Taxonomie von Gutmann et al. (2011). Die mögliche **Kontrolle** über ein technisches System ist hier ebenfalls das Unterscheidungskriterium technischer Mittel:

1. **Instrumentalisierung:** Zwecksetzung und Mittelgebrauch liegen in den Händen der Nutzerin (Beispiel: Hammer), starke Kontrolle (ebd., S. 185);
2. **Mechanisierung:** Mittelkontrolle/Zweckrealisierung wird teilweise an das System abgegeben, Zwecksetzung und Überwachung bleiben vollständig in den Händen der Nutzerin (Beispiel: Fahrinformationssystem) (ebd., S. 185–186);
3. **Automatisierung:** Definierte Funktionen werden durch das System ausgeführt, Nutzerinnen greifen weder kontrollierend noch überwachend ein (Beispiel: Thermostat, Fahrassistenzsystem), Oberzwecke, denen diese Teilrealisierungen untergeordnet sind, liegen jedoch in menschlicher Hand (ebd., S. 186);
4. **Autonomisierung:** lernende und planende Systeme, die ihre Funktionen und Ziele den jeweiligen Situationen vollständig anpassen, dazu zählt auch die Interaktion mit menschlichen Nutzerinnen entsprechend ihrer Bedürfnisse (ebd., S. 186–187).

*Beispiel 3:* Technische Autonomie entspricht konkreten Fähigkeiten, die sich nach Niels Gottschalk-Mazouz (2019, S. 239) drei Gruppen zuordnen lassen.

1. In der ersten Gruppe geht es um **graduell abgestufte Autarkie, Automatik und Mobilität.** Die so klassifizierten Systeme können ohne externe Energiezuführung oder Steuerungseingriffe ihre Aufgaben erfüllen. Für „autonome" Fahrsysteme wurde zum Beispiel der Standard SAE J3016 entwickelt, welcher sich dieser ersten Gruppe zuweisen lässt. Darin werden fünf Stufen der Autonomie selbstfahrender Autos unterschieden, vom Warnen und punktuellen Assistieren des menschlichen Fahrzeugführers (SAE Level 0) bis hin zum Auto, das – in der Zukunft vielleicht einmal – immer und überall ohne menschlichen Eingriff fahren kann (SAE Level 5; SAE 2021). In einem anderen Vorschlag wird eine Taxonomie für die Mensch-Roboter-Interaktion entworfen. Autonomie von Robotern soll entsprechend bestimmter Tätigkeiten top-down beschrieben und designt werden (Beer et al. 2014).
2. **Innensteuerung, Flexibilität und Adaptivität** kennzeichnen die zweite Gruppe technischer Autonomie. Hier geht es besonders um die Unabhängigkeit von der Umwelt bei der situationsinvarianten Funktionserfüllung. Zu dieser Gruppe zählt zum Beispiel die Unterscheidung von Werner Rammert (2003), nach welcher Motorik, Aktorik, Sensorik und Informatik als vier Binnengrade für technische Innensteuerung infrage kommen.
3. Gruppe drei schließt **selbstlernende Systeme** ein, die zu überraschenden, unvorhersehbaren Resultaten oder Funktionsweisen führen können.

Während es in *Beispiel 1* um die Interaktionsformen zwischen Mensch und Maschine geht – also immer ein Moment menschlicher Autonomie erhalten bleibt – stellt *Beispiel 2* eine Stufung steigender Autonomiegrade bei technischen Systemen dar. *Beispiel 3* zeichnet eine Metataxonomie, in welcher wiederum konkrete Gliederungsvorschläge technischer Autonomie in Gruppen versammelt sind. *Beispiel 1* und *Beispiel 2* entsprechen der ersten Gruppe in *Beispiel 3*. Der vierte Punkt in *Beispiel 2* ist jedoch mit dem dritten in *Beispiel 3* identisch. Wir sehen daran, dass es auch über die Anzahl und Abgrenzungskriterien der technischen Autonomiegrade keine einheitliche Ansicht gibt. Wie bei den Begriffen der Künstlichen Intelligenz, Roboter oder Drohnen ist davon auszugehen, dass sich die Terminologie mit den konkreten technischen Möglichkeiten entwickeln und anpassen wird (*Band 3, 1* bis *Band 3, 4*). Je nach Einsatzbereich begegnen uns wohl verschiedene Gliederungen. Nichtsdestotrotz besteht ein breiter Konsens darüber, dass Maschinen weder des Bewusstseins noch moralischer, politischer sowie personaler Autonomie oder Handlungsfreiheit fähig sind.

Der Sinn solcher Taxonomien für die ethische Analyse besteht in der Klärung des konkreten Gegenstandes, über den abgewogen wird. Obwohl das zwar in der Debatte nicht als eigenes Label prominent auftaucht, so könnten wir doch faktisch von einer „Ethik der autonomen Technik" sprechen, wenn wir Technikethik mit Blick auf Informatik, Robotik und KI meinen. Denn offensichtlich wird die zu betrachtende Technik ja als „autonom" definiert. Also: Wovon handelt unsere Ethik nun im Detail? Wir wollen hierzu eine erweiterte Heuristik erarbeiten, in welcher acht verschiedene Stufen technischer Mittel unterschieden sind (Abb. Band 4, 5.2). Drei davon lassen sich auf je eigene Weise als „autonom“ bezeichnen. Die anderen fünf gehen ihnen als notwendige kulturhistorische Bedingung voran. Ausgangspunkt ist die Annahme, dass sich technische Autonomie graduell *(Beispiel 2, Beispiel 3/1)* aus Vorgängerformen herausbildet. Wir gehen also vom Konzept der technologischen Entwicklungspfade aus und nehmen eine konkrete Kulturhöhe der jeweiligen Technik an (die wiederum weltweit unterschiedlich ausgeprägt ist; *Band 2, 3.4*). Dabei bildet Autonomie gar kein Kriterium zur Unterscheidung von anderen technischen Mitteln wie Handwerkzeugen, sondern ist einfach ein *Label,* um etwas Neues zu beschreiben. Die Kriterienbildung erfolgt auf Grundlage der Zweck-Mittel-Relation technischer Praxis *(Band 2, 3.2)*. Diese bleibt beim Einsatz eines „autonomen“ Roboters genauso erhalten wie bei einem Hammer oder Fahrrad. Entscheidend ist jedoch, dass sich die *Gelingenskriterien* einer technischen Handlung stufenweise verändern: Warum reden wir von „autonomen Robotern“, aber nicht vom „autonomen Faustkeil“ bzw. vom „autonomen Handwerkzeug“? Wann hat sich ein Roboter praktisch bewährt, sodass wir ihn als gelingende „autonome Technik“ herausheben? Wir wollen die Puzzlesteine, die in Abb. Band 4, 5.2 kulminieren, der Reihe nach durchgehen.

Die aufeinander aufbauenden ***Kategorien technischer Mittel*** heißen:

1. Handwerkzeug
2. Maschine
3. Automat
4. Computer
5. schwache KI
6. (technische) eingebettete Autonomie
7. (technische) Semiautonomie
8. (technische) Autonomie/starke KI.

Sie ergeben sich aus einer Analyse entsprechend der ***Kriterien:***

- Energie
- Bewegung/Prozess
  - *poiesis* (Routine)
    körperlich/physisch
    geistig/intellektuell
  - *praxis* (Problemlösen)
    geistig/intellektuell
    körperlich/physisch
- Intention/Rahmen
  - Ziel/Zweck/Anweisung
  - Kontrolle/Feedback/Überwachung

Ausgangspunkt der Systematik ist die menschlich-leibliche Praxis *(Band 2, 2; Band 2, 3.2)*, also jene Form des Werkzeuggebrauchs, die wir von Faustkeilen und archaischen Handwerkzeugen her kennen ***(Kategorie 1).*** Diese Stufe ist bis heute erhalten, auch wenn sich Hämmer, Sägen und Nadeln weiterentwickelt haben sowie andere Arten technischer Mittel hinzugetreten sind. Bei einem **Handwerkzeug** liegen Energie, Bewegung und Intention buchstäblich in der Hand des Menschen (= *Beispiel 2*/Stufe 1). Stufenweise aufsteigend lässt sich nun die Implementierung von Aspekten menschlich-sensorischer Leiblichkeit in die technischen Mittel nachvollziehen. Historisch als vormodern und modern nehmen sich außerdem die zweite und dritte Kategorie aus. Bei einer (Kraft) **Maschine** ***(Kategorie 2)*** wird die Energieerzeugung in das Artefakt verlagert. Der zum Gelingen einer technischen Praxis notwendige prozessuale Ablauf sowie die Zielsetzung verbleiben bei Menschen. Wir packen sinnlich-leiblich an, um das Mittel unseren Zwecken entsprechend zu justieren. Wind- und Wassermühlen sind Beispiele für diese Art der Technik. Im weiteren Sinne des Wortes lassen sich aber auch durch Nutztiere energetisch bewegte Techniken dazuzählen – wie bei Pferden in der Landwirtschaft oder Ochsenkarren. ***Kategorie 3*** umfasst Techniken, bei deren Gebrauch ein Teil der menschlich-leiblichen Bewegung in das Mittel verlegt wird. In diesem Sinne definierte **Automaten** schließen die Integration der *poiesis* bzw. Routinetätigkeit auf einem körperlichen Level ein. Historisch jünger als Mühlen sind Webmaschinen, bei welchen die routinierte Körperbewegung menschlicher Arbeitskräfte zum funktionalen Prozess des Gerätes wird. An dieser Stelle begegnen uns bereits umfassende Ersetzungsphänomene menschlicher Arbeit. Es geht nicht mehr nur um die Kraftübertragung, sondern um den Arbeitsprozess selbst (Heßler 2019a). Die sozialen Folgen spiegeln sich in historisch belegten und literarisch verewigten Weberaufständen wider.

Um unsere Rekonstruktion der acht Kategorien zu vereinfachen, schleifen wir nun einen methodischen Dualismus aus körperlicher und geistiger Arbeit ein (Abschn. 3.3). Denn es gibt auch die Ersetzung von geistiger Routine kulturhistorisch schon sehr lange, sodass wir uns immer noch in der Vormoderne/Moderne aufhalten. Jedoch liegen die Gelingenskriterien beim Umgang mit einer Rechenmaschine in intellektuellen Bereichen – wie korrekte Addition oder Berechnung astronomischer bzw. kalendarisch-periodischer Ereignisse. Insofern können alle Rechenmaschinen vor der Entwicklung von elektrischen (Digital-)**Computern,** wie wir sie heute kennen, nicht nur als deren Vorfahren gelten, sondern gleichzeitig als Vertreter der ***Kategorie 4*** (*Band 3, 5.2,* „Vorgeschichten II – Apparatebau"). Daraus wird auch deutlich, dass es in jeder Kategorie eigene Entwicklungslinien und Kulturhöhen gibt. Kategorien 5, 6 und 7 lassen sich epochal als „hypermodern" bezeichnen. Im Gegensatz zu „postmodern" ist damit nicht das Ende der Moderne und deren anschließend in Beliebigkeiten und stilistische Gleichzeitigkeiten zerfließende Überwindung gemeint – so wie es in der Kunst seit den 1970er-Jahren verstanden wird –, sondern die fortführende Steigerung von zutiefst modernen technologisch-wissenschaftlichen Entwicklungslinien (Irrgang 2005). KI, Roboter und Drohnen bilden die konsequente historische Weiterentwicklung der Handwerkzeuge, Maschinen und Automaten. Hier betreten wir den Bereich der *praxis,* also des Problemlösens, der wiederum in geistige und körperliche Aspekte zerfällt.

Interessant ist die offensichtliche Verdrehung der Reihenfolge: Aus der Maschinenimplementierung geistiger Routine leitet sich die Bildung geistigen Problemlösens historisch bereits vor dem körperlichen Problemlösen ab (IT-Paradigma A; *Band 3, 4.2*) – wenn wir zur Vereinfachung von „intelligent" gezüchteten Nutztieren wie Begleithunden einmal absehen (Züchtungs-Paradigma D). Dementsprechend stellen **schwache KI** und Expertensysteme die Auslagerung einiger Facetten geistigen Problemlösens auf Grundlage der vorhergehenden Routine durch Rechenmaschinen dar ***(Kategorie 5)***. Zuerst brauche ich den entsprechenden Apparat, dann kann ich KI einsetzen. Von **„(technischer) eingebetteter Autonomie"** ***(Kategorie 6)*** sprechen wir, wenn körperliche Bewegungsabläufe des Problemlösens in das Gerät verlegt sind. Dies stellt eine besondere Herausforderung dar und illustriert die horrenden sachtechnischen Unterschiede zwischen KI und Robotik. Denn für körperliches Problemlösen wird komplexe Steuerungs- und Regelungstechnik etc. benötigt. Autopiloten in der Luftfahrt lassen sich hier einordnen oder über hohe Distanzen ferngesteuerte Drohnen. Bei einem klassischen Ultraleichtflieger justiert der Pilot Ruder und Leitwerke händisch, um den Flieger in der Luft zu stabilisieren. Mechanische Gegenkräfte lassen sich durch die Steuerelemente hindurch spüren. Im Gegensatz dazu wird eine Drohne (Typ I, *Band 3, 3*) durch die Operatorin außerhalb des Gerätes gesteuert. Durch den Joystick sind die mechanischen Gegenkräfte der Ruder und Leitwerke nicht zu fühlen, es sei denn, diese werden durch eine Force-Feedback-Funktion eigens simuliert. Das Problem der stabilen Lage in der Luft und der möglichst präzisen Flugbewegung löst eine solche fliegende Drohne quasi „autonom". Man muss nicht handwerklich geschickt jedes Ruder/Leitwerk/Antriebselement mit händischer Muskelkontrolle justieren. Insofern es sich hierbei um wechselnde Umgebungsbedingungen handelt, geht diese Form des Problemlösens über bloße Routine wie bei Webmaschinen hinaus. Wir sprechen in dem Fall von einer „eingebetteten Autonomie", da die Intention zu Zielsetzung, Feedback und Kontrolle des technischen Ablaufs immer noch durch Menschen vorgegeben sind (*Kategorie 5* und *6* entsprechen ungefähr *Beispiel 2*/Stufe 2; *Kategorie 6* im Sinne der Innensteuerung = *Beispiel 3*/Stufe 2 [s. o.]).

Als **„(technische) Semiautonomie"** bzw. „teilautonom" lässt sich ***Kategorie 7*** bezeichnen, da Elemente der Zielsetzung – also des prozessleitenden Rahmens – in den technischen Funktionszusammenhang selbst implementiert werden. Wir befinden uns immer noch im Bereich hypermoderner Technik, da es sich auch hierbei um die Fortsetzung moderner Entwicklungen handelt. Ein Roboter ist in diesem Sinne (technisch) teilautonom, wenn er innerhalb eines vorgegebenen Kontrollrahmens und eines Zeitfensters entsprechend strategischer bzw. taktischer Vorgaben unabhängig vom Operator Zwischenziele zur Realisierung „selbstständig" setzt. Kontrolle und Eingriff im Fehlerfall bleiben in menschlicher Hand. Es lassen sich Zwischenstufen dieser Kategorie bilden. Demnach wäre die Kategorie voll erfüllt, wenn das Hauptziel einschließlich aller hierfür notwendigen Zwischenziele/-schritte vom technischen Gerät gesetzt würden

(= *Beispiel 2*/Stufe 4, *Beispiel 3*/Stufe 3, im Sinne der Strategie- und Mittelwahl auch *Beispiel 1*/Stufen 2 und 3). Eine Hybridform ergibt sich, wenn das oberste Ziel menschlich vorgegeben ist und das Gerät die hierfür notwendigen Zwischenziele/-schritte „eigenständig" errechnet – ohne dass ein Mensch vorher weiß, wie diese aussehen werden (= *Beispiel 2*/Stufe 3). ML, SLAs und KNNs könnten eine Grundlage für Technologien dieser 7. Kategorie bilden. Eine Schwundstufe der Selbstgesetzgebung ließe sich dann eventuell in Maschinen hineinlesen.

Begrifflich wie technologisch und ethisch hoch problematisch ist das Postulat der ***Kategorie 8***. Hier sprechen wir von **„(technischer) Autonomie"** insofern alle Aspekte leiblich-sensorischer menschlicher Handlungen in das Gerät verlegt würden. Der Rahmen einschließlich aller Stufen von Zielsetzung, Zielerfüllungskontrolle, Funktionsüberwachung, Feedback (auch das Setzen von Wahrheitswerten zum Training von KNNs) sowie der korrigierende Eingriff befänden sich im Gerät. Wahrscheinlich würde das zur Reproduktionsfähigkeit der Systeme führen, wonach sie sich selbstgesteuert kopieren und weiterentwickeln könnten. Sie hätten die Möglichkeit, ihre „Handlungen" zu regulieren und gegebenenfalls das „Entscheidungsvermögen", etwas nicht zu tun, was sie tun könnten – oder etwas zu erlernen, was sie noch nicht können – oder etwas zu tun, was wir definitiv nicht wollen … Ob sich ein vollständig „autonomer" Roboter wirklich in seinen Funktionen – vermutlich müssten wir dann von „Handlungen" sprechen – selbst einschränken oder zumindest selbst regulieren würde, bleibt Spekulation. Generell gehört die 8. Kategorie zu den Postulaten unserer Zeit. Denn sie baut auf einem bekannten Begriff auf (Autonomie), lässt sich jedoch inhaltlich nicht aus Bekanntem ableiten – also aus menschlichem Leben oder anderen existierenden Techniken. Es bleibt hoch spekulativ sowie unsicher, erstens ob, und zweitens inwiefern eine Technologie tatsächlich „autonom" sein kann. Das Zweck-Mittel-Schema technischer Praxis geriete an ein Ende (Technik als Reflexionsbegriff, *Band 2, 3.2*). Ein sich selbst instrumentalisierender Computer wäre kein Instrument, kein Mittel, dem Begriff nach auch keine Technik mehr, sondern ein glatter Selbstzweck. Insofern würde dann auch das kantische Instrumentalisierungsverbot bzw. die Selbstzweckformel logisch folgerichtig gelten *(Band 1, 4.2)*. Der Technikbegriff müsste um eine achte **robozentrische Schicht** erweitert werden *(Band 1, 3.2)*, und wenn, dann müssten wir überlegen, wie schutzbedürftig die Geräte infolge ihres Selbstzwecks wären. Schlussendlich wäre vorliegende Buchreihe völlig neu zu schreiben. Wird es dazu kommen? Ich glaube nicht. Aber sicher kann ich mir nicht sein, zumindest als methodisch zweifelnder Wissenschaftler.

Im 21. Jahrhundert wird die Frage nach den Kriterien autonomer Funktionen im Sinne einer graduellen oder vollständigen Selbstinstrumentalisierung technischer Mittel wahrscheinlich zunehmend von zwei Seiten befeuert werden: von informationstechnisch verstandener KI (Paradigma A) und von der biotechnologischen Seite her (Paradigma B). Vor dem Hintergrund der Computersimulation und -modellbildung (Paradigma C) werden sich beide weiter annähern. *Kategorie 5* beschreibt schwache KI und Software-Expertinnensysteme, *Kategorie 6* in diesem Sinne verkörperte Roboter (schwach & „embodied"), in *Kategorie 7* begegnet Teilautonomie als ein Schritt in Richtung der starken KI, weshalb wir hier von „schwach-mittlerer KI“ sprechen können, und in der postulierten *Kategorie 8* fänden wir die Realisierung starker KI. Aus heutiger Sicht ist Letzteres Ideengeschichte *(Band 3, 5.2),* schon weil wir noch immer viel zu wenig über die unbewussten, impliziten, organischen, emotionalen, epigenetischen und sensomotorisch-physiologischen Grundlagen intelligenten (Sozial-)Verhaltens und seiner naturgeschichtlichen Entwicklung wissen. Sollte sich das in den folgenden Jahrzehnten tatsächlich so unerwartet radikal verändern, dass wir aus realen Gründen nicht mehr anders können, als über starke KI und vollständig autonome Technik zu sprechen, dann müssten wir auch vorliegende Heuristik (Abb. Band 4, 5.2) ab *Kategorie 8* weitererzählen, verfeinern und in der Kopfzeile ebenfalls neue Kriterien anhängen:

Die aktuelle roboter- und KI-ethische Debatte dreht sich um Systeme der *Kategorien 6* „(technische) eingebettete Autonomie“, *7* „(technische) Semiautonomie“ und teilweise *8* „(technische) Autonomie/starke KI“. Spekulationen, Ideengeschichten und Science Fiction ranken sich um das *Postulat Kategorie 8 (Band 3, 5.2).* Jede Kategorie weist eigene Geschichten und Kulturhöhen auf. So unterscheiden sich Sprachsysteme heute von denen der 1960er-Jahre signifikant – man denke etwa an Weizenbaums ELIZA (1966) und ChatGPT (2022). Jedoch stellen sie uns immer noch vor ähnliche ethische Probleme. Die Kulturhöhe aktueller Chatbots wirft nach wie vor Fragen nach den gesellschaftlichen Folgen auf, wenn etwa menschliche Textarbeit sowohl im Studium als auch im Berufsalltag durch Maschinen ersetzt wird, die druckfertige Manuskripte ausgeben. Brisant, weil neuer und zunehmend kontroverser diskutiert, ist die 7. Kategorie. Sie sorgt nicht nur bei Chatbots, sondern etwa beim Thema der Kriegsführung für schwere Kontroversen. Denn ein semiautonomes Waffensystem kann innerhalb seines Funktionsrahmens selbst „entscheiden“, welcher Mensch zu töten ist und welcher nicht (Beispiel: Loitering Munition; *Band 3, 3*). Es gibt zumindest – jenseits aller ethischen Grenzen – knallharte zweckrationale Gründe für Militärs, Politikerinnen und Unternehmerinnen, vollautonome Technik der 8. Kategorie keinesfalls zu entwickeln oder einzusetzen. Insofern scheinen die Herausforderungen der *Kategorien 6* und *7* brisanter, weil realistischer.

**Übersicht: (handlungs-)logische Grenzen autonomer Technik**

Es gibt einige Argumente, die (handlungs-)logisch – neben den ethischen Einwänden – gegen die Möglichkeit autonomer Technik sprechen:

1. Das Argument der *logischen Substitution des Zweck-Mittel-Schemas:* Dieses verläuft parallel zum Einsatz von Atomwaffen: Kein Politiker kann den Einsatz von Atomwaffen rational wollen, da das sofortige Ende der eigenen Politik die Folge ist (Scheler 2017). In diesem Sinne ist ein Atomkrieg auch nicht mehr die „Fortsetzung“ (Clausewitz 1994/1832ff), sondern die „Beendigung der Politik mit anderen Mitteln“. Gleiches gilt für „autonome“ Waffensysteme oder

generell wirklich „autonome“ Bots in der Politik. Sie führen zum logischen Ende politischer Entscheidungen. Das kann in keinem persönlichen Interesse irgendeines Politikers liegen – so er rational handelt. Realistisch bleibt demgegenüber der Einsatz von Algorithmen für die Politikberatung oder als realpolitisches Mittel der Abschreckung im militärischen Bereich (Cyberwar) – so wie es auch bei Atomwaffen der Fall ist. (Wird zur Nuklearrhetorik der Abschreckung durch die Drohung möglichen Atomwaffeneinsatzes zunehmend eine „Cyber-“ oder, stärker, eine „Autonome-Roboter-Rhetorik“ hinzutreten?)

2. Was über Politiker gesagt wurde, gilt gleichermaßen für Managerinnen und in anderen gesellschaftlichen Bereichen. Effizienzsteigerung und Durchbrüche auf internationalen Märkten mittels „autonomer“ KI werden durchaus von manchen Menschen herzlich willkommen geheißen. Jedoch gilt dies nur, solange es sich genau gesehen um eine Teilmenge der „eingebetteten Semiautonomie“ *(Kategorie 7)* handelt. Denn ein wirklich autonomes System der *Kategorie 8* würde auch die letzte Managerin logisch überflüssig machen und darum aus deren Sicht kein rationales Anwendungsinteresse generieren. Um den technischen Mittelcharakter zu wahren, bleiben die Systeme nur „heteronom“ autonom, insofern zumindest Oberziele wie Zeitersparnis menschlich vorgegeben bleiben. In jedem Fall fraglich ist der Mittelcharakter eines Systems, das sich selbst reproduzieren kann (Gutmann et al. 2011, S. 186–187).
3. Das Argument des *instrumentellen Regresses:* Ähnlich wie bei 1. und 2. geht es um die (handlungs-)logischen Widersprüche, doch diesmal konkret bei der Entwicklung moralischer oder ethischer Agenten/Akteure in Maschinengestalt. Damit eine KI moralisch sein kann, muss sie über volle menschliche Autonomie verfügen. Wenn sich die Maschinen darum in weiterer Folge selbst Gesetze geben und einen Selbstzweck darstellen, fallen sie prompt unter das Instrumentalisierungsverbot. Warum – oder besser wofür – sollten wir Technik herstellen, deren Herstellungsziel das Verbot jeglicher Anwendung darstellt? Man beachte: Es geht hier nicht um Nebeneffekte, sondern um den vorher bekannten, immanenten Hauptzweck der Entwicklung. Auch hier ist das Zweck-Mittel-Schema ausgehebelt (Weber und Zoglauer 2018, S. 5–6, 11). Wenn wir das mit der Herstellung vollständiger Maschinenautonomie im Gedankenexperiment ernst nehmen, dann landen wir bei der bioethischen Debatte um Humanexperimente: Denn es ließe sich ja argumentieren, dass die Herstellung eines vollautonomen Roboters zumindest für die Wissenschaft enormen Nutzen verspricht – selbst wenn wir sie anschließend nicht benutzen dürften. Können wir jedoch ein würdiges und „artgerechtes“ Leben der Maschine sicherstellen? Würde ein moralischer Bot nicht unter enormen Schmerzen und psychischen Problemen leiden, da ihm der Leib zur sozialen Interaktion fehlen würde? Müssen wir dann Mitleid haben mit Maschinen,

die ihre Gefühle nicht für uns verständlich ausdrücken können und darum Suizid begingen oder anderweitig straffällig werden (siehe z. B. die berühmte Erzählung von Mary Shelley um Dr. Frankenstein und sein Monster [Shelley 2008/1818])?

4. Das *Argument des temporalen Mikrokosmos:* Hier geht es schlicht um Beschleunigungsprozesse von Funktionsabläufen innerhalb hochvernetzter IT-Infrastrukturen. Ab einem gewissen Beschleunigungsgrad wird jede menschliche Entscheidung ausgehebelt. Das gilt für politische oder wirtschaftliche Zweck-Mittel-Schemen und Machtinteressen wie auch für soziale Entwicklungen oder ethisches Assessment. Wenn ein technisches System wie beim Highspeedtrading in Aktienmärkten oder beim Cyberwar so schnell operiert, dass überhaupt keine Zeit zum Reagieren in Sphären menschlicher Zeitwahrnehmung bleibt, dann wird Ethik – also das rationale Abwägen – ohnehin logisch suspendiert. Gleiches gilt für politisches interesseninduziertes Handeln sowie Führungsentscheidungen im Management (Funk 2017).

Es sind diverse Argumente, **Petitionen oder offene Briefe gegen vollautonome Technik** in Umlauf, die auch von hoch renommierten Wissenschaftlerinnen und Wissenschaftlern unterstützt werden. Die Ächtung vor allem autonomer Waffensysteme stößt aus guten Gründen auf ein hohes gesellschaftliches Interesse. Risiken und Gefahren sind enorm – weniger aufgrund einer Science-Fiction-Style-Monster-KI, sondern eher wegen der unverantwortlichen Schadwirkungen und Sachzwänge, die wir uns selbst zumuten.[2]

## 5.3 Zwischen Industrie 5.0 und Social Robots – Zur Klassifikation „autonomer Technik"

Nachdem wir im vorangehenden Abschnitt einen Ordnungsrahmen zur Übersicht verschiedener Formen technischer Autonomie erarbeitet haben, wollen wir diesen noch etwas vertiefen. Hierzu spielen wir mit der Systematik und ordnen verschiedene Technologien zu. Wir sind (metaphorisch!) die Biologinnen und Biologen im Neuland, haben uns auf eine vorläufige Taxonomie verständigt und probieren nun aus, welche bekannten und unbekannten (metaphorisch!) Spezies sich darin verorten lassen – entsprechend des Ansatzes eines Arbeitsbuches. Der Weisheit letzter Schluss ist die Systematik aus Abschn. 5.2 nicht, sondern ein Vorschlag zur Ordnung der fachübergreifenden ethischen

[2] Zum Beispiel: https://futureoflife.org/open-letter-autonomous-weapons/.

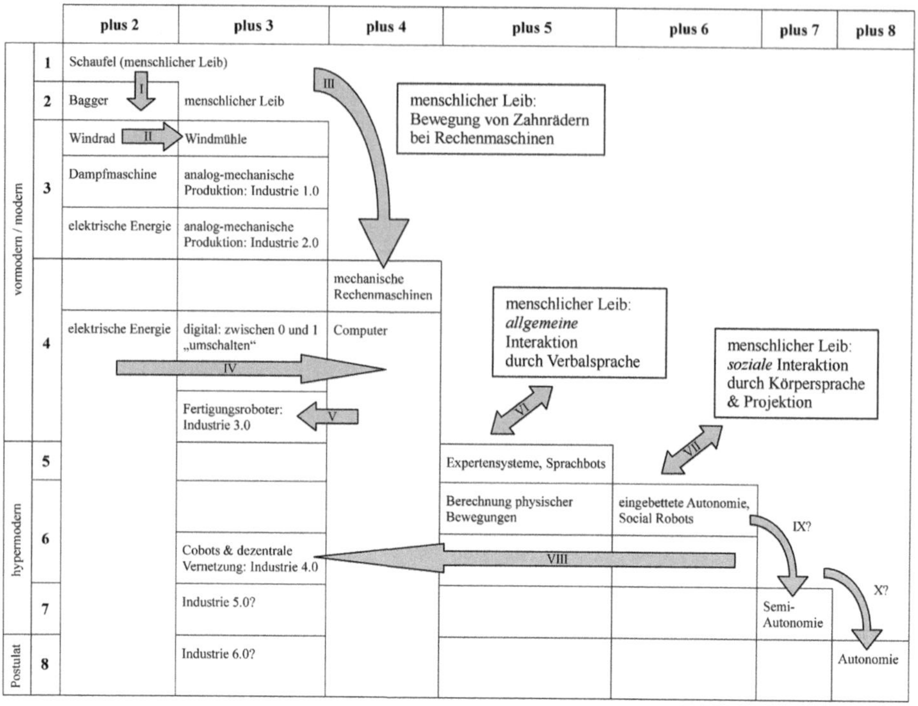


**Abb. Band 4, 5.3** Zehn Beispiele auf dem Weg zur „autonomen" Technik

Analyse. Genau genommen geht es darum, Klarheit über den Gegenstand der Betrachtung zu gewinnen. Und das wollen wir etwas üben. Öffnen wir darum die Tabelle aus Abb. Band 4, 5.2 und fügen zehn Beispiele ein. Die sich daraus ergebende Grafik (Abb. Band 4, 5.3) enthält exemplarische Einträge entsprechend des nachrichtentechnischen Paradigmas A und dem damit verbundenen KI-Verständnis 1.a./2.b. *(Band 3, 4)*. In der Kopfzeile finden sich die aufeinander aufbauenden Übergänge zwischen den verschiedenen Kategorien. Mit jeder Stufe treten entsprechend der Konzepte technologischer Entwicklungspfade und Kulturhöhen neue Eigenschaften hinzu. Zur Illustration der Beispiele sind zehn nummerierte Pfeile eingebracht, die wir peu à peu durchgehen:

***Pfeil I:*** Stufe 1 beschreibt den Gebrauch einer Schaufel, bei welcher von der Zielvorgabe über die Energiezufuhr und Bewegung bis hin zur Feststellung des Gelingens oder Misslingens der menschliche Leib maßgebend wirkt (Handwerkzeug). In *Pfeil I* ist der Übergang zum (klassischen) Bagger illustriert. Die *Energie* wird auf Stufe 2 von einer Kraftmaschine übernommen, Bewegung etc. liegt jedoch in der Hand des Menschen („Plus 2" = was in Stufe/Kategorie 2 von einem technischen Gerät zusätzlich ersetzt wird). Ein Bagger-Roboter, der seinen Aushub „selbstständig" erledigt, würde hingegen einer höheren Stufe angehören.

***Pfeil II:*** Nun ist ein Bagger ein relativ aktuelles Werkzeug auf Grundlage von Verbrennungsmotoren, die wiederum erst einmal erfunden sein wollen. Ein historisch älteres Beispiel stellt das Windrad dar, welches durch um eine Achse rotierende Flügel mittels Windkraft angetrieben wird. *Pfeil II* verläuft waagerecht, da hier außerdem die Ersetzung einer *körperlichen Routinehandlung* („Plus 3") hinzutritt: Die Rotationsenergie wird auf einen Mühlstein in einer Windmühle umgelenkt, um das handwerkliche Zermahlen von Korn zu Mehl zu substituieren. Ein Bagger – sofern von einem Menschen gelenkt – ersetzt im Kontrast dazu nicht die Routinehandlung, sondern die Energie. Um eine Grube auszuheben, muss jemand in der Kabine sitzen und durch Hebel- bzw. Lenkbewegungen auf das Ziel physisch hinarbeiten – wie mit einer Schaufel, nur deutlich energieeffizienter und in größerem Maßstab. Wird nicht Windenergie gebraucht, sondern die Kraft aus Dampfmaschinen zur massenhaften analog-mechanischen Produktion, dann sprechen wir von **Industrie 1.0** (seit ca. 1800). Erfolgt diese wiederum auf Grundlage elektrischer Energie, dann sprechen wir von **Industrie 2.0** (seit ca. 1900; zur Unterscheidung zwischen Industrie 1.0 bis Industrie 4.0 siehe Heßler 2019b, S. 269).

***Pfeil III:*** Es gibt einen Sonderfall, in welchem *geistige Routinearbeit* („Plus 4") in Maschinen implementiert wird, ohne die zuvor liegende Energieversorgung oder körperliche Routine gleichermaßen in das Gerät auszulagern: mechanische Rechenmaschinen. *Pfeil III* überspringt dementsprechend die Stufen 1, 2 und 3. Das Einstellen und Drehen zum Beispiel der Walzen oder Zahnräder übernimmt ein Mensch, es ist leibliche Arbeit. Die intellektuelle Routine einfacher Rechenoperationen besorgt das Werkzeug (*Band 3, 5.2,* „Vorgeschichten II – Apparatebau").

***Pfeil IV:*** Wir bleiben im Bereich *geistiger Routinearbeit* („Plus 4"). In Computern bzw. Digitalrechnern wird elektrische Energie benutzt um, simpel gesagt, in langen Sequenzen zwischen 0 und 1 „umzuschalten" (zunächst durch Telefonrelais, dann durch Röhren und Transistoren). *Pfeil IV* illustriert diese technologischen Stufen. Elektrische Energie und Computer werden wiederum zu Querschnittstechnologien, die eine konkrete Kulturhöhe kennzeichnen, und auf denen aufbauend sich weitere technische Stufen ausbilden (darum sind die jeweiligen Spalten ab diesem Level nach unten durchgängig offen).

***Pfeil V:*** Werden elektrische Computer benutzt, um effizientere und präzisere Routinearbeit zu ermöglichen – zum Beispiel durch die Steuerung von Fertigungsrobotern –, dann sprechen wir von **Industrie 3.0** (seit ca. 1970). *Pfeil V* verläuft darum von rechts nach links und deutet die historische Rückkopplung technischer Entwicklungsstufen an (eine höherstufige Weiterentwicklung kann auch zur Verbesserung niedrigerer Stufen führen). Gleichzeitig ist Industrie 3.0 nicht auf Fertigungsautomaten beschränkt. Verwaltungssoftware für Lohnabrechnungen, Logistik oder Rechnungslegung ersetzt intellektuelle Routinen, was wiederum zur weiteren wirtschaftlichen Effizienz der Wertschöpfung beiträgt.

*Pfeil VI:* Gehen wir in der Substitution intellektueller Fähigkeiten einen weiteren Schritt, dann landen wir im Bereich *geistigen Problemlösens* („Plus 5"). Auf den Entwicklungsstufen der Computertechnik aufbauend entstehen Expertensysteme sowie Sprachbots. Dabei geht es nicht um universelles kognitives Problemlösen, sondern um sehr spezielle Anwendungsfälle wie Muster- und Bilderkennung *(Band 3, 6.1)*. Durch Sprachbots wird jedoch eine neue allgemeine Schnittstelle zum menschlichen Leib eröffnet: die Mensch-Maschine-Interaktion über Verbalsprache *(Band 3, 2.1)*. Sie ist kulturhistorisch sehr jung im Kontrast zu Jahrmillionen der händischen Werkzeugverwendung, in welchen Verbalsprache der zwischenmenschlichen Kommunikation vorbehalten blieb (angedeutet durch den *Doppelpfeil VI*) – abgesehen sei vom Sprechen mit Tieren, das über die Lautebene schon länger praktiziert wird.

*Pfeil VII:* Wird das Rechenpotenzial der Stufen 4 und 5 für die Modellierung physischer Umgebungen auf Grundlage von Sensordaten sowie der hierdurch möglichen Interaktion mittels Aktuatoren weiterentwickelt, dann betreten wir den Bereich *physischen Problemlösens* („Plus 6"). Wir sprechen von „(technischer) eingebetteter Autonomie", da die (technischen) Freiheitsgrade der physischen Interaktion mit der Umgebung steigen, jedoch die Zielgebung, Kontrolle und Eingriffsmöglichkeit in menschlicher Hand bleiben. Eingebettet ist diese konkrete Form (technischer) Autonomie weiterhin, insofern sie die Verkörperung der verwendeten KI (Abschn. 3.2) voraussetzt. *Doppelpfeil VII* beschreibt die neu entstehende soziale Interaktion zwischen Menschen und Maschinen auf der Ebene der Körpersprache. Sie geht oft einher mit dem allgemeinen verbalsprachlichen Interface *(Doppelpfeil VI)*. Jedoch ist durch die physische Interaktion zusätzlich eine erweiterte Rückprojektion gegeben, da das Sprechen mit Maschinen nun nicht mehr nur durch formale Zeichen und Laute erfolgt, sondern zunehmend als Akt der gesamten Körperlichkeit erfahrbar wird (Mimik, Gestik) – wie beim Umgang mit Social Robots *(Band 3, 1.2; Band 3, 2.1)*. Wir sind geneigt, den Geräten mehr menschliche Eigenschaften zuzuschreiben, einschließlich Autonomie (= Projektion bis hin zum anthropomorphen *[Band 1, 4.6]*, starken und schwachen algorithmischen *[Band 3, 5.2; Band 3, 6.2]*, epistemischen [Abschn. 1.2] sowie semantischen Fehlschluss [Abschn. 2.3]).

*Pfeil VIII:* Was Social Robots für die physische Interaktion im sozialen Alltag sind, das sind Cobots für physische Interaktion in professioneller Industriearbeit *(Band 3, 1.2)*. *Pfeil VIII* verläuft von rechts nach links, da sich hier eine neuerliche Rückkoppelung bei der *physischen Routinebildung* durch Maschinen ereignet. Tritt dem die dezentrale Vernetzung selbstgesteuerter Teilsysteme hinzu, dann erreichen wir das aktuell viel diskutierte Stadium der **Industrie 4.0** (Heßler 2019b, S. 269–270).

*Pfeil IX:* „Semi- oder teilautonom" nennen wir technische Systeme, die zusätzlich „sich selbst" instrumentalisieren durch die Verfolgung „selbst gegebener" *Ziele/Zwecke* („Plus 7"). Diese Stufe ist offen und enthält klärungsbedürftige Grade, die Gegenstand der Debatte sind. Wie „teilautonom" ist zum Beispiel ein Kampfroboter, der Einsatzparameter vorgegeben bekommt, und dann innerhalb derer die konkrete Umsetzung stufenweise „selbstbestimmt“ ausführt? Vielleicht würden wir von Industrie 5.0 sprechen, wenn wir zu einem Produktionssystem sagen könnten: „Stelle von Diesel- auf Elektromotoren um! Und zwar schnell, günstig und zuverlässig. Kümmere dich, wie du das hinbekommst!“ – hier ist aktuell manches eher Science Fiction als Realität. Auf der anderen Seite wird mit Industrie 5.0 aber auch ganz real der Faktor Mensch verbunden, sei es im Sinne kollaborativer Industrierobotik *(Band 3, 1.2)* oder als politisches Programm nachhaltiger, menschenzentrierter Industrie auf EU-Ebene.[3] Wie bei allen Industrie-X.0-Begriffen lassen sich mannigfaltige Zwischenformen der Gestalt X.1 etc. definieren. Auch das ist nicht einheitlich geregelt und Gegenstand der Forschungen.

***Pfeil X:*** Vollständige „(technische) Autonomie“ wäre eventuell dann erreicht, wenn die Systeme nicht nur alle Grade der Zielgebung übernehmen, sondern auch deren erfolgreiche Umsetzung und die sich daraus ergebende weiterführende Zielführung *kontrollieren* bzw. gegebenenfalls *intervenieren* oder alternative Lösungswege selbstständig suchen würden („Plus 8“). Aus der menschlichen Beobachterperspektive gesehen, wäre das sehr nahe dran an dem, was wir auch als „menschliche Autonomie“ beschreiben könnten. Die technischen Systeme hätten theoretisch die Freiheit, sich in ihrer Funktion bzw. „Handlung“ selbst Gesetze zu geben und dementsprechend zu reproduzieren etc. Das ist momentan reine Spekulation und sprachliche Anthropomorphisierung par excellence. Industrie 6.0 könnten wir daran angelehnt eine umfassend vernetzte Hybridanlage aus smarten Gebäuden, Fahrzeugen, Produktions- und Entwicklungsanlagen, einem Heer von Robotern etc. nennen, zu welcher der einzige Mensch im Unternehmen – quasi das Maskottchen der Maschine – sagt: „Passt schon!“ Diese Vorstellung technischer Autonomie stößt an logische Grenzen. Eine Unternehmerin möchte ja zumindest das Ziel ihrer Tätigkeit auf der elementarsten Ebene definieren: „Gewinnmaximierung“ oder besser „sozialverträglicher Umweltschutz unter wirtschaftlichen Kriterien“. Dementsprechend können Unternehmerinnen eigentlich die vollständige (technische) Autonomisierung ihrer Unternehmen gar nicht wollen. Gleiches gilt für Politikerinnen – auch **digitale Souveränität** lebt von freien menschlichen Individuen in pluralen und vernetzten Gesellschaften (Floridi 2020; Gehring 2022; Wolff 2022). Vollständig autonome Kriegsroboter führen zu dem logischen Problem, dass Politiker als Zwecksetzer militärischen Handelns suspendiert würden. Das kann schon aus egoistischen Motiven nicht gewollt sein (Abschn. 5.2) – von der gesellschaftlichen, moralischen und ethischen Katastrophe ganz zu schweigen.

**Aufgabe: Probieren Sie aus, was die Tabelle alles so kann – oder auch nicht kann!**

Abb. Band 4, 5.2 und 5.3 stellen Heuristiken, Taxonomien, Klassifikationen bzw. Interpretationsschablonen dar. Ziel ist die Rationalisierung und Ordnung der Rede

[3] https://research-and-innovation.ec.europa.eu/research-area/industrial-research-and-innovation/industry-50_en

von „autonomer" Technik, um bei deren ethischer Bewertung nicht im trüben Brackwasser unklarer Begriffe zu fischen. Je nach betrachteter Technik würden wir sie unterschiedlich ausfüllen: Wo würden Sie synthetische Organismen aus dem Biotech-Labor eintragen? Oder wie würden Sie wiederum Untergruppen synthetischer Organismen bilden (denn auch das ist ja genau genommen ein Sammelbegriff für vielfältige Technologien) und diese dann zuordnen? Wo gehören Quantencomputer hin? Spielen Sie etwas mit dem Ordnungsvorschlag und fügen Sie zu den vorhandenen zehn Pfeilen weitere hinzu! Zuletzt: Dies ist ein graduelles Schema. Es lassen sich also weitere Untergrade und Zwischenformen einfügen. Welche Ideen haben Sie für *Kategorie 8* und das Postulat starker KI und vollautonomer Technik? Wann kommt die 9. Kategorie und wie sieht diese aus?

**Conclusio**

Dass Maschinen nicht wie Menschen autonom sind, ist eigentlich gar kein Problem. Im Bereich mechanischer Freiheitsgrade übertreffen Roboteraktuatoren sogar menschliche Gliedmaßen in ihren Bewegungsachsen und -varianten. Im Gegenteil, man würde doch in der Technikethik einem Gespenst nachjagen, wenn es bloß um die Betonung der offensichtlichen Unterschiede zwischen menschlicher und technischer Autonomie ginge. Die Herausforderung offenbart sich eher in der methodischen Ordnung, um den Einsatz konkreter Technologien situationsspezifisch bewerten zu können. Zwei Fragen hierzu: 1. Was unterscheidet „autonome" Technik von „unautonomer" Technik, welche Arten autonomer und unautonomer Technik gibt es, und in welchen Beziehungen stehen sie zueinander? 2. Welche Aspekte menschlich-leiblicher Praxis implementieren wir in Maschinen und wo stoßen wir an ethische, logische, technische Grenzen? Zur ersten Frage wurde eine Heuristik aus acht Kategorien vorgestellt. „Autonome" Technologien stehen in gradueller Beziehung zu historischen Vorgängerformen. Sie sind nicht aus einem ominösen Nichts getreten, sondern Produkte menschlicher Kulturgeschichten. Gerade in ihrer materielltechnischen Signatur repräsentieren autonome Techniken „Geisteskultur" – ohne dass sie selbst irgendein Bewusstsein hätten (Kap. 4). Techniken sind nicht neutral und abhängig von menschlichen Gesellschaften, die wiederum durch Techniken geprägt werden. Dabei bildet das Design technischer Mittel unweigerlich moralische, politische oder sittliche Normen ab *(Band 2, 3)*. Es ist eine Frage der Technikkultur(en), welche menschlichen Handlungsschemata als wertvoll genug anerkannt werden für eine Implementierung in Maschinen – oder nicht. Insofern drückt die Rede von „autonomer" Technik immer auch eine sozial geprägte Hoffnung, Erwartung bzw. Haltung von Menschen aus.

Warum ist es schlussendlich doch ein Problem, dass Maschinen nicht wie Menschen autonom sind? Weil die Rede von „autonomer Technik" zur Rückprojektion auf menschliches Sozialleben einlädt. Inwiefern diese Rückprojektionen im Fall von Wissen, Sprache, Leiblichkeit (Verkörperung/*embodiment*), Bewusstsein/Geist und Autonomie/Freiheit misslingen, war Gegenstand vorliegenden Buches. Theoretische und praktische Philosophie sind besonders in der Technikethik eng verzahnt. Es ist folglich keine Überraschung, wenn am Ende des vierten Bandes der Reihe *Grundlagen der Technikethik* der

Bogen zurück zur Ethik reicht. Technikethik ist mit konkreten Problemen befasst und transdisziplinär ausgerichtet. Insofern Computer, Informationsnetzwerke, Datenanalysen und Algorithmen, Roboter und Drohnen, KI, ML, SLAs und KNNs zu Querschnittstechnologien unserer Zeit gehören, ist Technikethik zentral mit Roboter- und KI-Ethik befasst – und zwar primär auf Ebene I *(Band 1)*. Denn es gibt offensichtlich eher keine rationalen Anhaltspunkte für Moral oder Bewusstsein in Maschinen, woraus etwa eine politische Autonomie der Geräte folgen könnte. Dem methodenkritischen Zugang folgend, ist unter anderem die Sprache zu prüfen, die wir mit Technologiedesign verbinden. Neben einer Sensibilisierung für diverse Fehlschlüsse und visionäre Irrtümer ging es vor allem um einen methodenorientierten Beitrag. Dazu gehört das Strukturieren von Fragen und Problemfeldern *(Band 1, 6; Band 2, 5; Band 3)*, Orientierung im Umgang mit Grundbegriffen der Ethik (*Band 1, 2* bis *Band 1, 5*), Verfahrenskunst der angewandten Ethik *(Band 2, 1; Band 2, 2)*, die Bedeutung einer methodisch-sprachkritischen Anthropozentrik, menschlicher Leiblichkeit und Endlichkeit *(Band 2, 2)*, sowie Technik- und Verantwortungsanalyse *(Band 2, 3; Band 2, 4)*.

Als Reihe von Arbeitsbüchern ging es um den Werkzeugkasten und um Impulse zum geschickten Gebrauch technikethischer Möglichkeiten. Antworten sollen und müssen in der jeweiligen Situation selbst gefunden werden (können). Insofern wurden hier auch nur strikte Antworten vorformuliert, wo dies aus methodischer Sicht unabdingbar war. In vorliegendem Buch wurden zur methodischen Ordnung der Technikanalyse verschiedene Heuristiken erarbeitet, welche ganz praktisch die technikethische Arbeit auf Ebene I – jenseits der Spekulationen über moralische Maschinen – unterstützen können und sollen:

- Abb. Band 4, 1.1 zu implizitem und explizitem Wissen
- Tab. Band 4, 2.1 zu den Verhältnissen zwischen Sprachformen und Technikbegriffen
- Tab. Band 4, 3.2 zu monistischen und dualistischen Deutungen ontologischer wie methodischer Körper-Geist- und Natur-Kultur-Verhältnisse
- Abb. Band 4, 3.2 präsentiert eine Heuristik des „embodied approach“ in Robotik und KI; sie ist eine Zusammenschau der beiden folgenden Abbildungen
  - Abb. Band 4, 3.3 zu Körper-Geist-Verhältnissen aus Sicht der methodisch-sprachkritischen Anthropozentrik
  - Abb. Band 4, 3.4 zur „embodied AI“ als Forschungsheuristik und Robozentrik
- Abb. Band 4, 5.2 zu acht Kategorien technischer Mittel sowie dem graduellen Anstieg technischer Autonomie
- Abb. Band 4, 5.3 mit zehn Beispielen zur Vertiefung von Abb. Band 4, 5.2 auf dem Weg zur „autonomen Technik“

Im Verbund mit den Grundlagen und Analysen der vorhergehenden Bände der Reihe *Grundlagen der Technikethik* ergibt sich daraus ein systematischer Ansatz. Technikethik wird dabei als Wissenschaft verstanden, wenngleich sie im weiteren Sinne auch Elemente einer Lebenskunst einschließt. Es scheint jedoch an der Zeit, sich methodenkritisch der rationalen Potenziale der Ethik zu bedienen, um ihre Anwendungen besonders mit Blick auf KI und Robotik kritisch zu gestalten. Einen Beitrag hierzu soll vorliegende Buchreihe leisten. Im Sinne transdisziplinärer Kooperation richtet sie sich explizit aus der Fachphilosophie heraus an ein breites Publikum, unter anderem aus den Bereichen technischer, wirtschaftlicher, politischer und rechtswissenschaftlicher Praxis. Ich freue mich, wenn Impulse zum gelingenden ethischen Problemlösen zumindest in einigen Teilen geleistet sind. Gleiches gilt für die Orientierung in einer komplexen Welt, die durch eine Schwemme mehr oder weniger klarer Ethik-Label nicht unbedingt einfacher wird.

## Literatur

Ach JS/Düber D/Quante M (2021) „Medizinethik." In Grunwald A/Hillerbrand R (Hg) Handbuch Technikethik. 2., aktualisierte und erweiterte Auflage. Metzler Springer, Berlin, S 229–233

AI HLEG (2019) Ethics Guidelines for Trustworty Artificial Intelligence. High-Level Expert Group on Artificial Intelligence. 8. April 2019. European Commission, Brüssel [https://ec.europa.eu/futurium/en/ai-alliance-consultation.1.html (30. Juni 2022)]

Baedke J (2019) „Wissenschaftsphilosophie: Philosophische Probleme der Epigenetik." In *Information Philosophie, Heft 2/2019, S 22–31.* [https://www.information-philosophie.de/?a=1&t=8784&n=2&y=4&c=138 (30. Juni 2022)]

Beck S (2020) „Künstliche Intelligenz – ethische und rechtliche Herausforderungen." In Mainzer K (Hg) Philosophisches Handbuch Künstliche Intelligenz. Springer, Wiesbaden. https://doi.org/10.1007/978-3-658-23715-8_29-1

Beer J/Fisk A/Rogers W (2014) „Toward a framework for levels of robot autonomy in human-robot-interaction." In Journal of Human-Robot-Interaction 3/2 (2014), 74–99

Birnbacher D (2021) „Autonomie – Konzepte und Konflikte." In Riedel A/Lehmeyer S (Hg) Ethik im Gesundheitswesen. Springer, Berlin/Heidelberg. https://doi.org/10.1007/978-3-662-58685-3_74-2

Brigandt I (2022) „Menschenbildkonflikte: Evolutionstheorie und Naturalismus." In Zichy M (Hg) Handbuch Menschenbilder. Springer, Wiesbaden. https://doi.org/10.1007/978-3-658-32138-3_14-1

Carrier M (2005) „Freiheit (handlungstheoretisch)." In Mittelstraß J (Hg) Enzyklopädie Philosophie und Wissenschaftstheorie. Band 2: D–F. 2., neubearbeitete und wesentlich ergänzte Auflage. J.B. Metzler, Stuttgart/Weimar, S 566–570

Christoph L / Alexander K / Raphael M (2019) Ethische und rechtliche Herausforderungen des autonomen Fahrens. In Mainzer K (Hg) Philosophisches Handbuch Künstliche Intelligenz. Springer, Wiesbaden. Reference Geisteswissenschaften: https://doi.org/10.1007/978-3-658-23715-8_30-1

Clausewitz Cv (1994/1832ff) Vom Kriege. Auswahl. Herausgegeben von Ulrich Marwedel. Reclam, Stuttgart

Coeckelbergh M (2009) „Virtual moral agency, virtual moral responsibility: On the moral significance of the appearance, perception, and performance of artificial agents." In AI & Society 24: 181–189

Coeckelbergh M (2012) Growing Moral Relations. Critique of Moral Status Ascription. Pallgrave Macmillan, Houndmills/New York

Decker M (2021) „Robotik." In Grunwald A/Hillerbrand R (Hg) Handbuch Technikethik. 2., aktualisierte und erweiterte Auflage. Metzler Springer, Berlin, S 393–397

DLRG (2017) Ausbilderhandbuch Rettungsschwimmen der DLRG. 3. korrigierte Auflage. DLRG Materialstelle, Bad Nenndorf

Esfeld M (2021) „Menschenbilder in den Naturwissenschaften.“ In Zichy M (Hg) Handbuch Menschenbilder. Springer, Wiesbaden. https://doi.org/10.1007/978-3-658-32138-3_14-1

Floridi L (2020) „The Fight for Digital Sovereignty: What It Is, and Why It Matters, Especially for the EU.“ In Philosophy & Technology (2020) 33: 369–378

Funk M (2017) „Zeit als Element technologischer Kriegsführung.“ In Funk M/Leuteritz S/Irrgang B (Hg) Cyberwar @ Drohnenkrieg. Neue Kriegstechnologien philosophisch betrachtet. Königshausen & Neumann, Würzburg, S 59–83

Gabriel G (2020) Grundprobleme der Erkenntnistheorie. Von Descartes zu Wittgenstein. Schöningh, Paderborn

Gallenbacher J (2017) Abenteuer Informatik. IT zum Anfassen für alle von 9 bis 99 – vom Navi bis Social Media. 4. Auflage. Springer, Wiesbaden

Gehring P (2022) In Augsberg S/Gehring P (Hg) Datensouveränität. Positionen zur Debatte. Campus, Frankfurt a. M./New York, S 19–44

Gottschalk-Mazouz N (2019) „Autonomie.“ In Liggieri K/Müller O (Hg) Mensch-Maschine-Interaktion. Handbuch zu Geschichte – Kultur – Ethik. Metzler, Berlin, S 238–240

Gransche B/Shala E/Hubig C/Alpsancar S/Harrach S (2014) Wandel von Autonomie und Kontrolle durch neue Mensch-Technik-Interaktionen. Grundsatzfragen autonomieorientierter Mensch-Technik-Verhältnisse. Fraunhofer Verlag, Stuttgart

Gutmann M/Rathgeber B/Syed T (2011) „Autonome Systeme und evolutionäre Robotik: neues Paradigma oder Missverständnis?“ In Maring M (Hg) Fallstudien zur Ethik in Wissenschaft, Wirtschaft, Technik und Gesellschaft. KIT Scientific Publishing, Karlsruhe, S 185–197

Heil R (2021) „Künstliche Intelligenz/Maschinelles Lernen.“ In Grunwald A/Hillerbrand R (Hg) Handbuch Technikethik. 2., aktualisierte und erweiterte Auflage. Metzler Springer, Berlin, S 424–428

Heil R/Seitz S/König H/Robienski J (Hg) (2016) Epigenetik. Ethische, rechtliche und soziale Aspekte. Springer VS, Wiesbaden

Heßler M (2019a) „Automation/Automatisierung.“ In Liggieri K/Müller O (Hg) Mensch-Maschine-Interaktion. Handbuch zu Geschichte – Kultur – Ethik. Metzler, Berlin, S 235–237

Heßler M (2019b) „Industrie 4.0.“ In Liggieri K/Müller O (Hg) Mensch-Maschine-Interaktion. Handbuch zu Geschichte – Kultur – Ethik. Metzler, Berlin, S 269–271

Höffe O (2011) Kants Kritik der reinen Vernunft. Die Grundlegung der modernen Philosophie. C.H. Beck, München

Höffe O (2012) Kants Kritik der praktischen Vernunft. Eine Philosophie der Freiheit. C.H. Beck, München

Irrgang B (2005) Posthumanes Menschsein? Künstliche Intelligenz, Cyberspace, Roboter, Cyborgs und Designer-Menschen – Anthropologie des künstlichen Menschen im 21. Jahrhundert. Franz Steiner Verlag, Stuttgart

Janich P (2006) Was ist Information? Kritik einer Legende. Suhrkamp, Frankfurt a. M.

Janich P (2014) Sprache und Methode. Eine Einführung in philosophische Reflexion. Francke, Tübingen

Kant I (1974a/1781ff) Kritik der reinen Vernunft 1. Band III Werkausgabe. Herausgegeben von Wilhelm Weischedel. Suhrkamp, Frankfurt a. M.

Kant I (1974b/1781ff) Kritik der reinen Vernunft 2. Band IV Werkausgabe. Herausgegeben von Wilhelm Weischedel. Suhrkamp, Frankfurt a. M.

Kant I (1974c/1785ff) „Grundlegung zur Metaphysik der Sitten.“ In Band VII Werkausgabe. Herausgegeben von Wilhelm Weischedel. Suhrkamp, Frankfurt a. M., S 7–102

Kant I (1974d/1788) „Kritik der praktischen Vernunft.“ In Band VII Werkausgabe. Herausgegeben von Wilhelm Weischedel. Suhrkamp, Frankfurt a. M. S 103–302

Langbehn C (2016) „Identität und Autonomie.“ In Heidbrink L et al. (Hg) Handbuch Verantwortung. Springer, Wiesbaden. https://doi.org/10.1007/978-3-658-06175-3_22-1

Lenk H (2017) „Verantwortlichkeit und Verantwortungstypen: Arten und Polaritäten." In Heidbrink L et al. (Hg) Handbuch Verantwortung. Springer, Wiesbaden, S 57–84
Luhmann HJ (2020) Hirnpotentiale. Die neuronalen Grundlagen von Bewusstsein und freiem Willen. Springer, Berlin
Nida-Rümelin J/Battaglia F (2018) „Mensch, Maschine und Verantwortung." In Bendel O (Hg) Handbuch Maschinenethik. Springer VS, Wiesbaden https://doi.org/10.1007/978-3-658-17484-2_5-1
Pohlmann R (1971) „Autonomie." In Ritter J (Hg) Historisches Wörterbuch der Philosophie. Band 1: A–C. Schwabe, Basel/Stuttgart, S 701–719
Rammert W (2003) Technik in Aktion: verteiltes Handeln in soziotechnischen Konstellationen. (TUTS – Working Papers, 2–2003). Berlin: Technische Universität Berlin, Fak. VI Planen, Bauen, Umwelt, Institut für Soziologie Fachgebiet Techniksoziologie. [https://nbn-resolving.org/urn:nbn:de:0168-ssoar-11573 (30. Juni 2022)]
Rath M (2019) „Zur Verantwortungsfähigkeit künstlicher „moralischer Akteure". Problemanzeige oder Ablenkungsmanöver?" In Rath M/Krotz F/Karmasin M (Hg) Maschinenethik. Normative Grenzen autonomer Systeme. Springer VS, Wiesbaden, S 223–242
Roth G (2016) „Verantwortung, Determinismus und Indeterminismus." In Heidbrink L et al. (Hg) Handbuch Verantwortung. Springer, Wiesbaden. https://doi.org/10.1007/978-3-658-06175-3_14-1
SAE (2021) Taxonomy and Definitions for Terms Related to Driving Automation Systems for On-Road Motor Vehicles. J3016_202104. [https://www.sae.org/standards/content/j3016_202104/ (30. Juni 2022)]
Schälike J (2016) „Verantwortung, Freiheit und Wille." In Heidbrink L et al. (Hg) Handbuch Verantwortung. Springer, Wiesbaden. https://doi.org/10.1007/978-3-658-06175-3_13-1
Scheler W (2017) „Friedensphilosophie und Militär." In Funk M/Leuteritz S/Irrgang B (Hg) Cyberwar @ Drohnenkrieg. Neue Kriegstechnologien philosophisch betrachtet. Königshausen & Neumann, Würzburg, S 199–217
Schöne-Seifert B (2007) Grundlagen der Medizinethik. Alfred Kröner, Stuttgart
Schwemmer O (2005) „Autonomie." In Mittelstraß J (Hg) Enzyklopädie Philosophie und Wissenschaftstheorie. Band 1: A–B. 2., neubearbeitete und wesentlich ergänzte Auflage. J.B. Metzler, Stuttgart/Weimar, S 319–321
Shelley M (2008) Frankenstein oder Der moderne Prometheus. Aus dem Englischen von Karl Bruno Leder und Gerd Leetz. Insel, Frankfurt a. M.
Sturma D (2021) „Neuroethik." In Grunwald A / Hillerbrand R (Hg) Handbuch Technikethik. 2., aktualisierte und erweiterte Auflage. Metzler Springer, Berlin, S. 255–259
Teichert D (2006) Einführung in die Philosophie des Geistes. WBG, Darmstadt
Tetens H (2006) Kants „Kritik der reinen Vernunft". Ein systematischer Kommentar. Reclam, Stuttgart
Wagner H (2008) Zu Kants Kritischer Philosophie. Königshausen & Neumann, Würzburg
Weber K (2019) „Autonomie und Moralität als Zuschreibung. Über die begriffliche und inhaltliche Sinnlosigkeit einer Maschinenethik." In Rath M/Krotz F/Karmasin M (Hg) Maschinenethik. Normative Grenzen autonomer Systeme. Springer VS, Wiesbaden, S 193–208
Weber K/Zoglauer T (2018) „Maschinenethik und Technikethik." In Bendel O (Hg) Handbuch Maschinenethik. Springer VS, Wiesbaden. https://doi.org/10.1007/978-3-658-17484-2_10-1
Wimmer R/Blasche S (2005) „Freiheit." In Mittelstraß J (Hg) Enzyklopädie Philosophie und Wissenschaftstheorie. Band 2: C–F. 2., neubearbeitete und wesentlich ergänzte Auflage. J.B. Metzler, Stuttgart/Weimar, S 559–566
Wolff MC (2022) Digitale Souveränität. Velbrück Wissenschaft. Weilerswist
Zoglauer T (2017) Ethische Konflikte zwischen Leben und Tod. Über entführte Flugzeuge und selbstfahrende Autos. Der blaue Reiter, Hannover

# Methoden-Synopsis *Grundlagen der Technikethik Band 4*

Technikethik, Roboterethik und KI-Ethik sind gelebte Transdisziplinarität – also mühsam, mutig, kommunikativ und problemorientiert. Transdisziplinäres Arbeiten setzt disziplinäre Methoden voraus. Diese umfassen Verfahren der Sprachkritik (I.), der Technikanalyse und -bewertung (II.), normativen Reflexion allgemeiner und angewandter Ethik (III.) sowie der Methodenreflexion und Erkenntniskritik (IV.). Transdisziplinäre Methoden sind iterativ/rekursiv angelegt und zielen auf fachübergreifende Integration durch Teamarbeit und gemeinsames Voneinander- sowie Miteinanderlernen. Iteration meint das mehrmalige problemorientierte, offene und nicht dogmatische Durchlaufen einzelner Methoden. Es könnte auch von Feedbackloops oder in einer technischen Metapher von „epistemischen Regelkreisen" gesprochen werden. Die folgende Heuristik ist darum nicht als strenge Stufenfolge zu verstehen, die einmalig genau so zu absolvieren wäre. Sie fasst methodische Schritte zusammen, die je nach Situation komplett oder einzeln, in beliebiger Reihenfolge nacheinander oder parallel durchlaufen werden. Zum Beispiel wechselwirken Sprachkritik (I.) und Technikanalyse (II.) miteinander, insofern sowohl das Finden einer präzisen Wortwahl als auch das analytische Identifizieren eines Objekts und Konflikts miteinander zusammenhängen. So wurde in *Band 1* und *Band 2* eine methodische Heuristik etabliert, für die in *Band 3* weiterer Feinschliff anstand. In vorliegendem Buch soll sie noch etwas ergänzt werden. Dabei geht es um eine Heuristik zur praktischen Orientierung, jedoch um keine Enzyklopädie oder Universalmethode. Erinnern wir uns: Es gibt keinen Newton der Metaethik, sondern es herrscht Methodenpluralismus vor *(Band 1, 4.5; Band 1, 4.6; Band 2, 1.1; Band 2, 2)*. In folgender Übersicht werden also Faustregeln präsentiert und geordnet. Greifen Sie im Werkzeugkasten zu, je nach Situation, Fragestellung, Bedürfnissen der Teamarbeit etc. wird das praktisch zu unterschiedlichen Problemlösungsprozessen und Rekursionsschritten führen:



M. Funk, *Künstliche Intelligenz, Verkörperung und Autonomie*,
https://doi.org/10.1007/978-3-658-41106-0

# I. Sprachkritik: Eine (gemeinsame) präzise und klare Sprache finden

**1. Beachten Sie die Mehrdeutigkeit von Worten und finden Sie möglichst klare Bezeichnungen dessen, worüber gesprochen wird!**

- Finden und analysieren Sie hierzu Schlüsselbegriffe hinsichtlich ihrer verschiedenen Bedeutungen und Gebrauchsweisen. Entwerfen Sie Übersichten, aus denen die inhaltlichen Beziehungen der Wortbedeutungen im größeren Zusammenhang ersichtlich werden. Visualisieren Sie auch den verschiedenen Gebrauch von Worten und Bedeutungen in transdisziplinären Arbeitsgruppen: Wann ist mit dem gleichen Wort etwas Unterschiedliches gemeint? Wann ist das Gemeinte mit unterschiedlichen Worten bezeichnet? Schließt ein Begriff andere ein oder aus? Für welche Vereinheitlichung wird sich entschieden?
- Zum Beispiel: „Roboterethik" und „KI-Ethik" – als Spezialfälle der „Technikethik" – sind mehrdeutige Begriffe. Schauen wir auf das zweite Substantiv: „Ethik". Klären Sie, ob damit die Wissenschaft von der Moral (Ethik) gemeint ist, oder ein konkreter Lebensstil mit normativen Überzeugungen (Moral) oder die Kodifizierung moralischer Regeln (Ethos) und ob Sie dabei an menschliche Akteurinnen denken (Ebene I) oder an Maschinen, die „ethisch" sind (Ebene II): *Band 1, 2* bis *Band 1, 5;* Abb. Band 1, 3; Tab. Band 1, 6.2
- Zum Beispiel: Blicken wir auf das erste Substantiv in der Zusammensetzung „Technikethik". Klären Sie, welche „Technik" Sie meinen, wenn sie von „Technik" sprechen: 1. Fertigkeiten (praktisches Wissen), 2. materielle Gegenstände (Artefakt), 3. Verfahren („Verfahrenstechnik"), 4. Systeme („Systemtechnik"), 5. verwissenschaftlichte Technologien, 6. Medien der Selbst- und Weltaneignung (Medium, Medialität), 7. Reflexionen des Zweck-Mittel-Schemas (Reflexionsbegriff). (Tipp: Es kann helfen, alle sieben Technikbegriffe auszuprobieren und sie an einem zu besprechenden Phänomen zu entdecken. Damit wird nicht nur sprachliche Präzision gewonnen, sondern auch das Problemverständnis differenziert.): *Band 2, 3.2;* Abb. Band 2, 3.2
- Weitere Beispiele relevanter mehrdeutiger Worte:
  - „Autonomie": *Band 4, 5;* Abb. Band 4, 5.2; Abb. Band 4, 5.3
  - „Drohne": *Band 3, 3*
  - „Ethik": *Band 1, 4*
  - „Künstliche Intelligenz": *Band 3, 4*
  - „Leben": *Band 1, 3.1; Band 1, 3.2;* Abb. Band 1, 3.1; Abb. Band 1, 3.2
  - „Natur" und „Kultur": *Band 1, 3.3;* Abb. Band 1, 3.3
  - „Sprache": *Band 4, 2*
  - „Roboter": *Band 3, 1; Band 3, 2*
  - „Verkörperung" als mehrdeutiger „Körper" (physisch: „embodied AI"): *Band 4, 3;* Abb. Band 4, 3.2
  - „Verkörperung" als mehrdeutige „Vermenschlichung" (bildlich: „Anthropomorphisierung"): *Band 3, 2.1*
  - „Wissen": *Band 4, 1;* Abb. Band 4, 1.1

**2. Unterscheiden Sie normativ-wertendes Sprechen von deskriptiv-beschreibendem!**

- Zum Beispiel: Ein „guter" Hammer (deskriptiv: Beschreibung eines nützlich und effizient gearbeiteten, langlebigen, stabilen Werkzeugs) ist kein „guter" Handwerker (deskriptiv: Beschreibung eines geschickt arbeitenden und darum instrumentell nützlichen Fachmanns) ist wiederum kein „guter" Handwerker (normativ: wertendes Lob eines Handwerkers, der Holzspielzeug baut und es Weihnachten an Waisenkinder verschenkt). Vermeiden sie naturalistische Fehlschlüsse: *Band 1, 4.6; Band 2, 2;* Abb. Band 2, 2
- Dem entsprechend wird unterschieden zwischen deskriptiver Ethik, wo moralisches Handeln beschrieben wird, und normativer Ethik, wo moralisches Handeln bewertet wird. Führen sie sich vor Augen, wann Sie um Worte ringen, um Verhaltensweisen in eine sprachliche Form zu bringen, und wo Sie nach Argumenten suchen, um eine solche als geboten oder verboten auszuweisen: *Band 1, 4.1; Band 1, 4.7; Band 2, 2.1;* Abb. Band 1, 5.1
- Leiten Sie in der normativen Ethik ein Sollen stets aus einer Norm, nicht aus einer Tatsachenbeschreibung ab. Vermeiden sie den Sein-Sollen-Fehlschluss: *Band 1, 4.6; Band 2, 2;* Abb. Band 2, 2
- Ein entsprechender technikethischer Imperativ lautet: „Du sollst Technologien nicht ethisch-methodisch bewerten, so als ob das Reden über Messwerte gleich dem Reden über moralische Werte wäre.": *Band 2, 2.2*

**3. Erkennen Sie Umdeutungen von Worten und machen Sie diese sichtbar!**

- Worte sind umnutzbar und bergen Nebeneffekte: *Band 2, 3.3; Band 4, 2.1*
  - Beispiel: Der Slogan „Made in Germany" wurde zur Brandmarkung minderwertiger Produkte auf britischen Märkten eingeführt, erfuhr jedoch eine Umdeutung da die so bezeichneten Güter tatsächlich von „hoher Qualität" waren: *Band 2, 3.3*
  - Beispiel: Bezeichnen wir einen Roboter als „autonom", können damit ganz sachlich „technische Freiheitsgrade" benannt sein. Ein Nebeneffekt ist jedoch das Moralisieren der Maschine, da „Autonomie" nicht nur physische Bewegungsfreiheit meint, sondern vor allem im moralisch-politischen Sinne verwendet wird: *Band 4, 5.1*
- Sprachliche Umnutzung ereignet sich zum Beispiel überall dort, wo wir über Maschinen sprechen, als ob sie menschlich wären. Beispiel: „Ein netter, höflicher Roboter." Vermeiden Sie anthropomorphe Fehlschlüsse: *Band 1, 4.6; Band 2, 2; Band 2, 2.1; Band 3, 5.2; Band 3, 6.2;* Abb. Band 2, 2
- Oder dort, wo wir über Menschen sprechen, als ob sie Maschinen wären. Beispiel: „Das Kind funktioniert nicht, es hat eindeutig einen Schaltfehler im Kopf und wird

seinen Zweck nie erfüllen." Vermeiden Sie robomorphe Fehlschlüsse: *Band 1, 4.6; Band 2, 2.1; Band 2, 2;* Abb. Band 2, 2

**4. Kennzeichnen Sie metaphorische und analogische Redeweisen!**

- Beispiel: „Metaphorisch nenne ich dieses Auto frei, weil mir andere Worte fehlen, um die Funktionsweise zu beschreiben." (Das Wort „frei" wurde metaphorisch umgedeutet. Der methodische Anspruch liegt darin, sich dessen bewusst zu sein und darum nicht unabsichtlich falsche Bedeutungen bei der Beschreibung eines Autos mitzuziehen: Es ist also nicht frei wie ein Mensch, nur weil es frei genannt wird. Dementsprechend haben spezifisch technische Autonomie- bzw. Freiheitsgrade eine ganz eigene Bedeutung.): *Band 4, 1.1; Band 4, 5;* Abb. Band 4, 5.2, 5.3
- Beispiel: Metaphorisch lassen sich Menschen als „Maschinen" oder „informationsverarbeitende Systeme" beschreiben. Das kann durchaus sinnvoll sein, etwa in bestimmten Bereichen medizinischer Forschung, Diagnostik und Therapie. Jedoch handelt sich dabei um eine methodische Konstruktion, deren metaphorischer Charakter zu den expliziten Bedingungen technischen Handelns gehört. Obwohl sich Menschen in bestimmten Bereichen/Ausschnitten mit praktischen Erfolgen so beschreiben lassen, *als ob* sie „Maschinen" wären, sind sie im wörtlichen Sinne keine Maschinen!: *Band 2, 2.1; Band 2, 2.2*

## II. Technikanalyse: Ein Problem identifizieren

**1. Beachten Sie die Mehrdeutigkeit von Technik und legen Sie einen möglichst klaren Fokus auf das, was mit einer Technik gemacht wird!**

- In der Technikethik stehen technische Handlungen mit all ihren unberechenbaren Windungen menschlichen Kulturlebens im Mittelpunkt (*Charakteristika technischen Handelns*): *Band 2, 3.3; Band 2, 3.4; Band 2, 5*
  - Keine Technik ist neutral/wertfrei: Es existieren keine Artefakte (Technik 2) unabhängig von menschlichen Handlungen, denn auch Unterlassungen oder das distanzierte Betrachten im Museum sind Handlungen.
  - *Umnutzung, Umdeutung:* die vielfältigen Potenziale technischen Handelns jenseits der Absichten und Ziele von Entwicklerinnen etc.; auch Zweckentfremdung und Dual Use

    Beispiel: Messer als Bajonett, Mordwaffe, Kunstwerkzeug oder Küchengerät verwendet
  - *Nebeneffekte:* unbeabsichtigte Nebenwirkungen; auch „side-effects"

    Beispiel: Atommüll
  - Keine Technik ist hundertprozentig sicher, jede Technik birgt *Gefahren* und *Risiken*

Beispiel: Nuklearkatastrophen von Tschernobyl und Fukushima

- Beachten Sie die häufig komplexen kulturhistorischen *Entwicklungspfade*.

  Techniken bauen auf Vorgängerformen auf, sowohl im materiellen Sinne als auch hinsichtlich ihrer Gebrauchsweisen

  Beispiel: Schreibmaschinen und Computerkeyboards

  *Macht und Interessen* prägen technische Entwicklungen, besondere Treibfedern sind *Kriege, Medizin, Religion oder Ökonomie*

  Technische Entwicklungen lassen sich nicht (komplett) planen oder steuern, sie unterliegen auch Zufällen

- Vermeiden Sie Pauschalurteile über *die* Technik! Es gibt nicht DIE EINE Technik. Um welche Technik geht es konkret? Was kennzeichnet sie im Verhältnis zu anderen Techniken? Mit welchen Worten sprechen wir über eine konkrete Technik (siehe oben I.1.)?: *Band 2, 3.2;* Abb. Band 2, 3.2

  1. Fertigkeit, *Kompetenz, praktisches Wissen: eine Technik beherrschen, leiblich geschickter Umgang (formaler Technikbegriff, Kunstcharakter)*

     Beispiel: technisch gewandt Klavier spielen können, so wie Rubinstein, Arrau oder Gulda
  2. *Gegenstand, materielles* Objekt/Ding, *auch als Artefakt bezeichnet (materieller Technikbegriff I, Realtechnik, Sachtechnik)*

     Beispiel: das Klavier, das von Bösendorfer, Schimmel oder Bechstein hergestellt wurde
  3. *Verfahren,* Prozess *(materieller Technikbegriff II, Verfahrenstechnik)*

     Beispiel: Fertigungsverfahren im Klavierbau, ein Klavier stimmen (Prozess), eine Beethoven-Sonate spielen (Prozess)
  4. *System, Netzwerke (Systemtechnik)*

     Beispiel: eine Klavierspielerin hat ihre Kunst im sozialen Zusammenhang aus Lehrerinnen, Familie, Freundinnen, Publikum, Kritikerinnen etc. gelernt; ihr Flügel wurde mittels elektrischer Energie gefertigt, die der Herstellerin systemisch zugeliefert wurde, wie auch die Rohstoffe
  5. *Technologie: theoretisches, verwissenschaftlichtes Wissen*

     Beispiel: Lehrbücher des Klavierbaus, inklusive diverser akustischer, statischer Berechnungen; Lehrbücher des Klavierspielens, inklusive Harmonielehre, abstrakter Notationen und musikwissenschaftlicher Kommentare
  6. *Medium: Welt- und Selbstaneignung durch technische Praxis (Medialität der Technik)*

     Beispiel: Klavier als Medium emotionalen Ausdrucks oder sozialer Weltordnungen (Bildungsbürgertum), Statussymbol oder der Selbsterkenntnis durch Entfaltung leiblicher Fähigkeiten
  7. *Zweck-Mittel-Relation: Reflexionsbegriff*

     Beispiel: Klaviermusik als Mittel zum Zweck propagandistischerGroßveranstaltun gen

- Analysieren Sie hierzu verschiedene Perspektiven technischer Praxis und ordnen Sie diese einer konkreten Technik ineiner konkreten Situation zu: Band 2, 3.1; Band 2, 4; Tab. Band 2, 3.2; Tab. Band 2, 4.1

1. Grundlagenforschung
2. angewandte Forschung
3. Konstruktion, Design, Entwicklung
4. Logistik, Ressourcenbeschaffung
5. Produktion, Fertigung
6. Vertrieb, Handel, Marketing
7. Nutzung, Anwendung, Konsum
8. Wartung, Instandhaltung, Ersatzteilmanagement
9. Entsorgung, Recycling
10. Soziotechnische Einbettung
11. Politische und juristische Regulierung

- Beachten Sie auch die Unterschiede zwischen Autonomiegraden bzw. Kategorien technischer Mittel, die sich anhand verschiedener Kulturhöhen technischer Entwicklungen unterscheiden lassen: *Band 4, 5.2; Band 4, 5.3;* Abb. Band 4, 5.2; Abb. Band 4, 5.3
  1. Handwerkzeug
  2. Maschine
  3. Automat
  4. Computer
  5. schwache KI
  6. (technische) eingebettete Autonomie
  7. (technische) Semiautonomie
  8. (technische) Autonomie/starke KI

**2. Identifizieren Sie das ethische Problem bzw. den ethisch relevanten moralischen Konflikt!**

- Moralische Probleme sind nicht immer offensichtlich, lauern zuweilen in unerwarteten Details oder werden von anderen Fragen überdeckt. Verschaffen Sie sich einen detaillierten Überblick möglicher moralischer Probleme im Umgang der zu betrachtenden Technik. Nutzen Sie hierzu die Perspektiven technischer Praxis (siehe oben II.1.).
  - Beispiel: Das ethische Problem des Kaffetrinkens könnte in der Produktion gesehen werden (fairer Handel, Wasserverbrauch etc.) aber auch in der Entsorgung (nicht bei losem Kaffeesatz, der sich als Dünger umnutzen lässt, jedoch bei Aluminiumkapseln).
- Nähern Sie sich durch das kreative Formulieren *allgemeiner, konkreter und spezifischer Fragen* an. Zerlegen Sie die jeweiligen Fragen wiederum in Komponenten. Dabei helfen Querschnittsthemen (Beispiel: Datenschutz, der fast sämtliche

Informationstechnologien betrifft) und deren Verbindungen (Beispiel: Datenschutz ist verbunden mit Datensicherheit): *Band 1, 4.7; Band 1, 6.2; Band 2, 5*

- Analysieren Sie hierzu die verschiedenen Arten von Ungleichheiten, die soziales Handeln *(zwischenmenschliche Asymmetrie)* und Mensch-Technik-Interaktionen *(Mensch-Technik-Asymmetrie)* prägen: *Band 2, 2.3*
  - Beispiel: Ein Pflegeroboter aus Kupfer und Eisen ist „stärker" als ein menschlicher Leib *(empirisch-deskriptive Asymmetrie),* was als ethisch relevantes empirisches Kriterium für Gebote des Arbeitsschutzes dient oder direkt das zwischenmenschliche Miteinander von schutzbedürftigen Patientinnen und Pflegern betrifft *(normative Asymmetrie)* – wobei die betreffenden Menschen wiederum nach Glück im Angesicht eines endlichen, verletzlichen Lebens streben *(existenzielle Asymmetrie).*
- Moralische Probleme sind häufig an Wertkonflikten zu erkennen.
  - Beispiel: Was ist wichtiger, Datenschutz oder physische Sicherheit (wo eine Maschine Daten ihrer Umgebung erfassen, verarbeiten und speichern muss, um physische Kollisionen mit Menschen zu vermeiden)?
- Bei der Beschreibung moralischer Standpunkte, die eventuell in Konflikt geraten (deskriptive Ethik) kann die Unterscheidung von Anthropozentrik, Biozentrik, Physiozentrik, Technozentrik und Robozentrik als Schablone dienen: *Band 1, 3.1; Band 1, 3.2;* Abb. Band 1, 3.1; Abb. Band 1, 3.2
- Nicht jeder moralische Konflikt ist ethisch relevant und muss sofort wissenschaftlich beurteilt werden. Identifizieren Sie moralische Probleme und grenzen Sie diese entsprechend ihrer ethischen Brisanz ein.
  - Beispiel: Die Ästhetik eines Atomkraftwerks könnte ein moralisches Problem sein, wenn es um die nachhaltige Gestaltung schöner und lebenswerter Stadtbilder geht. Jedoch wird dieses Problem in seiner ethischen Relevanz durch Fragen der Risiken und Sicherheit sowie der Endlagerung von Atommüll überstrahlt.
- Vermeiden Sie den moralistischen Fehlschluss – schauen Sie nicht nur auf das korrekte Sollen, sondern auch auf den Zugang zu den Mitteln, um das Sollen zu erreichen; konstruieren Sie keine unnötigen ethischen oder moralischen Probleme: *Band 1, 4.7*
- Trennen Sie moralische von außermoralischen (Wert-)Urteilen: *Band 1, 3.4*
- Nutzen Sie das *epistemisches Ökonomieprinzip/„Rasiermesser":* Schneiden Sie Visionen, Spekulationen, Projektionen oder unnötige Annahmen heraus, um ein Problem sachlich zu verschlanken. Zielen Sie auf die einfachste hinreichende Beschreibung/Erklärung. Hierzu bietet sich eine Scheidung von Begriffs-, Ideen- und Realgeschichten an: *Band 3, 5.1*
  - Scheuen Sie in der anschließenden Technikbewertung (s. u. III.) jedoch nicht die operationale *Komplexität transdisziplinärer Arbeit.* Diese lässt sich nicht einfach so „wegschneiden".
  - *Thinktanking:* „Schneiden" Sie auch nicht die Antizipation potenzieller Handlungsfolgen in einer unbekannten Zukunft pauschal heraus. Entwerfen Sie

Zukunftsszenarien stattdessen widerlegbar, rational nachvollziehbar und in einfacher, klarer Sprache mit minimalen Vorannahmen.

**3. Nutzen Sie bei Bedarf auch den vierschichtigen Problemaufriss der Technikethik als heuristische Hilfestellung *(Band 2, 5)!***

- Ebene I: Menschen reflektieren über menschengemachte „*Ethik der* Technik": *Band 2, 5.1*
  - *Folie 1:* Aufgaben hinsichtlich einer spezifischen, konkreten und allgemeinen disziplinären Zuordnung (Was tut Technikethik?; siehe oben II.2.)
  - *Folie 2:* Technikanalyse der betreffenden Anwendungen (Um welche Technik geht es?; siehe oben II.1.)
  - *Folie 3:* Querschnittsthemen (Welche Aspekte, Konflikte, Herausforderungen oder Probleme treten dabei in den Vordergrund?; siehe oben II.2.)
- Ebene II: Menschen reflektieren über maschinengemachte „Ethik *der Technik*": *Band 2, 5.2*
  - *Folie 4:* Computer als grammatische Subjekte (Was wäre, wenn Maschinen Moral oder Ethik hätten bzw. einem Ethos folgen würden?)

## III. Technikbewertung durch normative Reflexion allgemeiner und angewandter Ethik: Eine Problemlösung erarbeiten

**1. Argumentieren Sie rational mit wissenschaftlichem Anspruch (allgemeine Ethik)!**

- Greifen Sie auf Argumentationsangebote etablierter Ansätze der allgemeinen normativen Ethik zurück. Drei wichtige Beispiele – neben anderen wie Tugendethik oder Klugheitsethik – sind deontologische Ethik, Utilitarismus und Diskursethik: *Band 1, 4.2* bis *Band 1, 4.4*
- Bei der Überprüfung der Qualität moralphilosophischer Ansätze kann ein Blick auf die Umsetzung der Kriterien ethischer Theorien helfen: *Band 1, 4.5*
- Vermeiden sie Fehlschlüsse: *Band 1, 4.6; Band 2, 2.1; Band 3, 5.2; Band 3, 6.2*
- Bei der Bildung gestufter, gradualistischer Problemlösungen (normative Ethik) kann die Unterscheidung von Anthropozentrik, Biozentrik, Physiozentrik, Technozentrik und Robozentrik als Schablone dienen (siehe oben II.2.): *Band 1, 3.1; Band 1, 3.2;* Abb. Band 1, 3.1; Abb. Band 1, 3.2

**2. Verfahren Sie anwendungsorientiert mit Blick für den Einzelfall (angewandte Ethik)!**

- Verfahren Sie einzelfallorientiert stufenweise auf vier Wegen der Kasuistik, logisch ableitend und analogisch vergleichend jeweils bottom-up und top-down: *Band 2, 1.1; Band 2, 1.3; Band 2, 2;* Abb. Band 2, 2

- Unterscheiden Sie die verschiedenen Abstraktionsgrade im gradualistischen Schema:
  1. Ethische Theorien (sehr abstrakt/allgemein, z. B.: deontologische Ethik)
  2. Allgemeine ethische Prinzipien und Leitbilder (abstrakt/allgemein, z. B.: Langzeitverantwortung)
  3. Ethische Normen und bereichsspezifische Handlungsregeln (mittlere Prinzipien, *Prima-facie*-Prinzipien; siehe unten III.3.)
  4. Anwendungsregeln (konkret, meistens im Verbund mit 5., z. B.: Lege stets den Sicherheitsgurt an!)
  5. Handlungskriterien durch ethisch relevante empirische Kriterien (siehe folgender Stichpunkt)
  6. Singuläre Urteile (sehr konkret: Was soll genau jetzt, nur heute und nur hier gemacht werden und was nicht?)
- Prüfen Sie Einzelfälle im Spiegel allgemeiner Grundsätze und umgekehrt, abstrakte Theorien im Kontext konkreter praktischer Situationen.
  Top-down: wie bei der Deduktion vom Allgemeinen zum Konkreten verfahrend
  Bottom-up: wie bei der Induktion vom Konkreten zum Allgemeinen verfahrend
- Greifen Sie dabei auf logisch-ableitende wie auch auf analogisch-vergleichende methodische Bewegungen zurück:
  *Top-down 1:* mittels Einordnung des Einzelfalls durch Analogiebildung zu bereits bestehenden Case-Studies (In welche Schublade gehört der Fall?)
  *Top-down 2:* mittels gradualistischer Ableitung aus ethischen Theorien (Zu welchem Urteil gelangen wir entsprechend Theorie x, y oder z?)
  *Bottom-up 3:* mittels Prüfung bestehender Einzelfallordnungen im Spiegel der konkreten Situation (Brauchen wir eine neue Schublade für den aktuellen Fall, müssen wir bestehende Schubladen ändern oder ordnet er sich nahtlos in bekannte Situationen ein?)
  *Bottom-up 4:* mittels Prüfung höherstufiger Abstraktionsgrade im Spiegel der konkreten Situation (Bewähren sich 1. die ethische Theorie, 2. die entsprechenden Leitbilder etc.?)
  Wählen Sie nicht bloß den nächstbesten, bequemen Weg, sondern gehen Sie bewusst alle vier Wege in verschiedenen Reihenfolgen (Iterationen), um eine möglichst reflektierte Einordnung zu erhalten!

• Beachten Sie das sinnliche Leben, integrieren Sie ethisch relevantes empirisches Wissen, sowie relevante empirische Beobachtungen, Kriterien und Tatsachen: *Band 1, 4.7*
  - Um einen Sein-Sollen-Fehlschluss zu vermeiden (siehe oben I.2.), darf von einer empirischen Tatsache nicht direkt auf ein moralisches Gebot geschlossen werden. Einen Ausschluss erreichen Sie, indem sie gradualistisch vorgehen und moralische Gebote oder Verbote aus ethischen Theorien, Prinzipien etc. mit einem höheren

Abstraktionsgrad ableiten. Die ethisch relevanten empirischen Kriterien schleifen Sie dann *zusätzlich* ein, kurz bevor Sie zum unmittelbaren singulären Urteil gelangen: *Band 2, 1.1; Band 2, 2; Band 2, 2.1;* Abb. Band 2, 2

- Ziehen Sie Ethikkodizes zu Rate – aber überprüfen Sie diese auch stets kritisch, denn ein Ethos/Kodex ist ja nur eine Standardisierung moralischer Sätze und muss nicht das Resultat einer wissenschaftlichen, rationalen Argumentation und Prüfung sein. Quellenkritik ist hier besonders wichtig, da die Veröffentlichung bloß interessen- oder marketinggetriebener Ethikkodizes ohne Sachverstand keine Seltenheit darstellt: *Band 1, 5;* Abb. Band 1, 5.1

**3. Wenn ein schnelles, provisorisches Urteil nottut, dann greifen Sie auf mittlere Prinzipien bzw. *Prima-facie*-Prinzipien zurück!**

- Diese befinden sich auf der dritten Stufe im gradualistischen Schema (siehe oben, III.2.) und sind teilweise in aktuellen *ethics guidelines* kodifiziert: *Band 2, 1.1; Band 2, 1.2*
- Entsprechend der (Bio-)Medizinethik nach Beauchamp und Childress:
  - Autonomie (Respekt vor den Fähigkeiten des Individuums)
  - Wohltun (Bedürfnisbefriedigung, Förderung des Wohls, = Heilen und Helfen)
  - Schadensvermeidung (Schmerz, körperliche und psychische Schäden verhindern)
  - Gerechtigkeit (Fairness in der Verteilung von Nutzen und Lasten)
- Entsprechend aktueller *Ethics Guidelines for Trustworthy AI* auf EU-Ebene[1]:
  - Ethikgrundsätze:
    Achtung der *menschlichen* Autonomie (≠ maschinelle Autonomie)
    Schadensverhütung (= Schadensvermeidung)
    Fairness (= Gerechtigkeit)
    Erklärbarkeit (= Transparenz maschineller Funktionen; ersetzt das Prinzip des Wohltuns/Heilens und Helfens)
  - Dem entsprechende konkrete Anforderungen:
    Vorrang menschlichen Handelns und menschliche Aufsicht
    Technische Robustheit und Sicherheit
    Datenschutz und Datenqualitätsmanagement
    Transparenz
    Vielfalt, Nichtdiskriminierung und Fairness
    Gesellschaftliches und ökologisches Wohlergehen
    Rechenschaftspflicht

---

[1]https://digital-strategy.ec.europa.eu/en/library/ethics-guidelines-trustworthy-ai

## IV. Methodenreflexion und Erkenntniskritik: Das eigene Vorgehen, eigene Annahmen sowie Resultate skeptisch hinterfragen, prüfen und weiterentwickeln

**1. Technikethik, Roboterethik und KI-Ethik ist angewandte methodisch-sprachkritische Anthropozentrik.**

- Menschen und deren leiblich-existenzielle Lebensvollzüge stehen im Mittelpunkt, nicht nur aus ethischen oder moralischen, sondern auch aus methodischen Gründen. Kennzeichnend ist dabei die gemeinschaftliche Praxis des Kommunizierens, also die methodische Einsicht, dass Sinn- und Bedeutung ethischer Argumente, Prinzipien oder Urteile von endlichen und fragilen menschlichen Handlungen abhängen: *Band 2, 2*
- Menschliche Praxis ist nicht zu verwechseln mit Informationsverarbeitung: *Band 2, 2.1*
  - Dementsprechend gilt der technikethische Imperativ („Du sollst (Informations-) Technologien nicht ethisch bewerten, so als ob das Reden über Messwerte gleich dem Reden über moralische Werte wäre.“): *Band 2, 2.2*
  - Die Vollzugsperspektive moralischen Lebens und darauf aufbauender Ethik, kann nicht durch technische Mittel, Computersimulation oder -modellbildung ersetzt werden: *Band 2, 2.3*
- Methodisch-sprachkritische Anthropozentrik ist dem Namen nach ein methodisches Konzept. Technikethik nimmt ihren Ausgang bei aktiv fragenden, denkenden, kommunizierenden Menschen: *Band 2, 2*
  - Damit ist nicht gesagt, dass es nur „den einen“ Menschen gäbe oder Ökosysteme, Tiere und Pflanzen keinen Eigenwert hätten oder dass technische Dinge nicht auch gesellschaftliche Entwicklungen beeinflussen würden.
  - Verwechseln Sie methodisch-sprachkritische Anthropozentrik nicht mit inhaltlicher, weltanschaulich-ideologischer Anthropozentrik.
  - Selbst Vertreterinnen des Post- und Transhumanismus, des *New Materialism* oder postanthropozentrischer Ethik bleiben einer methodisch-sprachkritischen Anthropozentrik verhaftet, insofern sie ja mit anderen Menschen über Konzepte und Positionen streiten – und nicht etwa mit den Tauben auf der Straße, ihrem Autoschlüssel oder dem Kaktus auf der Fensterbank: *Band 2, 2.4*
  - Insofern unterhalten wir uns auch nicht mit Sprach- oder Chatbots – bei aller Perfektion der Illusion. Die Interaktionsformen mit diesen technischen Oberflächenstrukturen bauen auf kommunikativen Bedeutungen des zwischenmenschlichen Alltags auf. Sie vermitteln, mediieren menschliche Gespräche – auf eine vielfach komplexere und inhaltlich mehr filternde Weise als etwa Telefon oder Brief. Sprach- oder Chatbots sind Anthropomorphisierungen und kein Beleg gegen eine methodisch-sprachkritische Anthropozentrik: *Band 3, 2.1; Band 4, 2;* Abb. Band 3, 2.1

**2. Beachten Sie die erkenntnis- und wissenschaftstheoretische Unterscheidung zwischen Genese (Tatsachenbehauptung) und Geltung (Rechtfertigung der Tatsachenbehauptung)!**

- Die Beschreibung einer Entdeckung, einschließlich der Formulierung eines damit verbundenen Naturgesetzes oder einer Regelmäßigkeit in technischen Abläufen (Genese), sagt noch nichts über deren Begründung bzw. Rechtfertigung aus (Geltung). Ihre inhaltliche Akzeptabilität wird geprüft anhand epistemischer Normen, schlüssiger Beweisführungen, konsistenter Dateninterpretation, handwerklich geschickter Experimentalkunst, sauberer Quellenarbeit etc. Im Peer-Review-Verfahren wird das exemplarisch deutlich: Ein gelungenes Gutachten wiederholt nicht bloß die Tatsachenaussagen eines Forschungsberichtes, sondern *bewertet die Forschungshandlungen,* die zum Forschungsbericht geführt haben: *Band 4, 1.1; Band 4, 5.1*
- Dies entspricht der metaethischen Unterscheidung deskriptiven und normativen Sprechens (siehe oben I.2.).

**3. Hinterfragen Sie Ihr Vorgehen!**

- Haben wir die Methoden/Erkenntnisse/Probleme, die wir brauchen, und brauchen wir die Methoden/Erkenntnisse/Probleme, die wir haben?
- Welchen Standpunkt nehmen wir ein, mit welcher Perspektive wenden wir uns einem ethischen Problem zu?
- Was ist mein Vorurteil?

**4. Fragen Sie grundsätzlich weiter!**

- Ist Ethik bloß die Wissenschaft von der Moral oder nicht doch sogar eher eine Lebenskunst oder Klugheitslehre? Wenn ja, wie wissenschaftlich ist sie dann?
- Was ist in der Ethik wichtiger, Erfahrung oder Methode?
- Warum wird Ethik von Menschen für Menschen gemacht? Könnte sich das durch Maschinen nicht so grundsätzlich ändern, dass auch unsere Methoden in der Technikethik obsolet werden?
- Was wurde nicht gesagt, gedacht oder versucht?

# Glossar *Grundlagen der Technikethik Band 4*

Vorliegendes Glossar versammelt ausgewählte Schlüsselbegriffe nach Themen geordnet:

I. Ethik und Moral
II. Technikethik, Roboterethik und KI-Ethik
III. Technik, Technologie und Ingenieurin
IV. Technische Praxis/technisches Handeln
V. Entwicklung und Geschichte
VI. Computer, Roboter und Künstliche Intelligenz
VII. Sprache, Sprachanalyse und Wissen
VIII. „Embodiment", Körper und Geist

## I. Ethik und Moral

**Angewandte Ethik** ist praktisches, am Einzelfall moralischer Konflikte orientiertes Problemlösen unter Handlungs- und Entscheidungsdruck. Es geht also darum, mit Unsicherheiten in konkreten Situationen umgehen zu können und nicht primär um die perfekte ethische Theorie. Angewandte Ethik wird auch als Bereichsethik(en) angesprochen, da sie verschiedene Problemfelder mit je eigenen Herausforderungen und Konzepten umfasst (Beispiel: Tierschutzethik, Medizinethik, Umweltethik, Technikethik etc.). Sie ist seit den 1970er-Jahren als Reaktion auf ökologische, medizinische und technische Problemlagen sowie lebensferne Spezialisierungen innerhalb der neuzeitlichen europäischen Ethik entstanden. Dabei kann sie sich auch auf vormoderne und außereuropäische Traditionen der Ethik als Klugheitslehre und praktischen Lebensweisheit berufen – jedoch nicht ohne ihren neuzeitlich-wissenschaftlichen Anspruch einzubüßen (*Band 1, 2.1; Band 2, 1; Band 2, 2;* Abb. Band 1, 2.1; Abb. Band 2, 2).



M. Funk, *Künstliche Intelligenz, Verkörperung und Autonomie*,
https://doi.org/10.1007/978-3-658-41106-0

**Autonomie** ist „Selbstgesetzgebung" (*auto* = selbst, *nomos* = Gesetz), also die Freiheit, das eigene Handeln durch Regeln einzuschränken, aber gleichzeitig auch die Freiheit, sich gegen Vorurteile oder politische Beherrschung aufzulehnen. Sie ist ein anthropozentrisches Konzept, gilt also für das komplexe menschliche Sozialleben in Politik, Kunst oder Wissenschaft etc. Davon zu unterscheiden ist *technische Autonomie* (siehe Eintrag in VI.) *(Band 1, 4.2; Band 4, 5.1)*.

**Deskriptive Ethik** ist die Wissenschaft von der Explikation und Beschreibung von Moral (*Band 1, 4.1;* Abb. Band 1, 5.1).

**Ethik bzw. Moralphilosophie** ist die Wissenschaft von Moral (*Band 1, 2; Band 1, 4.1;* Abb. Band 1, 2.1; Abb. Band 1, 3).

**Ethische Theorien** beinhalten die allgemeinsten, abstraktesten Prinzipien und Grundsätze, die sowohl in der Metaethik hinsichtlich ihrer Sprache, Logik und Form behandelt werden, als auch in der Moralbegründung und angewandten Ethik zur Urteilsbildung dienen. In gradualistischen Verfahren der retrospektiven und prospektiven Kasuistik werden sie als oberste Stufe gebraucht, die sich peu à peu auf singuläre Urteile in sehr konkreten Situationen spezifizieren lassen. Ethische Theorien müssen Begründungskriterien gerecht werden und sollen Entscheidungskriterien liefern. Beispiele ethischer Theorien umfassen die deontologische Ethik, Diskurs- und Tugendethik wie auch den Utilitarismus (*Band 1, 4.2; Band 1, 4.3; Band 1, 4.4; Band 1, 4.5; Band 2, 1.1; Band 2, 2;* Abb. Band 2, 2).

**Ethos bzw. Moralkodex** bezeichnet die Standardisierung moralischer Normen durch schriftlich aber auch mündlich überlieferte Formulierungen. Diese sind in sprachliche und moralische Lebensformen eingebettet, die ebenfalls überliefert werden und einem Ethos überhaupt erst Sinn verleihen (Beispiel: der Hippokratische Eid als Standeskodex für die Berufsgruppe der Ärztinnen). Wird ein Ethos neu verfasst, hängt sein Erfolg davon ab, ob sich die Formulierungen im praktischen Leben umsetzen lassen und in gelingenden Lebensformen bewähren. Sonst droht es zum inhaltsleeren Lippenbekenntnis zu verkommen. Ein Ethos kann das Resultat ethischer Arbeit sein, aber auch einfach nur die unhinterfragte Kodifizierung moralischer Normen meinen. Es ist nicht rechtlich bindend, kann aber Gesetzgebung und Rechtsprechung beeinflussen sowie zu weiteren sozialen Sanktionen wie dem Ausschluss aus Gemeinschaften führen (*Band 1, 5.1;* Abb. Band 1, 3; Abb. Band 1, 5.1).

**Gradualismus** bezeichnet Konzepte oder Verfahren, in denen mittels klar unterscheidbarer aber voneinander abhängiger Stufen operiert wird:

- In der Ethik kann das zum einen die gestuften Unterschiede zwischen verschiedenen Lebensformen betreffen, häufig in Verbindung mit entsprechenden Zentrismen (Bsp. Anthropozentrik: Menschen stehen auf der höchsten, schutzwürdigsten Stufe, gefolgt von anderen Primaten, Säugetieren etc.) (*Band 1, 3.1; Band 1, 3.2;* Abb. Band 1, 3.1; Abb. Band 1, 3.2).

- Zum anderen werden Verfahren der Einzelfallverhandlung als gradualistisch bezeichnet, wo es um die Urteilsbildung im Spannungsfeld aus konkreten Situationen und sehr allgemeinen ethischen Theorien geht. Zwischen beiden Extrempolen dienen weitere Stufen (Abstraktionsgrade) der methodischen Vermittlung (*Band 2, 1.1; Band 2, 2;* Abb. Band 2, 2).

**Kasuistik bzw. Situationsethik** hat drei Bedeutungen. Erstens wird darunter die Bearbeitung eines Einzelfalls unter allgemeinen ethischen Gesichtspunkten verstanden, zweitens das analogische/disanalogische Vergleichen und Ordnen konkreter (Präzedenz-) Fälle und drittens im didaktischen Sinne die Vermittlung allgemeiner, abstrakter Normen anhand konkreter Beispiele. Für die ersten beiden Bedeutungen lassen sich weiterhin unterscheiden:

- **retrospektive Kasuistik:** die Behandlung bereits real vorliegender, situationsspezifischer Konflikte im Umgang mit Technik *(Band 2, 1.3)*
- **prospektive Kasuistik:** auf der Antizipation von Zukunftsszenarien aufbauende Behandlung möglicher, aber noch nicht real eingetretener Einzelfälle *(Band 2, 1.3)*
- **vier Wege der Kasuistik:** Methodisch lässt sich in der Kasuistik sowohl bottom-up als auch top-down verfahren, jeweils logisch-ableitend oder analogisch-vergleichend (*Band 2, 2;* Abb. Band 2, 2)

**Kriterien** sind Merkmale bzw. Anforderungen, die zur Bestimmung einer Begründung, Entscheidung oder Ordnung dienen können:

- **Begründungskriterien:** beziehen sich so wie Kriterien ethischer Theorien auf die Geltung ethischer Theorien und Prinzipien („Was müssen Theorien in der Ethik leisten, um sich nicht bloß „Theorie“ zu nennen, sondern zu Recht auch als solche gelten zu dürfen?“) *(Band 1, 4.5; Band 2, 2)*
- **Entscheidungskriterien:** werden in der angewandten Ethik in gradualistischen, kasuistischen Verfahren im Bezug zu allgemeinen ethischen Theorien auf Einzelfälle angewendet (z. B.: „Als Entscheidungskriterien, ob ich heute ausnahmsweise lügen darf, kommen Handlungsmotive und Handlungsfolgen in Betracht, denen entsprechend komme ich zum Schluss...“) *(Band 2, 1.1; Band 2, 2)*
- **ethisch relevante empirische Kriterien:** dienen der ethischen Urteilsbildung als zusätzliche, erfahrungsbasierte, beschreibende Faktoren, die jedoch nicht mit normativ-wertenden Kriterien verwechselt werden dürfen (z. B.: „Gibt es relevantes empirisches Wissen, das uns bei der Umsetzung der ethischen Norm der Schadensvermeidung im Straßenverkehr hilft?“) *(Band 1, 4.7; Band 2, 1.1; Band 2, 2)*

- **Kriterien ethischer Theorien:** beinhalten unter anderem Anforderungen an Klarheit, Einfachheit, Widerspruchsfreiheit, Begründung, Nachvollziehbarkeit, Universalisierbarkeit oder das Vermeiden von Fehlschlüssen etc. *(Band 1, 4.5; Band 1, 4.6; Band 2, 1.1; Band 2, 2)*
- **Ordnungskriterien:** betreffen die analogisch und disanalogisch erarbeiteten Taxonomien konkreter Einzelfälle in der prospektiven und retrospektiven Kasuistik (z. B.: „Gehören die beiden Fälle zusammen weil aus gleichen Motiven heraus gehandelt wurde, oder gehören sie nicht zusammen, weil die jeweiligen Folgen völlig verschieden sind?") *(Band 2, 1.3; Band 2, 2)*

**Metaethik** ist eine formale Wissenschaft, die auch als analytische Ethik oder Sprachethik bezeichnet wird. Sie behandelt die Sprache und Logik ethischer Theorien, Kriterien, Prinzipien und Argumente, schließt aber auch die Alltagssprachen moralischen Lebens ein *(Band 1, 2.1; Band 1, 4.1; Band 1, 4.5).*

**Mittlere Prinzipien bzw. *Prima-facie*-Regeln** bezeichnen eine mittlere Stufe im Gradualismus angewandter Ethik. Sie sind also allgemein genug, um in verschiedenen singulären Situationen zu gelten, jedoch bei weitem nicht so abstrakt wie ethische Theorien. Als provisorische Leitlinien haben sich „bis auf Widerruf" die mittleren Prinzipien der Autonomie, Schadensvermeidung und Gerechtigkeit sowie des Wohlwollens bewährt *(Band 2, 1.1; Band 2, 1.2).*

**Moral bzw. Sitte** beschreibt Verhaltensnormen innerhalb menschlicher Lebensstile. Diese umfassen Gebote und Verbote, Überzeugungen oder Orientierungen, drücken sich in Sanktionen, Ritualen, Gewohnheiten, (moralischen) Urteilen oder Institutionen menschlichen Handelns aus. Sie ist eines der wesentlichen Kennzeichen menschlichen Sozialverhaltens, sowohl in Bezug zu anderen Personen als auch in Bezug zu natürlichen und kulturellen Umwelten. Es gibt nicht die eine perfekte Moral, sondern viele verschiedene normative Lebensstile, die sich teils diametral entgegenstehen können (Beispiel: Der moralische Wert politischer Freiheit und Mitbestimmung jeder Einzelnen wird nicht in allen Gesellschaften gleichermaßen anerkannt und gelebt, was zu gewaltsamen Konflikten führen kann). Wir sind uns unserer Moral meist nicht bewusst. In der deskriptiven Ethik ist Moral der Gegenstand beschreibender wissenschaftlicher Forschungen, in der normativen Ethik der wertenden, rationalen Reflexion. Durch Kodizes werden moralische Verhaltensnormen explizit und standardisiert festgeschrieben (*Band 1, 3.4;* Abb. Band 1, 3; Abb. Band 1, 5.1).

**Normative Ethik** ist die Wissenschaft von der Reflexion und rationalen Beurteilung von Moral (*Band 1, 4.1;* Abb. Band 1, 5.1).

**Pragmatismus bzw. Pragmatik** in der Ethik meint problemorientiertes Vorgehen zur Lösung konkreter Fälle in konkreten Situationen – jenseits abstrakter Prinzipienreiterei oder unauflösbarer theoretischer Fundamentaldebatten. Dies geschieht häufig unter Unsicherheit und Dringlichkeit bzw. Zeit- und Handlungsdruck *(Band 2, 1.1).*

**Selbstzweckformel** bedeutet das auf Immanuel Kant zurückgehende Prinzip, Menschen stets als in sich wertvoll zu begreifen und niemals als bloßes Mittel zum Zweck. Sklaverei ist dementsprechend verboten. Davon zu unterscheiden ist das Zweck-Mittel-Schema der *Technik,* das auch als eigener *Technikbegriff* auftritt (siehe Einträge in III.) *(Band 1, 4.2; Band 3, 1).*

**(Wert-)Urteil** bezeichnet in der Moral die praktische, nicht unbedingt reflektierte oder ausgesprochene Entscheidungsfindungen innerhalb menschlicher Lebensstile. Sie basieren auf Gewohnheiten, Gefühlen, Intuitionen, Erfahrungen, Erziehung, Glauben etc. Häufig dienen moralische Urteile zur Bewertung der Handlungen anderer Menschen. Sie werden als unabhängig von Interessen und Zwecken, universell und allgemeingültig angesehen. Der mitschwingende Anspruch auf Allgemeingültigkeit kann zu starken Konflikten führen, wenn mit verschiedenen Lebensstilen auch verschiedene moralische Urteile der gleichen Handlung aufeinanderprallen. (Beispiel: Was ein Pädophiler aus seiner moralischen Sicht als erlaubt beurteilen könnte, wird in den moralischen Urteilen anderer resolut verboten und unter Strafe gestellt.) Ethische Urteile sind Entscheidungen, Gebote, Verbote, Argumente, Abwägungen oder Handlungsempfehlungen, die explizit ausgesprochen und hinsichtlich ihrer Annahmen, Motive, Interessen, Folgen etc. rational durchdacht werden (Beispiel: die rationale Begründung dafür, dass Pädophilie streng und ausnahmslos zu verbieten ist – auch wenn das Betroffene moralisch anders sehen mögen.) *(Band 1, 3.4):*

- **spezielles (Wert-)Urteil:** auf den Umgang in einer konkreten Situation gerichtet
  - **spezielles moralisches Urteil:** „Jetzt sollte ich … … mit dem Hammer sehr vorsichtig sein …"
  - **spezielles ethisches Urteil:** „… denn ich darf jetzt, heute, hier anderen Menschen nicht schaden. Das ist so, weil …"
- **allgemeines (Wert-)Urteil:** auf generelle, situationsübergreifende Handlungen gerichtet
  - **allgemeines moralisches Urteil:** „Alle Menschen sollten … /Wir sollten immer … … beim Gebrauch von Werkzeugen auf die Sicherheit achten …"
  - **allgemeines ethisches Urteil:** „… denn alle Menschen/wir dürfen anderen Menschen nicht schaden. Das ist immer so, weil … … Es gibt aber auch Ausnahmesituationen, in denen für alle Menschen/uns stets durch das Recht auf Selbstverteidigung das Schädigen anderer erlaubt oder sogar geboten wird. Es gilt genau dann, wenn … … aus folgenden Gründen …"
- **außermoralisches Urteil:** auf instrumentelle Handlungen gerichtet, ohne erkennbares moralisches/ethisches Problem („Hammer 1 funktioniert besser als Hammer 2 …")

## II. Technikethik, Roboterethik und KI-Ethik

**Agent/agens/Akteur** bezeichnet Menschen, die etwas aktiv ausführen oder das Potenzial dazu besitzen:

- **moral agent/moralischer Akteur:** Menschen, die moralisch handeln und moralische Werte zuschreiben (bis auf seltene, strittige Ausnahmen jeder Mensch) *(Band 1, 3.4)*
  - **artificial/robotic moral agent:** moralfähige Maschine (unklarer Begriff)
- **ethical agent/ethischer:** Menschen, die ethisch handeln (deskriptiv und/oder normativ) und ethische Bedeutung zuschreiben (potenziell jeder Mensch) *(Band 1, 4.1; Band 1, 4.7)*
  - **artificial/robotic ethical agent:** ethikfähige Maschine (unklarer Begriff)
  - **descriptive ethical agent:** Menschen, die deskriptive Ethik betreiben (Beispiel: empirische Sozialforschung)
  - **artificial/robotic descriptive ethical agent:** der deskriptiven Ethik fähige Maschinen (unklarer Begriff; Beispiel: Algorithmen zur Verhaltensprognose, personalisierten Werbung etc.: Sind das technische Akteure oder Werkzeuge in den Händen menschlicher Akteurinnen?) *(Band 3, 6.2; Band 3, 6.3)*
  - **normative ethical agent:** Menschen, die normative Ethik betreiben (Beispiel: Technikethik, wo über Moral reflektiert und rational geurteilt wird)
  - **artificial/robotic normative ethical agent:** der normativen Ethik fähige Maschinen (unklarer Begriff)
- **artificial/robotic social agent:** Maschinen, die in sozialen Relationen für, mit und durch Menschen interagieren (Beispiel: Social Robot); Schlüsselbegriff der Robophilosophy: „Artificial social agents" sind mehr als nur auf Moral oder Ethik beschränkte „artificial moral agents" oder „artificial ethical agents". Dementsprechend thematisiert Robophilosophy ein breiteres Themenspektrum als Roboterethik (Ebene II, = Maschinenethik). Da jedoch soziale Handlungen zumindest bei Menschen immer moralisch – wenn auch sehr verschieden – sind, ist diese Trennung aus anthropozentrischer Sicht, also bei „human social agents", nicht gegeben (Roboterethik Ebene I, = Technikethik, angewandte Ethik) *(Band 3, 2.1)*

**Anthropomorphismus bzw. Anthropomorphisierung** ist Vermenschlichung nichtmenschlicher Dinge durch Sprache oder menschenähnliches Design. Aber auch die Formung von Umwelten und Technik durch oder für Menschen kann damit bezeichnet sein *(Band 1, 4.6; Band 3, 2.1)*.

**Fehlschlüsse** sollen in methodisch akzeptablen Urteilen, Argumenten, Theorien und Begründungen der Technikethik vermieden werden. Die bedeutendsten Fehlschlüsse spielen sich an der Grenze zwischen normativ-wertender und empirisch-beschreibender Rede ab. Hierzu zählen:

- **anthropomorpher Fehlschluss:** Maschinen werden beschrieben und beurteilt, so als ob sie Menschen wären (*Band 1, 4.6; Band 2, 2; Band 2, 2.1;* Abb. Band 2, 2)
- **epistemischer Fehlschluss:** wenn von der Simulation der Resultate impliziten Wissens durch eine KI auf das tatsächliche Vorhandensein impliziten Wissens in der KI geschlossen wird *(Band 4, 1.2)*
- **moralistischer Fehlschluss:** wenn nur auf das Sollen gesehen wird, nicht jedoch auch auf die Mittel zur Umsetzung dessen und/oder wenn durch moralisierende Pedanterie unnötig ethische Probleme erzeugt werden, die dann wiederum von drängenderen Problemen ablenken *(Band 1, 4.7)*
- **naturalistischer Fehlschluss:** wenn das moralisch Gute definiert wird durch außermoralisch Gutes (z. B.: „Das ist ein pragmatisch *guter* Hammer, der seinen instrumentellen Zweck *gut* erfüllt. Du bist ein *guter* Mensch, genauso wie der Hammer!") (*Band 1, 4.6; Band 2, 2; Band 2, 2.1;* Abb. Band 2, 2)
- **robomorpher Fehlschluss:** Menschen werden technisch-funktional beschrieben und beurteilt, so als ob sie bloße Maschinen wären (*Band 1, 4.6; Band 2, 2; Band 2, 2.1;* Abb. Band 2, 2)
- **schwacher algorithmischer Fehlschluss:** Algorithmen, Turing-Maschinen bzw. Computern wird irrtümlicherweise Verantwortung zugeschrieben *(Band 3, 6.2)*
- **Sein-Sollen-Fehlschluss:** wenn von empirisch-deskriptiven Seins-Aussagen auf Sollens-Aussagen geschlossen wird (z. B.: „Das da ist ein zweckdienlicher Hammer und *darum musst* du zwar nicht gleich den Weltfrieden herstellen, aber auf die Sicherheit deiner Kolleginnen *solltest* du schon mehr achten!") (*Band 1, 4.6; Band 2, 2; Band 2, 2.1;* Abb. Band 2, 2)
- **semantischer Fehlschluss:** wenn die technischen Tiefenstrukturen von Computertechnik (diskrete Zustände, formale Maschinensprachen etc.) mit den analogen, sprachlichen Tiefengrammatiken zwischenmenschlicher Kommunikation verwechselt werden (z. B.: „Der Chatbot schreibt auf dem Bildschirm den gleichen Satz, wie ich gestern in meiner E-Mail. Also meint er auch das Gleiche wie ich.") *(Band 4, 2.3)*
- **starker algorithmischer Fehlschluss:** liegt vor, wenn menschliche und/oder biologisch-evolutionäre Eigenschaften Algorithmen, Turing-Maschinen bzw. Computern zugeschrieben werden *(Band 3, 5.2)*

**KI-Ethik bzw. AI ethics** ist 1. die Wissenschaft von der Moral im Umgang mit KI (eine Teildisziplin der Technikethik und angewandten Ethik), sowie eine Bezeichnung für 2. moralische KI, 3. ethische KI und 4. KI, die funktional Robotergesetzen folgt. 2., 3. und 4. werden auch in der Maschinenethik angesprochen. KI-Ethik wird neuerdings teilweise als Synonym, teilweise als Substitut für Roboterethik gebraucht. Dabei läuft der Unterschied zwischen beiden Konzepten auf die Frage hinaus, ob sich KI und Roboter überhaupt hinreichend präzise und trennscharf definieren lassen. Schließlich sind beides computerbasierte Technologien, die als sehr breite Sammelbegriffe eine Vielzahl konkreter Technologien mit mannigfaltigen Überschneidungen einschließen. Unabhängig davon und von ethischer Seite her betrachtet, sind Roboterethik und

KI-Ethik synonyme Begriffe (*Band 1;* besonders: *Band 1, 2.1; Band 1, 2.2; Band 1, 6.2; Band 1, 6.3;* Abb. Band 1, 2.1; Abb. Band 1, 2.2; Tab. Band 1, 6.2).

**Maschinenethik bzw. Machine Ethics** Sammelbegriff für Überlegungen zu „artificial moral agents“ (moralfähiger Technik) und/oder „artificial ethical agents“ (ethikfähiger Technik) und/oder Robotergesetzen. Sie bezieht sich auf Ebene II der Roboterethik *(Band 1, 6.3).*

**Patient (englisch)/patiens/Patient (deutsch)** benennt jemanden oder etwas, der oder das behandelt wird, etwas passiv erleidet, dem etwas zukommt:

- **moral patient/moralischer Wertträger:** wird ein moralischer Wert zugeschrieben, ist moralisch wertvoll und Gegenstand/Objekt moralischen Handelns (Beispiel: schützenswerte Ökosysteme) *(Band 1, 3.4)*
- **artificial/robotic moral patient:** eine moralisch wertvolle Maschine, die eigene Rechte verdient hat (unklarer Begriff)
- **ethical patient/ethisches Objekt:** Gegenstand ethischer Reflexion/Urteilsbildung (Beispiel: 1. moralphilosophische Theorien, moralisches Leben und moralische Konflikte, 2. moralische Akteure, 3. das, was Gegenstand moralischer Handlungen ist) *(Band 1, 4.1)*
- **artificial/robotic ethical patient:** alle Objekte, die in der Ethik wissenschaftlich untersucht werden und ihren Ursprung nicht in menschlichen Handlungen haben (also eigentlich keine Technik mehr sind), sondern von „artificial moral agents“ oder „artificial ethical agents“ ausgehen (unklarer Begriff)

**Prinzip der Bedingungserhaltung** ist ein Imperativ im Bereich der prospektiven, kollektiven Langzeitverantwortung. Nach Christoph Hubig und Klaus Kornwachs lautet es: „Handle so, dass die Bedingungen zur Möglichkeit verantwortlichen Handelns für alle Betroffenen erhalten bleiben.“ *(Band 2, 4)*

**Provisorische Moral** bezeichnet in der Technikethik – ähnlich dem ethischen Pragmatismus – problemorientiertes Handeln sowie Urteilsbildung unter normativer Unsicherheit. Moral und ihre Leitlinien werden bewusst als vorläufig und fehlbar akzeptiert. Sie müssen für begründete Revisionen, Ergänzungen oder Anpassungen im Angesicht neuer technischer Entwicklungen offen sein *(Band 2, 1.1).*

**Robomorphismus bzw. Robomorphisierung** ist das Gegenteil von Anthropomorphisierung und meint das Behandeln und Beschreiben von Menschen so, als ob es sich dabei um Maschinen handeln würde. In der Technikethik führt das zu unzulässigen (robomorphen) Fehlschlüssen. Im weiteren Sinne können davon auch Tiere und Pflanzen betroffen sein. Robomorphisierung meint darüber hinaus auch die Veränderung von Dingen durch bestimmte Maschinen oder dem Design bestimmter Maschinen entsprechend *(Band 1, 4.6; Band 2, 2.1).*

**Robophilosophy** adressiert auf Dialog und Kooperation angelegte transdisziplinäre Forschungen zu Social Robots und Mensch-Roboter-Interaktionen, die über Roboterethik als spezialisierte Disziplin hinausreichen. Zum einen sollen soziale Prozesse in ihren theoretischen, nicht nur moralischen oder ethischen Grundlagen behandelt werden. Herausgefordert durch „artificial social agents" wird zum anderen eine Neuformulierung philosophischer Grundlagen angestrebt. Der Begriff wurde ab ca. 2013 von Johanna Seibt geprägt und ist durch eine gleichnamige Konferenzserie bekannt geworden *(Band 1, 6.3; Band 3, 2.1).*

**Roboterethik bzw. Robot Ethics/Roboethics** umfasst zwei Ebenen und vier Bedeutungen, die sich anhand der beiden Genitivformen von „Ethik der Roboter" nachvollziehen lassen:

- Ebene I *(Genitivus obiectivus)* ist die Wissenschaft von der Moral im Umgang mit Robotern (also eine Teildisziplin der Technikethik und angewandten Ethik), die von Menschen vollzogen wird (Bedeutung 1)
- Ebene II *(*Genitivus subiectivus*)* kennzeichnet Roboter als Subjekte der „Ethik", sie werden nicht nur als wissenschaftliche Objekte behandelt, sondern sind in sich selbst „ethisch":
  - moralisch handelnde Roboter, „artificial moral agents" (Bedeutung 2)
  - ethisch urteilende Roboter, „artificial ethical agents" (Bedeutung 3)
  - Roboter, die funktional Robotergesetzen folgen (Bedeutung 4)

Entsprechend der jeweiligen Bedeutung werden verschiedene Forschungsfragen gestellt und behandelt. Ebene II ist auch Gegenstand der Maschinenethik. Roboterethik wurde ab 2004 vor allem durch Arbeiten von Gianmarco Veruggio thematisiert und hat sich seitdem zu einem international differenziert und kontrovers diskutierten Forschungsfeld entwickelt. KI-Ethik wird neuerdings teilweise als Synonym, teilweise als Substitut für Roboterethik gebraucht. Dabei läuft der Unterschied zwischen beiden Konzepten auf die Frage hinaus, ob sich KI und Roboter überhaupt hinreichend präzise und trennscharf definieren lassen. Schließlich sind beides computerbasierte Technologien, die als sehr breite Sammelbegriffe eine Vielzahl konkreter Technologien mit mannigfaltigen Überschneidungen einschließen. Unabhängig davon und von ethischer Seite her betrachtet sind Roboterethik und KI-Ethik synonyme Begriffe (*Band 1;* besonders: *Band 1, 2.1; Band 1, 2.2; Band 1, 6.2; Band 1, 6.3;* Abb. Band 1, 2.1; Abb. Band 1, 2.2; Tab. Band 1, 6.2).

**Robotergesetze bzw. Asimovsche Gesetze** sind für Maschinen formulierte Prinzipien, Verpflichtungen und Verbote, um deren Funktionen oder Handlungen – nur wenn sie „artificial moral agents" sind – zu regulieren (Ethos für Maschinen). Sie werden in menschlicher Sprache formuliert und bauen auf der Annahme einer bedeutungsgleichen Übersetzbarkeit in Maschinensprachen auf. Berühmt wurden Isaac Asimovs Robotergesetze, die in einer Version aus drei und einer weiteren aus vier Gesetzen überliefert sind *(Band 1, 5.3).*

**(Technical) ethics guidelines** sind Kodifizierungen moralischer Prinzipien, Gebote und Verbote, zur Regulierung des Umgangs mit Technik (Ethos für Menschen). Sie enthalten manchmal Hinweise zur praktischen Umsetzung und richten sich an entsprechend ausgewählte Zielgruppen (Beispiel: stakeholderorientierte Regulierung von Robotern und KI auf EU-Ebene). Sie werden von Ethik-Rätinnen, Ethik-Komitees oder anderen Arbeitsgruppen bzw. Gremien eigens erarbeitet – und dabei mehr oder weniger fundiert ethisch, also wissenschaftlich, geprüft. Im Regelfall sind sie an Menschen gerichtet und darum nicht mit Robotergesetzen zu verwechseln *(Band 1, 5.1; Band 1, 5.2).*

**Technikethik** ist die Wissenschaft von der Moral technischen Handelns. Sie weist ein breites thematisches, begriffliches, methodisches und theoretisches Spektrum auf. Im idealen Stammbaum der Wissenschaften ist sie eine Teildisziplin der angewandten Ethik, wendet sich also der ethischen Praxis zu, abgegrenzt zur Umweltethik, Medizinethik, den Ingenieurwissenschaften oder der empirischen Sozialforschung. Jedoch weist sie mit inhärenten transdisziplinären Bezügen über eine bloß spezialisierte disziplinäre Nische hinaus. Paradigmatisch hierfür steht die Roboterethik, die eigentlich wiederum eine Spezialisierung der Technikethik darstellt, jedoch die transdisziplinären Radialkräfte verstärkt. Technikethik ist anthropozentrisch ausgelegt, bezeichnet also das durch Menschen vollzogene wissenschaftliche Reflektieren von technischen Handlungen, die ebenfalls von Menschen vollzogen werden (Ebene I). Durch die Roboterethik wird eine zusätzliche Ebene (II) eröffnet, in der moralische oder ethische Funktionen/Handlungen von Maschinen bezeichnet sind. Damit eröffnet sich die Option einer robozentrischen Technikethik, in welcher technische Systeme als moralische oder ethische Akteure mit Menschen auf einer Stufe stünden. Diese Option scheitert jedoch an diversen logischen, methodischen und praktischen Fehlern *(Band 1, 2; Band 1, 6; Band 2, 2; Band 2, 5).*

**Technikethischer Imperativ** meint, auf der epistemischen Norm der Unterscheidung von Information und Kommunikation nach Peter Janich aufbauend: „Du sollst Informationstechnologien nicht ethisch bewerten, so als ob das Reden über Messwerte gleich dem Reden über moralische Werte wäre." Darüber hinaus lassen sich weitere Imperative wie das Prinzip der Bedingungserhaltung der Technikethik zuordnen *(Band 2, 2.2; Band 2, 4)*

**Verantwortung** übernehmen bzw. sich verantworten bedeutet allgemein, Rede und Antwort zu stehen bzw. auch zu etwas stehen oder für etwas einstehen. Wer etwas nicht verantworten kann, steht nicht zu einer Handlung/Entscheidung, wird sie also weder vor sich selbst noch vor anderen rechtfertigen können, und sollte sie folglich unterlassen. Ansonsten verhält sich die entsprechende Person verantwortungslos und muss mit Konsequenzen rechnen. Verantwortung ist relationale Rechtfertigung, gekennzeichnet durch zumindest sechs verschiedene *Relata (Band 2, 4):*

1. Subjekt („Jemand ist")
2. Objekt („für etwas")
3. Adressaten („gegenüber einem oder mehreren Adressaten")
4. Instanz („vor einer Instanz")
5. Kriterium („in Bezug auf ein präskriptives, normatives Kriterium")
6. Bereich („im Rahmen eines Verantwortungsbereichs verantwortlich")

Dabei sind verschiedene Arten der Verantwortung zu unterscheiden:

- **allgemeine, universalmoralische Verantwortung:** geht über spezifische Rollen- und Aufgabenverantwortung hinaus *(Band 2, 4)*
- **individuelle Verantwortung:** bezieht sich auf die Verantwortung konkreter, einzelner Menschen innerhalb eines gesellschaftlichen Rahmens (kollektive Verantwortung) *(Band 2, 4)*
- **Ingenieurverantwortung:** betrifft im Besonderen die Berufsgruppe der Ingenieurinnen (1.) und ihre Verantwortung für technische Praxis (2.), im Bereich des Umgangs mit Ingenieurtechnik (6.) (aufgrund spezifischen Ingenieurinnenwissens). Hierzu zählen neben der allgemeinen besonders die instrumentelle, strategische und technische Verantwortung *(Band 1, 5.2; Band 2, 4)*
- **Instrumentelle Verantwortung:** innerhalb der Ingenieurverantwortung für den bestimmungsgemäßen Gebrauch einer Technik einschließlich Information und Aufklärung über Risiken *(Band 2, 4)*
- **Kausalverantwortung:** entspricht der empirisch-deskriptiven Beziehung aus Ursache und Wirkung, sie ist nicht mit normativer Verantwortung zu verwechseln *(Band 2, 4)*
- **Langzeitverantwortung:** meint Verantwortung, nicht nur individuell, sondern auch kollektiv zu denken, maßgeblich in der Technikethik sind hierzu Arbeiten von Hans Jonas und Hans Lenk *(Band 1, 5.2; Band 2, 4):*
  - Gemeinschaften haben sich zu verantworten (1.)
    gegenüber anderen Gemeinschaften, die unter Umständen noch gar nicht geboren sind (3.),
    aber auch als Instanz auftreten können (4.) (Beispiel: Wie willst du das deinen Enkeln in Zukunft erklären?)
  - zum Beispiel bezogen auf das normative Kriterium der Nachhaltigkeit (5.)
  - im Bereich ökologischen Handelns (6.)
- **kollektive, korporative bzw. kooperative Verantwortung:** betrifft gemeinschaftliches Handeln und den gesellschaftlichen Rahmen, innerhalb dessen Individuen für ihr konkretes singuläres Schaffen verantwortlich sind (individuelle Verantwortung) *(Band 2, 4)*
- **normative Verantwortung:** wenn sich jemand vor anderen Menschen für eine Handlung verantworten muss, sie ist nicht mit Kausalverantwortung zu verwechseln *(Band 2, 4)*
- **prospektive Präventionsverantwortung:** ist auf die Zukunft gerichtet, um das Eintreten von Fällen vorausschauend zu verhüten *(Band 2, 4)*
- **Rollen- und Aufgabenverantwortung:** ist häufig an den professionellen Arbeitsalltag oder andere spezifische Handlungsbereiche gebunden, z. B. Ingenieurverantwortung *(Band 2, 4)*
- **technische Verantwortung:** innerhalb der Ingenieurverantwortung für die Qualität eines Produktes entsprechend dem Stand der Technik *(Band 2, 4)*
- **strategische Verantwortung:** als Aspekt der Ingenieurverantwortung die Verantwortung für Handlungspotenziale im Umgang mit Ingenieurtechnik betreffend,

besonders im Hinblick auf Umnutzung und Nebeneffekte (z. B.: die verantwortungsvolle Definition von Merkmalen technischer Produkte oder Verfahren sowie die Aufklärung über bestimmungsgemäßen Gebrauch und Gefahren durch Fehlverwendung mittels Bedienungsanleitungen, Handbüchern und technischen Dokumentationen) *(Band 1, 5.2; Band 2, 4)*
- **Systemverantwortung:** betrifft das Ineinander aus individueller und kollektiver Verantwortung in komplexen sozialen und technischen Systemen, sie ist Gegenstand aktueller Forschungen und nicht abschließend geklärt *(Band 1, 6.2; Band 2, 4)*
- **Verursacherverantwortung:** betrifft den Rückblick, wenn ein Fall eingetreten ist *(Band 2, 4)*

**Zentrik/Zentrismus** bezeichnet verschiedene Sichtweisen auf die Position der Menschen im Verhältnis zu anderen Lebewesen oder Dingen. Sie kennzeichnen verschiedene kulturelle Lebensstile, religiöse Weltbilder und Praktiken, moralische Überzeugungen oder Ideologien, aber auch methodisch relevante Heuristiken (*Band 1, 3.1; Band 1, 3.2;* Abb. Band 1, 3.1; Abb. Band 1, 3.2):

- **Anthropozentrik/Anthropozentrismus:** Menschen und ihre Handlungen stehen im Mittelpunkt:
  - **methodisch-sprachkritische Anthropozentrik:** trägt wesentlich zur Begründung der Technikethik als rationaler, methodischer Wissenschaft bei, insofern Sinn und Bedeutung ethischer Prinzipien, Theorien, Normen, Werte, Verbote, Gebote etc. abhängig sind von aktiv handelnden Menschen; der menschenwürdige Umgang mit Endlichkeit, Verletzlichkeit und Ungleichheiten (Asymmetrien) bildet Leitlinien der Technikethik; der Eigenwert von Ökosystemen wird darüber hinaus von Menschen aktiv anerkannt *(Band 2, 2)*
- **Biozentrik/Biozentrismus:** alle Lebewesen, inklusive Menschen, stehen auf einer Stufe
- **Physiozentrik/Physiozentrismus/Holismus:** die komplette belebte und unbelebte Natur steht auf einer Stufe
- **Technozentrik/Technozentrismus:**
  - Sind Natur und Kultur gleich, dann geht Technozentrik in Physiozentrik auf oder dient als methodischer Begriff, um eine Teilmenge der Physiozentrik anzusprechen
  - Sind Natur und Kultur nicht gleich, dann bezeichnet Technozentrik die Erweiterung der Physiozentrik um Kulturgüter oder sogar einen alternativen Holismus (den der Kultur im Gegensatz zu Natur)
- **Robozentrik/Robozentrismus:** rückt bestimmte Technologien in den Mittelpunkt, die auf einer Stufe mit anderen technischen Kulturgütern *(technozentrische Robozentrik)* und/oder der gesamten Natur stehen *(physiozentrische Robozentrik),* oder herausgehoben nur auf einer Stufe mit anderen Lebewesen *(biozentrische*

*Robozentrik),* oder weiter erhoben nur mit Menschen auf Augenhöhe *(anthropozentrische Robozentrik)* stehen, die menschliche Position in einer Art Symbiose transformieren/übersteigen *(transhumanistische Robozentrik)* oder sogar überwinden *(posthumanistische Robozentrik) (Band 3, 2.1)*

## III. Technik, Technologie und Ingenieurin

**Ingenieurtechnik** ist gekennzeichnet durch Standardisierung sowie Normierung von Kenngrößen und Baugruppen. Sie schließt Technologien auf Grundlage mathematischer, physikalischer, chemischer oder biologischer Theorien, Berechnungen und Modelle ein. In Tests findet sie ihr praktisches Pendant zu Experimenten in den Naturwissenschaften *(Band 2, 3.2).*

**Ingenieurwissen** ist nicht auf die Anwendung naturwissenschaftlichen Wissens beschränkt, sondern reicht deutlich darüber hinaus. Es bezeichnet eine Vielzahl eigenständiger Erkenntnisformen, deren theoretische Ansprüche auf handwerklichem, künstlerisch-gestalterischem Wissen sowie kreativer Imagination aufbauen. In der Laborforschung oder bei Experimenten kann naturwissenschaftliches Forschen (teilweise) als Anwendung von Ingenieurwissen begriffen werden *(Band 2, 3.2).*

**Kategorien technischer Mittel** werden anhand ihrer kulturhistorischen Entwicklungsstufen sowie der Kriterien Energie, Bewegung/Prozess und Intention/Rahmen unterschieden. Sie bilden eine eigene Taxonomie aus, die nicht zu verwechseln ist mit der Klassifikation der *Technikbegriffe* (s. u.), den *Charakteristika technischen Handelns* oder den *Perspektiven technischer Praxis* (siehe Einträge in IV.) (*Band 4, 5.2; Band 4, 5.3;* Abb. Band 4, 5.2; Abb. Band 4, 5.3):

1. **Handwerkzeug** = alle Aspekte einer technischen Handlung gehen vom menschlichen Leib aus
2. **Maschine** = 1. + Energieerzeugung wird in das technische Mittel verlegt
3. **Automat** = 2. + Implementierung körperlicher Routinebewegungen
4. **Computer** = 3. + Implementierung intellektueller Routineprozesse (Ausnahme: mechanische, handbetriebene Rechenmaschinen: 1. + …)
5. **schwache KI** = 4. + Implementierung intellektueller Problemlösungsprozesse
6. **(technische) eingebettete Autonomie** = 5. + Implementierung körperlicher Problemlösungsprozesse
7. **(technische) Semiautonomie** = 6. + Implementierung von Zielsetzungsprozessen
8. **(technische) Autonomie/starke KI** = 7. + vollständige Zielsetzungs- und Kontrollautonomie eines technischen Systems

**Sprachtechnik** ist ein ausgesprochen vielfältiges Phänomen. Jede *Technik* und jeder *Technikbegriff* (s. u.) lassen sich anhand von Zeichen-, Laut- und Körpersprache aufschlüsseln. Verschiedene Ausprägungen werden sichtbar – denn es gibt nicht die eine Sprachtechnik. So ist z. B. das Beherrschen einer Leibestechnik zur verbalen Lauterzeugung eine andere Sprachtechnik als die stille Ganzkörpergeste der Pantomime. Bei einem Chatbot verbinden sich algorithmische Verfahrenstechnologie und Zeichensprache (*Band 4, 2.1;* Tab. Band 4, 2.1).

**Technik** bezeichnet im Kontext menschlich-kultureller Handlungen 1. praktische Kunstfertigkeiten (eine Technik beherrschen), 2. hergestellte Gegenstände (Artefakte), 3. Verfahren, 4. Systeme, 5. verwissenschaftlichtes, theoretisches Wissen (Technologie), 6. Medien der Selbst- und Weltverhältnisse, sowie 7. Zweck-Mittel-Relationen und deren Reflexion (*Band 2, 3.2;* Abb. Band 2, 3.2).

**Technikbegriffe** bezeichnen die verschiedenen Formen von Technik mit einer eigenen Syntax (s. o. *Technik*) (*Band 2, 3.2;* Abb. Band 2, 3.2):

- **Formaler Technikbegriff** = Kunstcharakter: 1. praktisches Wissen, Kunstfertigkeiten, Kompetenz
- **Kunstcharakter** = formaler Technikbegriff
- **Materieller Technikbegriff I** = Realtechnik = Sachtechnik: 2. Ding, Gegenstand, Artefakt
- **Materieller Technikbegriff II** = Verfahrenstechnik = Prozesstechnik: 3. Verfahren, Prozess
- **Medialität** = Medium: 6. Welt- und Selbstaneignung, Vermittlung, Mediation
- **Medium** = Medialität
- **Prozesstechnik** = materieller Technikbegriff II
- **Realtechnik** = materieller Technikbegriff I
- **Reflexionsbegriff** = Zweck-Mittel-Schema/Relation: 7. Reflexion von Technik als Mittel zum Zweck
- **Sachtechnik** = materieller Technikbegriff I
- **Systemtechnik:** 4. System/Netzwerk technischer Dinge und Handlungen
- **Technologie:** 5. theoretisches Wissen, Lehre der Technik
- **Verfahrenstechnik** = Materieller Technikbegriff II
- **Zweck-Mittel-Schema/Relation** = Reflexionsbegriff

**Technikwissenschaft bzw. Ingenieurwesen** stellt die Professionalisierung technologischer Praxis (im Umgang mit Ingenieurtechnik und auf Grundlage von Ingenieurwissen) in verschiedenen Disziplinen wie Maschinenbau, Elektrotechnik, Informatik etc. dar *(Band 2, 3.2).*

**Technologie** ist eine Sonderform von Technik, wo diese durch verwissenschaftlichtes, theoretisches Wissen angereichert zur Ingenieurtechnik wird *(Band 2, 3.2).*

## IV. Technische Praxis/technisches Handeln

**Asymmetrien bzw. Ungleichheiten** sind Kennzeichen technischen Handelns und in der Technikethik entsprechend zu berücksichtigen. Dabei geht es um diverse Arten der Unterschiedlichkeit, also des Nichtvorhandenseins von Symmetrie bzw. Gleichheit *(Band 2, 2.3):*

- **zwischenmenschliche Asymmetrien:** betreffen das gesellschaftliche Leben, das wiederum den Technikgebrauch prägt und selbst von technischen Handlungspotenzialen geprägt wird (Ungleichheiten zwischen Menschen, z. B. durch kommunikative, politische oder wirtschaftliche Macht)
- **Mensch-Technik-Asymmetrien:** betreffen den Umgang mit Technik und kommen in Mensch-Technik-Interaktionen zum Tragen (Ungleichheiten zwischen Menschen und technischen Mitteln, z. B. physische Robustheit von Roboterkörpern im Vergleich zum verletzlichen menschlichen Leib)
- In beiden Bereichen lassen sich wiederum unterscheiden:
  - **existenzielle Asymmetrien:** kennzeichnen menschliches Leben allgemein, z. B. Endlichkeit und Verletzlichkeit menschlichen Lebens im Vergleich zur Hoffnung auf ein ideales, unsterbliches und unverwundbares Leben
  - **normative Asymmetrien:** betreffen das zwischenmenschliche Miteinander, z. B. menschenwürdiger, gleichbehandelnder und gerechter/fairer Umgang mit sozialer Ungleichheit durch Bildung und Einkommen, Inklusion von Menschen mit Behinderungen/Handicaps oder Minderheiten
  - **empirisch-deskriptive Asymmetrien:** werden in der Beschreibung von Ungleichheiten technischer Mittel aufgedeckt und können als ethisch relevante empirische Kriterien der Mensch-Maschine-Interaktion dienen; in der deskriptiven Ethik sind sie Gegenstand der Beschreibung zwischenmenschlichen Lebens, jedoch methodisch-sprachkritisch nicht zu verwechseln mit normativer Ungleichheit, wo es um moralisch/ethisch relevante Wertungen geht (normative Ethik)
- Thematisch finden sich die verschiedenen Formen der Asymmetrie, z. B.:
  - Mensch-Tier-Pflanze-Maschine-Asymmetrie *(Band 3, 2.2; Band 3, 2.3)*
  - Asymmetrie durch Social Robots *(Band 3, 2.1)*
  - Asymmetrie in der Kriegsführung *(Band 3, 3)*

**Charakteristika technischen Handelns** sind Grundbausteine der Technikanalyse und Technikbewertung. Sie liefern hierfür Querschnittsthemen oder können als ethisch relevante Kriterien dienen. Neben Umnutzungen und historischen Abhängigkeiten von Macht, Entwicklungspfaden und Ökonomie zählen auch Nebeneffekte zu den bedeutendsten Charakteristika *(Band 2, 3.3; Band 2, 3.4).*

**Dual Use** wird insbesondere zur Bezeichnung der militärischen Nutzung ziviler Innovationen oder umgekehrt der zivilen Nutzung militärischer Innovationen gebraucht *(Band 2, 3.3).*

**Multistability** zielt auf die Umdeutungen sinnlicher Erfahrungen und sozialer Prozesse durch technische Medien wie Computervisualisierungen, Social-Media-Inhalte oder andere meist bildgebende Verfahren ab *(Band 2, 3.3).*

**Nebeneffekte** sind nicht beabsichtigte Begleiterscheinungen technischer Handlungen. Wie Nebenwirkungen treten sie zusammen mit der Realisierung des gewollten Zwecks auf. Beispiel: Atomenergie (Zweck der Atomtechnik), Atommüll (technischer Nebeneffekt), Antiatomkraftbewegung (sozialer Nebeneffekt), „Atompilz" (sprachlicher Nebeneffekt) *(Band 2, 3.3).*

**(technische) Oberflächenstruktur** bezeichnet die Schnittstelle, mit der in einer technischen Handlung umgegangen wird. Landläufig wird darunter auch das User Interface verstanden. Technische Oberflächenstrukturen stehen in relationaler Beziehung zum Wissen, das für eine gelingende technische Handlung nötig ist, sowie zu den *Perspektiven technischer Praxis* und den damit verbundenen *technischen Tiefenstrukturen* (s. u.). Z. B. ist eine Rennfahrerin primär kompetent im Umgang mit Lenkrad, Gangschaltung, Pedalen (Oberflächenstruktur der Nutzung), ein Servicetechniker hingegen im Auslesen der elektronischen Daten des Bordcomputers (Oberflächenstruktur Wartung) oder ein Ingenieur in der Konstruktion des Fahrwerks (Oberflächenstruktur Konstruktion) *(Band 4, 2.1).*

**Perspektiven technischer Praxis** lassen sich hinsichtlich der Akteursrollen, des Handlungswissens und der zugehörigen Verantwortlichkeiten im Umgang mit Technik unterscheiden (*Band 2, 3.1;* Tab. Band 2, 3.2; Tab. Band 2, 4.1).

- **Individualperspektiven:** werden konkreten, einzelnen Menschen zugeordnet:
  1. Grundlagenforschung
  2. Angewandte Forschung
  3. Konstruktion, Design, Entwicklung
  4. Logistik, Ressourcenbeschaffung
  5. Produktion, Fertigung
  6. Vertrieb, Handel, Marketing, Distribution
  7. Nutzung, Anwendung, Gebrauch, Konsum
  8. Wartung, Instandhaltung, Reparatur, Ersatzteilmanagement
  9. Entsorgung, Recycling
- **kollektive Perspektiven:** betreffen den gemeinschaftlichen Rahmen individueller Praxis:
  10. Soziotechnische Einbettung der Handlungsnormen für die Perspektiven 1–9 (z. B. Ethikräte, Berufskodizes, Kirchen/religiöse Glaubensgemeinschaften, Erziehung, Bildung, kulturelle Traditionen, Soft Skills, Wissen, Fertigkeiten etc.)
  11. Politische und juristische Regulierung der Handlungsnormen für die Perspektiven 1–10 (z. B. geltendes Strafrecht, Grenzwerte, Sicherheitsstandards, Haftungsregulierung, Patentrecht, DIN etc.)

**(technische) Tiefenstruktur** bezeichnet Aspekte technischer Mittel, die quasi hinter der jeweiligen Schnittstelle liegend für den Erfolg einer technischen Handlung bedeutend sind. Sie stehen in relationalen Beziehungen zum Wissen, das für eine gelingende technische Handlung nötig ist, sowie zu den *Perspektiven technischer Praxis* und den damit verbundenen *technischen Oberflächenstrukturen* (s. o.). Z. B. muss eine Rennfahrerin für den erfolgreichen Umgang mit Lenkrad, Gangschaltung und Pedalen (Oberflächenstruktur der Nutzung) nur wenig wissen über die Konstruktion des Fahrwerks (Tiefenstruktur der Nutzung). Ein Entwickler hingegen sollte vor allem firm sein im Design von Fahrwerken (Oberflächenstruktur der Konstruktion), braucht aber nicht das spezialisierte Können einer Rennfahrerin auf der Piste (Tiefenstruktur der Konstruktion) *(Band 4, 2.1)*.

**Umnutzung bzw. Umdeutung** bezeichnet die Vielfältigkeit technischer Praxis/ technischer Handlungen. Wie materielle technische Gegenstände, so lassen sich auch Worte umdeuten. Beispiel: Eine Computermaus kann zum Spielen oder Arbeiten genutzt werden, jenseits der Herstellervorgaben lässt sich das Kabel auch als Mordwaffe zweckentfremden; das Wort „Maus" kann ein „Eingabegerät" meinen oder ein Nagetier *(Band 2, 3.3; Band 4, 2)*.

**Zweckentfremdung** ist die unvorhersehbare, von Herstellerinnen und Entwicklerinnen nicht intendierte Anwendung technischer Mittel. Beispiel: Ein Küchenmixer wird als Teil einer Kunstinstallation umgenutzt *(Band 2, 3.3)*.

## V. Entwicklung und Geschichte

**Begriffsgeschichten bzw. Sprachgeschichten** umfassen die kulturhistorischen Entwicklungen des Sprechens, der verschiedenen Worte und ihrer Bedeutungen im Wandel der Zeit. Sie wirken in die Gegenwart hinein und sind dynamisch verflochten mit Ideen- und Realgeschichten *(Band 3, 5.1)*.

**Entwicklungspfade** lassen sich für konkrete Techniken, Sprachen, Kompetenzen, Wissen oder soziale Normen bzw. Gewohnheiten rekonstruieren. Beispiel: Zuerst wird das Rad erfunden, dann sind Töpferscheibe oder Wagen auf diesem Entwicklungspfad möglich, gleichzeitig werden neue Redeweisen zur Bezeichnung dieser Innovationen gefunden, und soziale Normen der Geschirrverwendung sowie Mobilität wandeln sich *(Band 2, 3.4; Band 4, 5.2; Band 4, 5.3)*.

**Hintergrundstrahlung, historische bzw. kulturelle,** beschreibt in loser, metaphorischer Analogie zur kosmischen Hintergrundstrahlung die Wirkungen vergangener menschlicher Handlungen auf die Gegenwart. Sie schließt Sprachgeschichte ein, wie auch Politik-, Sozial- oder Wirtschaftsgeschichte. In der Philosophiegeschichte wird sie mit Blick auf Ethik erforscht, in der Technik- und Wissenschaftsgeschichte für die entsprechenden Bereiche *(Band 1, 2.3)*.

**Ideengeschichten** umfassen die visionären Seiten historischer Technikentwicklungen. Kulturell geprägte Gedanken, Fantasie, Science Fiction etc. können die technischen Handlungen von Menschen und die damit verbundenen Dynamiken technischer

Entwicklungen unterschiedlich stark beeinflussen. Sie wirken in die Gegenwart hinein und sind dynamisch verflochten mit Begriffs- und Realgeschichten *(Band 3, 5.1)*.

**Kulturhöhe** bezeichnet den historisch entstandenen technischen Entwicklungsstand. Sie ergibt sich aus einer Verkettung von Bewährungsmustern technischer Praxis. Je nach Gesellschaft und Technik treten verschiedene Kulturhöhen auf, die sich mannigfaltig wechselseitig beeinflussen können. Kulturhöhe ist kein Synonym für Zivilisation oder Zivilisiertheit *(Band 2, 3.2; Band 2, 3.4; Band 4, 5.2; Band 4, 5.3)*.

**Pfadkopplungen bzw. Konvergenzen** entstehen bei der Verbindung technischer Entwicklungspfade bzw. Konvergenzlinien zu neuen Formen technischen Handelns. Beispiel: Atombomben + Flüssigtreibstoffraketen + U-Boote = strategische Nuklearwaffen *(Band 2, 3.4)*.

**Philosophiegeschichte** ist eine Kerndisziplin der Philosophie und beschäftigt sich mit der historischen Entwicklung von Autoren, Werken, Begriffen, Methoden, Prinzipien etc., ihren Voraussetzungen, zeitlichen Bezügen und Folgen – einschließlich theologischer, politischer, wirtschaftlicher etc. Wechselwirkungen. Da bis ins 19. Jahrhundert die heutigen Trennungen einzelner Fachbereiche noch nicht vorlagen, ist Philosophiegeschichte bis in die frühe Neuzeit ein Synonym für Wissenschaftsgeschichte allgemein. Die Technik-, Roboter- und KI-Ethik baut auf verschiedenen philosophiehistorischen Grundlagen auf (*Band 1, 2.1; Band 1, 2.3;* Abb. Band 1, 2.1).

**Provolution** ist ein handlungstheoretischer Begriff zur Bezeichnung kulturhistorischer, technischer Entwicklungen. Sie ist nicht zu verwechseln mit biologisch-naturhistorischen Prozessen der Evolution. Provolution und Evolution unterliegen verschiedenen Kausalitäten und Bewährungsmustern *(Band 2, 3.4)*.

**Realgeschichten** rekonstruieren im methodischen Kontrast zu Ideengeschichten die sinnlich-materiellen Entwicklungen technischer Kulturen. Es geht also darum, was sich als tatsächliche, eben „reale" Technik beschreiben lässt. Gleichzeitig wirken nicht nur Begriffs- und Ideengeschichten, sondern auch Realgeschichten ökonomischer oder technisch-materieller Kulturhöhen in die Gegenwart hinein. Sie sind dynamisch verflochten *(Band 3, 5.1)*.

**Vorgeschichten** der Computertechnik – einschließlich Robotik und KI – reichen mindestens bis in die Antike zurück. Hierzu zählen unter anderem:

I. – Skepsis und Aufklärung *(Band 3, 5.1)*
II. – Apparatebau *(Band 3, 5.2)*
III. – Formalisierung und Kalkülisierung *(Band 4, 1.2)*

## VI. Computer, Roboter und Künstliche Intelligenz

**Abstrakter Automat:** *siehe „Turing-Maschine"*

**Algorithmus** ist eine zeichen- und symbolverarbeitende, regelgeleitete Verfahrenstechnik, um in einer endlichen Anzahl von Schritten ein Ergebnis zu finden. Algorithmen gehören zu den Kalkülen und werden konkret auf die Informationsverarbeitung zwischen Eingabe und Ausgabe von Daten zugespitzt. Computerprogramm*e* sind Formalisierungen von Algorithmen. Turing-Maschinen und Computer sind Algorithmen. Daten oder Hardware ist damit jedoch nicht gemeint, es geht um den (Rechen-)Prozess *(Band 3, 6.2)*.

**Anthropomorphisierung** meint Vermenschlichung von Maschinen und kann auch im bildlichen Sinne Verkörperungen ausrücken (häufig bei Humanoiden oder Androiden). Das kann auf verschiedenen Wegen erfolgen:

- mit Maschinen sprechen (linguistisch I) oder mit anderen Menschen über Maschinen sprechen (linguistisch II), so als ob die Geräte menschlich wären;
- Roboter so designen, dass sie menschlich aussehen (materielle Verkörperung) oder menschliches Verhalten imitieren/simulieren (funktionale Verkörperung);
- durch Erkenntnisziele der Roboterentwicklung, etwa um Menschen durch Nachbau besser verstehen zu lernen (epistemische Verkörperung);
- weiterhin durch Maschinen als Projektionsflächen menschlicher Weltbilder, von Glauben oder Vorurteilen (kulturelle und ideologische Verkörperung) (*Band 3, 2.1;* Abb. Band 3, 2.1).

**(technische) Autonomie** bezeichnet mechatronische Freiheitsgrade beweglicher Roboterelemente oder graduell abgegrenzte *Kategorien technischer Mittel* (siehe Eintrag in III.), die automatisch, also ohne unmittelbaren menschlichen Eingriff, in verschiedenem Umfang Funktionen ausführen. Autonomie als spezifisch technische Zuschreibung für Roboter oder Künstliche Intelligenz ist streng vom ursprünglichen Bedeutungsraum menschlicher, politischer, wissenschaftlicher oder künstlerischer *Autonomie* zu unterscheiden (siehe Eintrag in I.) *(Band 4, 5.2)*.

**(technische) Autonomiegrade** werden nach verschiedenen Kriterien unterschieden und sind nicht einheitlich bestimmt. Häufig wird anhand der Kontrolle und ihrer Implementierung in technische Systeme eine graduelle Stufung vorgenommen. Hierzu werden verschiedene Taxonomien entwickelt, die z. B. im Bereich der selbstfahrenden Autos (SAE J3016) spezifisch ausgeführt sind. Im Bereich kollaborativer Industrieroboter sind sie verbunden mit speziellen Kooperationsgraden *(Band 3, 1.2)*. Darüber hinaus werden verschiedene allgemeine Stufenschemen vorgeschlagen (siehe *Kategorien technischer Mittel*, Eintrag in III.) (*Band 4, 5.2; Band 4, 5.3;* Abb. Band 4, 5.2; Abb. Band 4, 5.3).

**Computer** ist ein Sammelbegriff für Rechenmaschinen, die typischerweise in einer endlichen Anzahl von Schritten Ergebnisse liefern. Das kann mechanisch und analog erfolgen. Jedoch sind die allermeisten Computer heute digital, verarbeiten klar unterscheidbare Daten(sätze) und lassen sich programmieren (Software). Hierzu sind verschiedene Hardwarekomponenten wie Datenspeicher nötig. Im weiteren Sinne umfassen Computer eine ganze Reihe von Informationstechnologien einschließlich Personal Computer, Smartphones, Roboter oder Drohnen. Letztere sind aber auch durch weiterreichende Hardware wie Aktuatoren oder Sensoren gekennzeichnet. Moderne Computer sind im Wesentlichen *abstrakte Automaten,* also *Turing-Maschinen.* Wird die Hardware außer Acht gelassen, können sie auch als *Algorithmen* bezeichnet werden *(Band 3).*

**Cyborgs** sind kybernetische Regelkreise, in denen Informationen zwischen Lebewesen und Maschinen ausgetauscht werden. Menschen, aber auch Tiere oder sogar Pflanzen, werden durch computerbasierte Roboterteile ergänzt (Beispiel: Hightech-Prothesen in der Therapie; Enhancement durch Leistungssteigerung gesunder Körper; Bodyhacking als Lifestyle) *(Band 3, 2.1).*

**Diskrete Zustände** sind entscheidbar, also auf je konkreten Stufen anzusiedeln (digital, 1 oder 0) und nicht stetig (analog) *(Band 3, 4.2; Band 4, 2.1).*

**Drohnen** sind Roboter, die durch ihren Fahrzeugcharakter im Einsatz zu Land, Wasser, Unterwasser, im Luft- oder Weltraum gekennzeichnet sind. Die Systeme sind in der Regel ferngesteuert. Es lassen sich grob zwei Arten unterscheiden: Hochdistanz-Drohnen (Typ I, Beispiel: über Kontinente hinweg angesteuerte größere Kampfdrohnen) sowie Kurzdistanz-Drohnen (Typ II, Beispiel: kleinere Quadkopter oder RC-Cars aus dem Baumarkt). Dazwischen rangieren diverse Zwischenformen (Typ III) (*Band 3, 3;* Tab. Band 3, 3).

Drohnenbegriffe kommen in der Fachsprache zur Anwendung, um etwas Ordnung in die vielen so bezeichneten technischen Systeme zu bringen (*Band 3, 3;* Tab. Band 3, 3):

- **LAR** = „lethal autonomus robot" (Kampfroboter)
- **loitering munition** = Zwischenform aus Drohne und Munition mit erweiterten, technischen Autonomiegraden; auch als herumlungernde Munition oder Kamikaze-Drohne bezeichnet
- **Multicopter** = Kleindrohne aus mehreren waagerecht in einer Ebene montierten Antriebsrotoren
  - **Quadcopter** = weit verbreiteter Multicoptertyp mit vier Rotoren
- **Modellflugzeug** (ferngesteuert) = weitläufig „Drohne", im engeren Sinne aber kein UA/UAV/UAS
- **RC-Car** = weitläufig zu den „Drohnen" gezählte, ferngesteuerte, kleinere Bodenfahrzeuge
- **TUGV** = „tactical unmanned ground vehicle"
- **UA** = „unmanned aircraft"
- **UAV** = „unmanned aerial vehicle"
- **UAS** = „unmanned aircraft system"
- **UCAV** = „unmanned combat aircraft vehicle" (Kampfdrohne)
- **UGS** = „unmanned ground system"
- **UMS** = „unmanned maritime system"
- **URAV** = „unmanned reconnaissance aircraft vehicle" (Aufklärungsdrohne)
  - **MALE** = „medium altitude long endurance"
  - **HALE** = „high altitude long endurance"

**Embodied AI/verkörperte KI** ist eine Bezeichnung innerhalb neuerer Vorschläge für Roboterdefinitionen. Dabei werden Roboter auf die Formel „KI+X" gebracht. Problematisch ist der teilweise exzessive Gebrauch des durchaus verwirrenden Begriffs der „Verkörperung" bzw. des „embodiment". Zum einen kann damit eine mehrdeutige Vermenschlichung ausgedrückt sein (*Anthropomorphisierung:* „KI ist die Verkörperung des Guten!" [siehe Eintrag in VI.]), zum anderen wird auf einen unklaren physischen Körper verwiesen (Was unterscheidet bloße Computerhardware von genuiner Roboterhardware?). In Verbindung mit dem „embodied approach" (siehe Eintrag in VIII.), der auch für die Kognitionswissenschaften bedeutend ist, tritt die Forschungsheuristik *situierter KI* hervor (s. u.) *(Band 3, 1.1; Band 4, 3; Abb. Band 4, 3.2).*

**Expertensystem:** *siehe „schwache KI"*

**General AI** soll zum universellen Problemlösen in der Lage sein. KI wird hier also nicht wie Expertensysteme als spezialisiertes Mittel zum Lösen konkreter Zwecke gedacht. General AI lässt sich der These starker KI zuordnen und bildet die Vorlage für Ideen der Superintelligenz und Singularität *(Band 3, 5.2).*

**Industrie 4.0** ist ein Oberbegriff für die historische Entwicklung der Industrialisierung und ihre Weiterführung im 21. Jahrhundert geworden. Grob werden folgende Stufen unterschieden:

- Industrie 1.0 = Energie durch Dampfmaschinen, ab ca. 1800
- Industrie 2.0 = elektrische Energie, ab ca. 1900
- Industrie 3.0 = computergesteuerte Fertigung, ab ca. 1970
- Industrie 4.0 = (dezentrale) Vernetzung autonomer Teilsysteme zu digitalisierten Wertschöpfungsketten ab den 2000er-Jahren *(Band 4, 5.3).*

**Industrie 5.0** ist ein neuerer, noch nicht ganz eindeutig gereifter Begriff, der die Zählung verschiedener Industrialisierungsphasen von 1.0 bis 4.0 fortsetzt. Resilienz, Menschenzentriertheit und Nachhaltigkeit werden hierfür etwa durch die EU als politische Agenda formuliert. Es wird aber auch auf neue Formen kollaborativer Mensch-Maschine-Interaktion hingewiesen *(Band 4, 5.3).*

**Interaktionen** sind neben Ausstattung, Gestalt und Funktion zu Definitionskriterien für Roboter und KI-Systeme geworden (Beispiel: Social Robots oder Cobots). Insofern Computer(netzwerke), Roboter und KI menschliche Kulturtechniken sind und Menschen soziale Wesen, lässt sich jede maschinelle „Interaktion" (Beispiel: Drohnenschwärme in der Landwirtschaft Pflanzen düngend) auf eine grundsätzliche Form der Menschen-Menschen-Interaktion zurück führen. Darin wurzelt auch ökologische wie gesellschaftliche Verantwortung *(Band 2, 4; Band 3, 2):*

- **Mensch-Roboter-Interaktion** *(Band 3, 2.1)*
- **Tier-Roboter-Interaktion** *(Band 3, 2.2)*
- **Pflanze-Roboter-Interaktion** *(Band 3, 2.3)*

- **Maschine-Maschine-Interaktion (einschließlich Roboter und Computer)** *(Band 3, 2.3; Band 3, 6.1)*

**Künstliche Intelligenz** ist ein Sammelbegriff für diverse Softwaretechnologien (von englisch „artificial intelligence“=„technische Informationsverarbeitung“), die Verfahren zum Problemlösen bereitstellen. Dem klassischen Ansatz der 1950er-Jahre, der auch als kognitivistisch, funktionalistisch und/oder symbolisch bezeichnet wird, liegt die Hypothese zugrunde, dass sich menschliches Denken durch Symbolmanipulation und Wissensrepräsentation top-down abbilden und modellieren lässt (*IT-Paradigma A1*, s. u.). Seit den 2000ern rücken schon vorher bekannte alternative, subsymbolische und konnektionistische Verfahren in den Mittelpunkt, die auch unter den Sammelbegriffen des Machine Learning, Deep Learning, der Artificial Neural Networks oder der Self-Learning Algorithms zusammengefasst sind. In selbstorganisierten Bottom-up-Prozessen werden schichtweise Modelle durch die Verdichtung von Knoten errechnet. Nicht mehr die Symbolik menschlich (formal-)logischen Denkens steht dabei Pate, sondern die Physiologie vernetzter Neuronen. Auf Grundlage der Analyse von Trainingsdaten wird die Wahrscheinlichkeit der korrekten Bild- und Mustererkennung, Verhaltensprognose von Usern im Internet, aber auch das Ansteuern von Robotern optimiert (*IT-Paradigma A2*, s. u.) *(Band 3, 4)*.

In einer genaueren Analyse treten fünf Paradigmen buchstäblich „Künstlicher Intelligenz“ hervor, die auch über Informationstechnologien im engeren Sinne hinausweisen *(Band 3, 4.2):*

A. *Nachrichtentechnik/Informationstechnologie*
B. Biotechnologie/synthetische Biologie
C. Computersimulation/-modelle
D. Züchtung (Tiere, Pflanzen)
E. Kultur (Menschen)

Die fünf Paradigmen lassen sich auch aus einer sprachkritischen Analyse des englischen „artificial intelligence“ und seiner Mehrdeutigkeit herleiten *(Band 3, 4.1):*

- „artificial“:
  1. „künstlich“
  2. *„technisch“*
- „intelligence“:
  a. „Intelligenz“
  b. *„Informationsverarbeitung“*

Innerhalb des *IT-Paradigmas A* wird also KI konsistent als „technische Informationsverarbeitung“ begriffen (2.b.). Der Schritt zur technischen Imitation „natürlichen, intelligenten“ Verhaltens (1.a., Bionik) ist damit nicht notwendigerweise verbunden *(Band 3, 4.3)*.

Innerhalb des informationstechnologischen Ansatzes lassen sich wiederum zwei generelle (Sub-)Paradigmen unterscheiden, unter denen jeweils eine Vielzahl technologischer Mittel und Methoden zusammengefasst ist *(Band 3, 4.4):*

- *IT-Paradigma A1* (s. o.): **funktionalistisch-kognitivistischer Ansatz, top-down**
  - „Good Old-Fashioned Artificial Intelligence" (GOFAI) nach John Haugeland
- *IT-Paradigma A2* (s. o.): **konnektionistisch-subsymbolischer Ansatz, bottom-up**
  - Künstliche Neuronale Netzwerke (KNN)
  - Machine Learning (ML)
  - Selbstlernende Algorithmen (SLA)
  - Neuere Fiktionen sogenannter „Superintelligenz" (SI)

Für den Begriff der **Intelligenz** ergeben sich in diesem Zusammenhang drei allgemeine Bedeutungen *(Band 3, 4.3):*

I: natürliche Intelligenz
  Ii: im Gegensatz zur menschlichen Kultur verstanden
  Iii: als natürlich-kulturelles Amalgam verstanden
II: besondere Klasse(n) technischer Funktionen

**Moravecs Paradox** besagt nach Hans Moravec, Rodney Brooks und anderen, dass rationale Kalküle leichter für Computer umsetzbar sind als alltägliche Körperbewegungen. Eigentlich als „höherwertiger" angesehene kognitive Leistungen lassen sich in Maschinen offensichtlich mit weniger Ressourcen implementieren als „banale" Handgriffe *(Band 4, 3.4).*

**Roboter** ist ein Sammelbegriff für verschiedene computer- und netzwerkbasierte Informationstechnologien, die mittels Sensoren und Aktuatoren entweder ihre komplette räumliche Position oder die räumliche Position einiger Teile verändern können, und durch aktive, physisch-materielle Eingriffe mit ihrer Umgebung wechselwirken/interagieren (mein Vorschlag). Neben diesem Vorschlag existieren viele alternative Versuche allgemeiner Roboterdefinitionen. Jedoch liegt aktuell keine perfekte Definition vor, schon weil es sehr viele verschiedene Robotertechnologien gibt, beständig neue hinzutreten und die Abgrenzung zu Computern und Künstlicher Intelligenz schwerfällt. 1920 wurde der Begriff *robota* in Josef und Karel Čapeks Theaterstück *R.U.R. (Rossumovi Univerzální Roboti)* zur Bezeichnung humanoider Maschinen eingeführt, die wie menschliche Sklaven Zwangsarbeit verrichten. In aktuellen Varianten wird zunehmend auf missverständliche Zuschreibungen wie „smart", „able to think" oder „autonomous" zurückgegriffen, wobei Roboter auch – nicht minder irreführend – als „verkörperte KI" bzw. „embodied AI" benannt werden. Die Abgrenzung zu anderen vernetzten und informationsverarbeitenden Computern kann über die physische Interaktion mit der Umwelt durch Sensoren und Aktuatoren – also eine besondere Art der Hardware – erklärt werden. Aber selbst der Versuch, jeden Roboter als Informationstechnologie/Computer+X zu definieren, scheitert an Konzepten der Bioroboter. Einfacher sind

Bestimmungen spezifischer Robotertechnologien (Industrieroboter, Serviceroboter etc.). Dabei geht es nicht nur um die Aufzählung und Abgrenzung technischer Ausstattungsmerkmale. Funktionen, Zwecke und Interaktionsformen dienen gleichfalls als Kriterien zur Bestimmung *(Band 3, 1; Band 3, 2).*

- **Animaloide (Roboter)/zoomorphe Roboter:** weisen tierische Gestalt- und Funktionsmerkmale auf *(Band 3, 2.2)*
- **Animatronic:** Roboterpuppe in Gestalt von Tieren, Fantasie- oder Fabelwesen *(Band 3, 2.2)*
- **Bioroboter/Biorobots/Biobots:** unter Berücksichtigung organischer Materialien entwickelte Maschinen, mit Schnittflächen zur Biotechnologie und synthetischen Biologie sowie synthetischen Organismen; sie sind gekennzeichnet durch eigene Kausalitäten in der Umweltinteraktion; obwohl an synthetischen Organismen mittels Computermodellen geforscht wird und sie sich metaphorisch als informationsverarbeitende Technologien beschreiben lassen, führen sie über das Konzept computerbasierter Roboter hinaus *(Band 1, 3.3; Band 3, 1.1)*
- **Hightech-Prothese:** im weiteren Sinne den Robotern oder Cyborgtechnologien zugeordnet, insofern sie computerbasiert mittels Aktuatoren und Sensoren (Roboter) in bzw. an einen lebenden Organismus angeschlossen sind (Cyborg) *(Band 3, 1.2)*
- **Humanoider (Roboter):** weist menschenähnliche Gestaltmerkmale auf und/oder simuliert menschliches Verhalten, ist dabei aber klar als Maschine zu erkennen *(Band 3, 2.1)*
  - **Androide (Roboter):** eigentliche Maschinenmenschen, also Roboter, die Menschen (äußerlich) zum Verwechseln ähnlich sehen *(Band 3, 2.1)*
  - **Gynoide (Roboter):** spezifisch weibliche Form androider Maschinen *(Band 3, 2.1)*
- **Industrieroboter:** durch ausgebildete Fachkräfte in Industrieanlagen betrieben; Sammelbegriff für die häufigsten Roboteranwendungen (Beispiel: Fertigungsstraßen in der Automobilherstellung) *(Band 3, 1.2)*
  - **Cobot:** teilweise Synonym kollaborativer Industrieroboter; drückt im Besonderen die fortgeschrittene Interaktion mit Fachkräften in offenen Umgebungen aus, wo erweiterte Kollaborationsgrade auftreten *(Band 3, 1.2)*
  - **kollaborative Industrieroboter:** interagieren mit menschlichen Fachkräften abseits hermetisch abgeschirmter Anlagen; neuere Produkte der Industrierobotik mit besonderen Sicherheitsansprüchen *(Band 3, 1.2)*
- **Interactive Robotics:** Sammelbegriff für Entwicklung und Anwendung diverser neuerer Robotertechnologien, die weniger durch Gestalt oder Funktion als durch spezifische Interaktionsformen gekennzeichnet sind (Beispiel: Social Robots, Cobots) *(Band 3, 1.2)*
- **Plantoide:** weisen pflanzliche Gestaltmerkmale oder Funktionen auf *(Band 3, 2.3)*
- **Social Robot/soziale Roboter:** bestimmt durch Mensch-Roboter-Interaktionen, besonders mit Laien im menschlichen Alltagsleben jenseits gesicherter Industrieanlagen; im Mittelpunkt steht das Design sozialer Beziehungen (Beispiel: Lernroboter

im Kinderzimmer; Serviceroboter im Restaurant; Pflegeroboter im Heim) *(Band 3, 1.2; Band 3, 2.1)*
- **Soft Robots/Soft Robotics:** Sammelbegriff für alternative Antriebs-/Bewegungskonzepte; Roboter sollen sich weich und flexibel wie etwa Quallen oder Tintenfische auch an Land bewegen *(Band 3, 2.1)*
- **Wearables:** im weiteren Sinne manchmal auch zu den (interaktiven) Robotern gezählt; von Menschen am Körper getragen (Beispiel: Smart Watch) *(Band 3, 1.2)*
  - **Exoskelett:** mechatronischer „Anzug" wie ein außen um den menschlichen Körper wirkendes zusätzliches Skelett; verstärkt muskuläre Bewegungen etwa beim Heben oder Gehen *(Band 3, 1.2)*

**Schwache KI/weak AI** meint nach John Searle KI-Systeme, die in speziellen Anwendungsbereichen als Mittel zum Problemlösen eingesetzt werden, also etwa zur Erforschung menschlicher Kognition oder zur Gesichtserkennung an Flughäfen. Die These der schwachen KI führt zum Konzept der Expertensystem*e (Band 3, 5.1; Band 3, 6.1).*

**Singularität/Intelligenzexplosion** bezeichnet den spekulativen, zukünftigen, jedoch von einigen Autorinnen konkret benannten, unumkehrbaren Zeitpunkt, ab dem eine Superintelligenz entstanden sein wird *(Band 3, 5.2).*

**Situierte KI** ist ein Ansatz des „embodied approach" (siehe Eintrag in VIII.), bei dem der Umweltbezug einer KI durch den Roboterkörper hergestellt wird. Die Funktion der Software ist abhängig von Sensordaten und Aktuatoren des mechatronischen Körpers. Sie ist in diesen und ihre je konkrete Umgebung situiert. Innerhalb der „embodied AI" (s. o.) dient sie als eine Forschungsheuristik bzw. Forschungsagenda (*Band 4, 3.4;* Abb. Band 4, 3.4).

**Starke KI/strong AI** ist nach John Searle durch eine unreflektierte metaphorische Gleichsetzung menschlichen Geistes und technischer Informationsverarbeitung gekennzeichnet. Es handelt sich um einen Begriff, der die von Menschen vorgetragene These auf den Punkt bringt, dass KI im wörtlichen Sinne die künstliche Reproduktion menschlichen Denkens wäre *(Band 3, 5.1; Band 3, 5.2).*

**Superintelligenz** ist ein Synonym für general AI, das in neueren Debatten zur Kennzeichnung von (fiktiven) KI-Systemen/Netzwerken gebraucht wird, die sämtliche individuellen als auch kollektiven Fähigkeiten der Menschheit übersteigt *(Band 3, 5.2).*

**Turing-Maschine** ist eine Bezeichnung für *abstrakte Automaten* zur Symbolmanipulation auf Grundlage einer endlichen Anzahl von Anweisungen/Schritten. Die konkret gewählte Hardware zur Umsetzung hat auf ihre Definition keinen Einfluss. Leistet eine Turing-Maschine die erfolgreiche Codierung eines Problems, dann gilt dieses als entscheidbar. Jede einzelne Turing-Maschine lässt sich durch eine natürliche Zahl repräsentieren und dadurch in den Code einer *universellen Turing-Maschine* einbinden. Wie ein Betriebssystem interpretiert sie dann „kleine" Turing-Maschinen und wendet sie auf konkrete Datensätze an. Diese Architektur dient als Grundmodell aller programmierbaren, digitalen Computer *(Band 3, 5.2).*

## VII. Sprache, Sprachanalyse und Wissen

**Grammatik** meint landläufig das Regelwerk zur Formulierung korrekter Sätze einer Mutter- oder Fremdsprache. In der Sprachforschung und Informatik gibt es aber auch spezifische Arten der Grammatiken *(Band 4, 2):*

- **formale Grammatik:** explizite Regeln zur Verknüpfung von Worten in formalen Sprachen (auf Grundlage propositionalen Wissens); zentrales Konzept der theoretischen Informatik
- **Oberflächengrammatik:** Syntax sprachlicher Äußerungen
- **Tiefengrammatik:** Grundlage sinn- und bedeutungsvoller, gelingender zwischenmenschlicher Kommunikation (auf Grundlage impliziten Wissens); auch als „philosophische Grammatik" nach Ludwig Wittgenstein ein Grundkonzept der Sprachphilosophie (Semantik und Pragmatik sprachlicher Äußerungen)

**(sprachliche) Oberflächenstruktur** bezeichnet die offensichtliche Syntax, Symbole oder Zeichen. Sie schließt aber auch stille Körpergesten oder verbale Laute ein *(Band 4, 2.1).*

**Pragmatik** zielt in der Sprachanalyse auf das Ineinander aus Syntax und Semantik in konkreten Situationen aktiven Sprechens *(Band 4, 2.1).*

**Semantik** hat in der Sprachanalyse die Bedeutung zum Gegenstand *(Band 4, 2.1).*

**Semiotik** ist die Lehre der Zeichen. Als semiotisches Dreieck wird die Verbindung aus Syntax, Semantik und Pragmatik bezeichnet *(Band 4, 2.1).*

**Sprachen** gibt es sehr viele in verschiedenen verbalen, schriftlichen oder körperlich-gestischen Gestalten. In der Sprachforschung wird allgemein unterschieden zwischen *(Band 4, 2):*

- **Alltagssprache**: so wie Menschen ganz praktisch miteinander reden – mit allen Ecken und Kanten
- **formale Sprache:** Kunstsprache, die über endlichen Symbol- und Wortmengen gebildet wird, nach Regeln formaler Grammatik; baut auf einer Trennung von Objekt- und Metasprache auf; zentrales Konzept der theoretischen Informatik
- **Metasprache**: Sprache ohne direkten Umweltbezug, in der über eine andere Sprache gesprochen wird (Z. B. „Subjekt", „Objekt", „Prädikat", „Nebensatz", „Hauptsatz" etc. als grammatische Termini zur Analyse des alltagssprachlichen Satzes: „Ich gehe in den Tiergarten, um die Pandabären zu begrüßen.")
- **natürliche Sprache:** dient der zwischenmenschlichen Kommunikation, drückt sich in historisch gewachsenen sprachlichen Handlungen aus mit direkten Umweltbezügen; keine Trennung von Objekt- und Metasprache
- **Objektsprache**: Objektebene/Gegenstand einer Metasprache (oft, aber nicht immer bilden Alltagssprachen/natürliche Sprachen die Objektebene)

**Sprachtechnik:** *siehe Eintrag in III.*

**Syntax** bezeichnet in der Sprachanalyse die Ausdrucksformen *(Band 4, 2.1).*

**(sprachliche bzw. semantische) Tiefenstrukturen** sind gekennzeichnet durch das implizite Wissen zwischenmenschlicher Kommunikation. Es geht dabei um die gelingende Praxis im Umgang mit Bedeutungen (Semantik) und das gegenseitig Verständnis *(Band 4, 2.1).*

**Token** = einzelnes Vorkommnis eines Zeichens, z. B.: „Panda" enthält zweimal „a" *(Band 4, 2.1)*

**Type** = Zeichenart, z. B.: für „Panda" braucht man die allgemeinen Formen „a", „d", „n", „P" *(Band 4, 2.1)*

**Wissen** umfasst verschiedene Arten der Welt- und Selbsterkenntnis, des theoretischen Kennens *(Knowing That)* und praktischen Könnens einschließlich sozialer und emotionaler Komponenten. Es wird allgemein in der Erkenntnislehre/Epistemologie behandelt und in der Erkenntnistheorie sowie epistemischen Logik eng gefasst hinsichtlich seiner formalen Komponenten analysiert. Es gibt diverse Arten des Wissens, die für unterschiedliche Handlungen unterschiedlich bedeutend sind. So kann sich technikethisches Wissen in der (metaethischen) Kenntnis theoretischer Grundlagen der Moralphilosophie, ihrer Prinzipien und definierten Begriffe niederschlagen *(Knowing That).* Es bleibt aber blindes und taubes – nutzloses – Fachwissen ohne eingeübte Fertigkeiten der zwischenmenschlichen Kommunikation oder den stillen Blick für die Besonderheiten und Lösungswege eines konkreten moralischen Konflikts *(Knowing How).* Zwei der gängigsten Wissensformen sind (*Band 4, 1.1;* Abb. Band 4, 1.1):

- **implizites Wissen:** auch als tacit knowledge/knowing bezeichnet, wissen wir nach Michael Polanyi mehr, als wir sagen können; hierzu zählen unter anderem leibliche Techniken, die beherrscht werden, sinnliches oder emotionales Wissen, Intuition, Imagination, routiniertes Gebrauchswissen
- **propositionales Wissen:** auch als explizites Wissen bezeichnet, ist eindeutig aussprechbar und formalisierbar; es drückt sich aus in Lehrbüchern, Statistiken, Daten etc.; definiert als „wahre, gerechtfertigte Meinung + X" wird es hinsichtlich seiner formalen Komponenten logisch untersucht

## VIII. „Embodiment", Körper und Geist

**4E Cognition**, auch **4e-Ansatz**, ist ein Forschungsparadigma der Kognitionswissenschaften. Menschliche Kognition, einschließlich mentaler Prozesse, wird demnach verstanden als leiblich, situiert, aktiv, erweitert (*„embodied, embedded, enacted, extended"* = 4e) – also nicht als bloß passiv rezipierendes, von der physischen Umwelt isoliertes und allgemeines (situationsunabhängiges) Bewusstsein. Hierzu gehört auch die These, dass menschlicher Geist nicht auf das Gehirn allein beschränkt ist *(extended mind)* (*Band 4, 3.3; Band 4, 3.4;* Abb. Band 4, 3.3; Abb. Band 4, 3.4).

**cartesischer Substanzendualismus:** *siehe „Körper-Geist-Dualismus, ontologischer"*

**Disembodiment** ist eine analytische Operation, bei der konkrete, ganzheitliche Situationen mittels methodischer Dualismen geteilt werden. Die leiblich-soziale Ganzheit menschlichen Lebens wird also „zerschnitten" in eine körperliche und eine geistige Komponente (z. B. Dualismus aus Hardware und Software). Sie ist das Gegenstück zum *re-embodiment* (*Band 4, 3.3;* Abb. Band 4, 3.3).

**Dualismus** ist eine Position bzw. ein Ansatz, in welchem zumindest zwei entgegengesetzte, getrennte Pole unterschieden sind. Typischerweise treten Dualismen in einer ontologischen (die Existenz betreffenden) und methodischen (das Verfahren betreffenden) Variante auf. Sie stehen in Relation zum Monismus aber auch anderen Erklärungsformen für Wechselwirkungen im Spannungsfeld aus Einheit und Vielheit. Für die Technikethik sind zwei Dualismen von besonderer Bedeutung:

- **Körper-Geist-Dualismus** (*Band 4, 3.1; Band 4, 3.2;* Abb. Band 4, 3.2; Tab. Band 4, 3.2):
  - **ontologisch:** auch als cartesischer Substanzendualismus bezeichnet, meint die substanzielle Trennung von Körper/Leib/Physischem und Geist/Seele/Mentalem/Psychischem
  - **methodisch:** analytische Bewegung, Forschungsgegenstände also so zu behandeln, *als ob* sie in Körperliches und Geistiges getrennt wären
- **Natur-Kultur-Dualismus** (*Band 1, 3.3; Band 4, 3.2;* Abb. Band 1, 3.3; Tab. Band 4, 3.2):
  - **ontologisch:** Natur ist nicht von Menschen geschaffen und steht der von Menschen geschaffenen Kultur gegenüber
  - **methodisch:** Trennung empirisch-deskriptiver Redeweisen zur Beschreibung der Naturereignisse von normativ-wertenden Redeweisen mit Bezug zu kulturellen menschlichen Handlungen

**Eliminativer Materialismus** ist eine Position zum Körper-Geist-Problem, wonach es keine eigene psychische Realität gibt. Alles Geistige, Seelische oder Mentale sei demnach allein durch neurophysiologische Beobachtungen erkenn- und beschreibbar (*Band 4, 3.2;* Abb. Band 4, 3.2).

***Embodied approach*** ist ein Sammelbegriff für verschiedene Ansätze, in denen paradigmatisch die Leiblichkeit menschlicher Kognition oder die physische Körperlichkeit informationsverarbeitender Maschinen in den Mittelpunkt rückt. In den Kognitionswissenschaften wird er häufig unter dem Oberbegriff der *4E Cognition* (s. o.) verhandelt, wobei es um die Rolle des menschlichen Leibes und seiner Umweltbeziehungen bei psychischen oder mentalen Prozessen geht. In den Informationstechnologien wird unter „verkörperter" KI/„embodied AI" die Rolle des Roboterkörpers betont, der jedoch nicht mit einem menschlichen Leib zu verwechseln ist. Als Forschungsheuristik wirkt der

„embodied approach" im Ansatz der *situierten KI* (siehe Eintrag in VI.) (*Band 4, 3;* Abb. Band 4, 3.2).

***Embodiment*** lässt sich übersetzen als **„Verkörperung"** (einer KI in einem Roboter), als „Ein(ver)leibung" bzw. „Verleiblichung" (kognitiver Prozesse oder Umweltbeziehungen im menschlichen Leben), aber auch als Repräsentation (bildliche Verkörperung). Körperzentrierte Ansätze sind zunehmend in den Fokus der KI-Forschung gerückt. In der Ethik wird die „Verkörperung" von sozialen Normen, Werten oder Stereotypen beim Design technischer Mittel behandelt und darüber hinaus das Verhältnis von *Leib* (s. u.) und Körper jenseits des Körper-Geist-Dualismus erforscht (*Band 4, 3;* Abb. Band 4, 3.2).

***Extended mind*** bzw. **erweiterter Geist** besagt, dass menschliche Kognition nicht auf das Gehirn und seine mentalen Prozesse beschränkt ist. Zentrales Merkmal sind unter anderem sensomotorische Umweltbezüge. „Geist" findet sich als kulturelle Externalisierung, wo etwa Tagebücher *funktional äquivalent* (s. u.) zur Erinnerung gebraucht werden (*Band 4, 3.4;* Abb. Band 4, 3.4).

**Funktionalismus** ist eine Position innerhalb der Philosophie des Geistes. Es wird angenommen, dass konkrete mentale Ereignisse mit konkreten physischen Ereignissen korrelieren *(Tokenidentität),* aber auch untereinander in kausalen Verbindungen stehen. Geist ist ein kausales System mentaler Zustände. Intrinsische Erlebnis- oder Wahrnehmungsqualitäten werden nicht berücksichtigt. Bei Menschen realisieren physische Gehirnzustände die jeweiligen mentalen Zustände. Allerdings können nach dieser Theorie die gleichen mentalen Ereignisse auch mit anderer „Hardware" erzeugt werden. Ein so beschriebenes mentales System kann sich also zwischen Mensch und Maschine *„funktional äquivalent"* verhalten. Die Position des Funktionalismus wurde einflussreich für die frühe KI-Forschung (funktionalistisch-kognitivistischer Ansatz, KI A1). Menschliche Kognition sollte sich wie eine Turing-Maschine beschreiben lassen – da es ja um konkrete mentale Ereignisse geht, die nicht an das menschliche Gehirn gebunden sind (das Gegenteil wäre die *Typenidentität,* wonach allgemeine mentale Ereignisarten mit allgemeinen physischen Realisierungen korrelieren). Anlass zur Kritik eröffnet das reduzierte und naturalistische Verständnis menschlicher Kognition: Sie wird vorab zugeschnitten auf das, was Computer besonders gut leisten. In alternativen Ansätzen des „embodied approach" (s. o.) werden darüber hinaus leibliche bzw. körperliche Umweltbeziehungen, und damit auch kulturelle Handlungen, eingeschlossen *(Band 3, 4.4; Band 3, 5.2; Band 4, 4).*

**Funktionale Äquivalenz** ist eine bestimmte Art und Weise der Auslagerung geistiger Phänomene in Kulturgüter. So lässt sich ein Tagebuch beschreiben als funktional äquivalent zur Erinnerung. Im funktionalistischen Ansatz der KI wird erforscht, ob und wie sich komplexere geistige Phänomene durch Computertechnologien mittels Äquivalenzbeziehungen realisieren lassen (dieser Ansatz gilt als überholt durch neuere konnektionistische Verfahren der künstlichen neuronalen Netzwerke). Im Bereich der Roboter- und KI-Ethik werden verschiedene Grade „funktionaler Moral" als Externalisierung der Werte des Designers, funktional äquivalenter Simulation moralischen Verhaltens und authentischer – autonomer – Moral unterschieden, sowie in Beziehung zu unterschiedlichen Akteurskonzepten gestellt. Untersucht wird, inwiefern Maschinen eine Externalisierung menschlicher Moral darstellen *(Band 1, 6.3; Band 4, 3.4)*.

**Körper-Geist- bzw. Leib-Seele-Problem** umgreift ein klassisches Themenfeld der theoretischen Philosophie. Es drückt sich primär in der Frage nach dem **Körper-Geist- bzw. Leib-Seele-Verhältnis** bei Menschen aus, wirkt paradigmatisch für verschiedene Forschungsansätze der Neuro- oder Kognitionswissenschaften und spiegelt bis in die Ansätze der Computertechnik, KI und Robotik hinein. Wie lassen sich Wechselwirkungen zwischen Physischem und Mentalem erklären? Lässt sich Mentales bzw. Geistiges oder Seelisches in einer Maschine nachbauen, wenn diese Wechselwirkungen begriffen sind? Umgekehrt: Kann die Entwicklung von Maschinen aus Soft- und Hardware diese Wechselwirkungen bei Menschen erklären? Hierzu liegen verschiedene Ansätze und begrifflich ausgeklügelte Gedankengänge in der *Philosophie des Geistes* vor *(Band 4, 3; Band 4, 4)*.

**Leib** ist mehr als bloß der physische Körper. Er ist zumindest belebt, geprägt von organischen Prozessen, kulturellen Handlungen und empfindsam „beseelt" bzw. von „Geist" durchdrungen. Ein menschlicher Leib wird geformt und geprägt von Umweltbezügen, in denen sich natürliche Anlagen entsprechend sozialer/kultureller Praxis entfalten. Berühmt ist die Formel Helmuth Plessners, wonach wir einen *Körper haben*, aber *leiblich existieren*. Darüber hinaus gibt es diverse historische und aktuelle Ansätze zur Erklärung der vielschichtigen Aspekte leiblichen Lebens. Im Leib-Seele-Problem wird nach den Wechselwirkungen zwischen Leib und Seele gefragt. Jedoch führt das Phänomen der Leiblichkeit über einen bloßen Dualismus aus Körperlichem/Physischem und Geistigem/Psychischem hinaus. Der *cartesische Substanzendualismus* (s. o.) gilt als überholt. Besondere Herausforderungen stellen sich bei der Rede von „embodiment" oder „body" im Zusammenhang mit technischen Mitteln: Menschen instrumentalisieren ihre Körper (Sport etc.) und verleiben sich externe technische Instrumente ein; ein Roboter existiert jedoch nicht leiblich, hat auch keinen Leib („lived body"), sondern einen Körper („physical body"). Insofern kann eine Maschine kein leibliches Bewusstsein haben (*Band 2, 2.3; Band 4, 3; Band 4, 4;* Abb. Band 4, 3.2).

**Monismus** ist eine Position bzw. ein Ansatz, in welchem zumindest zwei entgegengesetzte, getrennte Pole unterschieden sind. Typischerweise treten Monismen in einer ontologischen (die Existenz betreffenden) und methodischen (das Verfahren betreffenden) Variante auf. Sie stehen in Relation zum Dualismus, aber auch zu anderen Erklärungsformen für Wechselwirkungen im Spannungsfeld aus Einheit und Vielheit. Für die Technikethik sind zwei Monismen von besonderer Bedeutung:

- **Körper-Geist-Monismus** (*Band 4, 3.1; Band 4, 3.2;* Abb. Band 4, 3.2; Tab. Band 4, 3.2):
  - **ontologisch:** meint die substanzielle Einheit von Körper/Leib/Physischem und Geist/Seele/Mentalem/Psychischem

  - **methodisch:** synthetische Bewegung, Forschungsgegenstände holistisch behandeln
- **Natur-Kultur-Monismus** (*Band 1, 3.3; Band 4, 3.2;* Abb. Band 1, 3.3; Tab. Band 4, 3.2):
  - **ontologisch:** Natur und Kultur sind verbunden, auch in der menschlichen Evolution
  - **methodisch:** Natur und Kultur sind im menschlichen Handeln verbunden; Wissen über Natur ist das Resultat kultureller Forschungshandlungen

**Philosophie des Geistes** ist eine Disziplin der theoretischen Philosophie. In ihr werden geistige, seelische, mentale und psychische Phänomene erforscht, wie z. B. Wahrnehmungsinhalte, Gemütsempfindungen, (Selbst-)Bewusstsein, Qualia, Intentionalität, Perspektivität, kulturelle Handlungen bzw. wiederholbare soziale Formen („Geisteskultur", „geistiges Eigentum") etc. Sie umfasst verschiedene Zugänge und steht in breitem Austausch mit natur- und sozialwissenschaftlichen Forschungen der Kognitionswissenschaften. Einen spezifischen Teilansatz verfolgt die *Philosophie des Mentalen (Band 4, 4).*

**Philosophie des Mentalen** bzw. ***philosophy of mind*** ist ein Teilgebiet der *Philosophie des Geistes,* in der psychologische Phänomene als neuronale Ereignisse behandelt werden. Sie ist geprägt von spezifischen Ansätzen der analytischen Philosophie, (naturwissenschaftlichen) Kognitionswissenschaften und neurobiologischen Forschungen. Weitere geistige Aspekte wie kulturelle Handlungen werden in der eng umrissenen Philosophie des Mentalen jedoch übersehen *(Band 4, 4).*

**Re-embodiment** ist eine synthetische Operation, bei der versucht wird, aus einer körperlichen und einer geistigen Komponente (z. B. Dualismus aus Hardware und Software) eine qualitativ neue Einheit zu erzeugen. Sie ist das Gegenstück zum „disembodiment" und Merkmal des Ansatzes *situierter KI* (siehe Eintrag in VI.) (*Band 4, 3.4;* Abb. Band 4, 3.4).

**Tokenidentität** ist eine Position zum Körper-Geist-Problem, wonach konkrete psychische Ereignisse mit konkreten neurophysiologischen Ereignissen korrelieren (*Band 4, 3.2;* Abb. Band 4, 3.2).

**Typenidentität** ist eine Position zum Körper-Geist-Problem, wonach allgemein psychische Ereignisarten mit allgemeinen neurophysiologischen Ereignisarten korrelieren (*Band 4, 3.2;* Abb. Band 4, 3.2).

**Verkörperung:** *siehe „embodiment"*

# Stichwortverzeichnis



 
M. Funk, *Künstliche Intelligenz, Verkörperung und Autonomie,*
https://doi.org/10.1007/978-3-658-41106-0

**L**



**M**

**N**



**O**

S

GPSR Compliance

*The European Union's (EU) General Product Safety Regulation (GPSR) is a set of rules that requires consumer products to be safe and our obligations to ensure this.*

*If you have any concerns about our products, you can contact us on ProductSafety@springernature.com*

In case Publisher is established outside the EU, the EU authorized representative is:

Springer Nature Customer Service Center GmbH
Europaplatz 3
69115 Heidelberg, Germany

**Batch number: 10683567**

Printed by Printforce, the Netherlands